智能变电站
原理及测试技术
（第二版）

国网江苏省电力有限公司电力科学研究院　组编

中国电力出版社
CHINA ELECTRIC POWER PRESS

内 容 提 要

本书以智能变电站工程技术应用为主线，总结了智能变电站发展历程及趋势，系统阐述了智能变电站中各种关键技术及其测试方法，包括 IEC 61850 协议体系及组态配置技术，电子式互感器原理及测试技术，智能变电站过程层原理及测试技术，智能变电站站控层原理及测试技术，智能变电站对时、同步原理及测试技术，变电站智能状态监测系统等内容，并在此基础上介绍了二次设备智能运维新技术，同时也对新一代智能变电站中应用的新技术进行了介绍。

本书对智能变电站的工程实践具有较大的指导价值，可供变电站技术管理、运行、检修等专业人员参考，也可供高校、科研单位及制造厂商借鉴学习。

图书在版编目（CIP）数据

智能变电站原理及测试技术 / 国网江苏省电力有限公司电力科学研究院组编. —2 版. —北京：中国电力出版社，2019.8
ISBN 978-7-5198-3666-5

Ⅰ．①智… Ⅱ．①国… Ⅲ．①变电所－智能技术②变电所－测试技术 Ⅳ．①TM63

中国版本图书馆 CIP 数据核字（2019）第 202395 号

出版发行：中国电力出版社
地　　址：北京市东城区北京站西街 19 号（邮政编码 100005）
网　　址：http://www.cepp.sgcc.com.cn
责任编辑：刘丽平（010–63412342）
责任校对：黄　蓓　郝军燕
装帧设计：王红柳
责任印制：石　雷

印　　刷：三河市百盛印装有限公司
版　　次：2011 年 5 月第一版　　2019 年 12 月第二版
印　　次：2019 年 12 月北京第五次印刷
开　　本：787 毫米×1092 毫米　16 开本
印　　张：20
字　　数：459 千字
印　　数：0001—1500 册
定　　价：80.00 元

本书编写组

编写组组长　袁宇波

编写组副组长　陈久林　高　磊　张　量

编写组成员　卜强生　杨　毅　宋亮亮　黄哲成
　　　　　　　　崔　玉　宋　爽　李　鹏　周　俊
　　　　　　　　黄浩声　邓洁清　仲　婧　聂国际
　　　　　　　　张　弛　胡成博　曹海欧　侯永春
　　　　　　　　嵇建飞　张小易　郑明忠　庞福滨
　　　　　　　　李虎成　李修金　曾　飞　夏　杰
　　　　　　　　李　娟　孔祥平　林金娇　周　琦
　　　　　　　　贾　俊　陈　实　王晨清　齐贝贝
　　　　　　　　张　玥　徐培栋

前　言

　　智能电网是全球能源互联网的基础，而智能变电站作为智能电网的关键环节，已进入全面建设和深入应用阶段。智能变电站建设模式、应用技术不断发展，给变电站管理、运维、检修人员以及相关科研人员带来了新的挑战。本书第一版在当时智能变电站建设模式下，让变电站管理、运维、检修人员对智能变电站原理和相关测试技术有了全面认识。但是随着技术的发展，智能变电站建设模式和要求也不断发生变化，本书在第一版的基础上对智能变电站技术进行修改、完善，使变电站现场人员、管理人员以及相关研究人员适应变电站技术的发展，全面了解智能变电站新技术、新设备原理，掌握相应的测试、维护技术，确保智能变电站安全、可靠运行。

　　本版仍以智能变电站工程技术应用为主线，系统阐述了智能变电站的技术原理和相关测试、运维技术，与第一版相比，作了以下修订：

　　（1）增加了二次设备智能运维新技术的章节内容，详细介绍了智能变电站中物理回路建模、移动可视化、二次设备状态评估及故障诊断等运维新技术。

　　（2）增加了新一代智能变电站技术的章节内容，详细介绍新一代智能变电站特征、一次设备、二次设备、网络信息流以及预制舱技术。

　　（3）第 1 章针对近几年智能变电站技术的发展和建设情况，对智能变电站主要技术进行修编，介绍了第一代智能变电站、新一代智能变电站、智慧站发展历程，新增智能变电站发展趋势的内容。

　　（4）第 2 章新增了 IEC 61850 第二版相关介绍，并增加了工程中虚端子和组态配置过程的相关内容。

　　（5）第 4 章增加了现有智能变电站过程层配置方式，尤其是电流互感器配置方式，增加了 GOOSE、SV 服务的收发机制和告警机制，详细介绍了 GOOSE 报文和 SV 报文的结构，并增加了合并单元延时测试和交换机的 VLAN 配置案例。

　　（6）第 5 章根据智能变电站一体化监控系统技术要求修改了监控后台、数据通信网关机的各项技术指标和测试方法。

　　（7）第 6 章更新了"时间的概念"中关于闰秒的内容，增加了基于外部时钟数据同步测试方法。

　　（8）第 7 章根据智能变电站一次设备状态监测技术的发展及应用情况，重新编写了变电站一次设备状态监测通信系统，并修改了变压器、避雷器、GIS 局放、SF_6 密度、微水、断路器等状态监测内容。

　　（9）根据近几年智能变电站技术的发展和现场应用情况的变化，对电子式互感器原理及测试技术中的一些表述进行了修订，另外删除了第一版中物联网在智能变电站的应用、西泾智能变电站介绍及工程测试技术、常用测试仪器及软件使用方法三个章节的内容。

　　本书由国网江苏省电力有限公司电力科学研究院组织相关技术人员修编而成，在本书的修编过程中，国网江苏省电力有限公司、国网江苏省电力有限公司检修分公司、国网江苏省电力有限公司无锡供电分公司、国网江苏省电力有限公司南京供电分公司、国网江苏省电力有限公司苏州供电分公司等单位给予了大力支持。同时修编过程中还得到了南瑞继保、国电南自、南瑞科技、北京四方等公司的大力支持与帮助，修编过程中还参阅了有关参考文献、国家标准、运行规程、技术说明书等。在此，对以上单位及有关作者表示衷心的感谢。

　　由于编写时间仓促，编者水平有限，书中难免有疏漏和不足之处，恳请读者批评指正。

编　者

2019 年 10 月

目 录

第 1 章

智能变电站概述

　　智能电网的发电、输电、变电、配电、用电和调度六个环节之中，变电环节占据着相当重要的地位，智能变电站是坚强智能电网的基石和重要支撑，是承载和推动新一轮能源革命的基础平台之一。国家电网公司智能电网规划报告变电环节发展目标中指出："设备信息和运行维护策略与电力调度实现全面互动，实现基于状态的全寿命周期综合优化管理。枢纽及中心变电站全面建成或改造成为智能变电站，实现全网运行数据的统一采集、实时信息共享以及电网实时控制和智能调节，支撑各级电网的安全稳定运行和各类高级应用。"随着传感测量技术、通信技术、信息技术、计算机技术和控制技术的发展，常规变电站逐渐向智能变电站发展，国内已有大量的 110~750kV 电压等级智能变电站投入运行。智能变电站的建成投运，实现了全站一次、二次设备的运行状态在线可视监测，可大幅提升设备智能化水平和设备运行可靠性，为无人值班和设备操作自动化提供条件，提高资源使用和生产管理效率，使变电站运行更加经济、节能和环保。

1.1　智能变电站基本概念

　　智能电网是将信息技术、通信技术、计算机技术和原有的输、配电基础设施高度集成而形成的新型电网，它具有提高能源效率、减少对环境的影响、提高供电的安全性和可靠性、减少输电网的电能损耗等多个优点。

　　智能变电站是随着智能电网概念的提出而一并提出的，与智能电网密切相关，是智能电网的一个重要、关键的"终端"，承担为智能电网提供数据和控制对象的功能。智能变电站是采用先进、可靠、集成、低碳、环保的智能设备，以全站信息数字化、通信平台网络化、信息共享标准化为基本要求，自动完成信息采集、测量、控制、保护、计量和监测等基本功能，并可根据需要支持电网实时自动控制、智能调节、在线分析决策、协同互动等高级功能，实现与相邻变电站、电网调度等互动的变电站。它通过采用先进的传感、信息、通信、控制、人工智能等技术，建立全站所有信息采集、传输、分析、处理的数字化统一应用平台，实现变电站的信息化、自动化、互动化。

　　常规变电站中各个子系统基本是一个信息的孤岛，相互之间并没有充分的联系。随着IEC 61850《电力自动化通信网络和系统》统一标准体系的应用以及新型传感技术、通信技术、信息技术和控制技术等的发展，智能变电站首要任务是将各种应用以统一的通信规约方式交互到统一的信息平台，实现信息资源的共享。随着变电站内信息数字化、网络化、统一化以及互动化高级应用的实现，智能变电站的研究重点是要攻克智能化一次设备、站域级保护控制系统、变电设备自诊断、智能运维体系、支持调控一体化业务等关键技术，大幅减少占地面积，显著提升安全性、可靠性、经济性，建设"运行安全可靠、系统高度集成、结构布局合理、装备先进适用、经济节能环保"的智能变电站，实现变电站技术、设备从有到优，推动智能变电站的创新发展。现阶段，智能变电站采用先进技术与设备，优化系统结构与功能，其根本是服务于应用，从业务需求出发，把技术问题、经济问题、管理问题统筹考虑，实现对三态数据（稳态数据、暂态数据、动态数据）的统一采集和处理，从而提高智能电网对全景信息的感知能力，提高高级应用的深度和广度，实现自动化、互动化的目标。

随着先进技术的进一步发展、成熟，远景的智能变电站将以"推动技术变革、展示理念创新"为重点，围绕"新型设备、新式材料、新兴技术"，构建以电力电子技术为特征的"一次电、二次光"智能变电站，可实现电能快速灵活控制，具备交直流混供功能，从整个电网性能出发，构建以超导技术特征的"高容量、低损耗、抗短路"智能变电站，增大传输容量、降低网损、降低电网故障短路电流。

1.2 智能变电站特点

作为智能电网的一个重要节点，智能变电站担负着输送电能、变换电压等级、汇集电流、分配电能、控制电能流向、调整电压等功能。与此同时，智能变电站能够完成比常规变电站范围更宽、层次更深、结构更复杂的信息采集和信息处理，变电站内、站与调度之间、站与站之间、站与大用户和分布式能源之间的互动能力更强，信息的交换和融合更方便快捷，控制手段更灵活可靠。

智能变电站是以变电站一次、二次设备为数字化对象，以高速网络通信平台为基础，通过对数字化信息进行标准化，实现站内外信息共享和互操作，实现测量监视、控制保护、信息管理、智能状态监测等功能的变电站。智能变电站具有"一次设备智能化、全站信息数字化、信息共享标准化、高级应用互动化"等重要特征，其主要特点体现在：

（1）信息共享标准化：基于 IEC 61850 标准的统一标准化信息模型实现了站内外信息共享。智能变电站统一和简化变电站的数据源，形成基于同一断面的唯一性、一致性基础信息，通过统一标准、统一建模来实现变电站内的信息交互和信息共享，可以将常规变电站内多套孤立系统集成为基于信息共享基础上的业务应用。

（2）一次设备智能化：随着基于光学或电子学原理的电子式互感器和智能断路器的使用，常规模拟信号和控制电缆将逐步被数字信号和光纤代替，测控保护装置的输入输出均为数字通信信号，变电站通信网络进一步向现场延伸，现场的采样数据、开关状态信息能在全站甚至广域范围内共享，实现真正意义智能化。

（3）全站信息数字化：实现一次、二次设备的灵活控制，且具备双向通信功能，能够通过信息网进行管理，满足全站信息采集、传输、处理、输出过程完全数字化。

（4）设备诊断智能化：智能变电站除了关注站内设备及变电站本身可靠性外，更关注自身的自诊断和自治功能，做到设备故障提早预防、预警，并可以在故障发生时，将设备故障带来的供电损失降到最低。

（5）高级应用互动化：实现各种站内外高级应用系统相关对象间的互动，服务于智能电网互动化的要求，实现变电站与控制中心之间、变电站与变电站之间、变电站与用户之间和变电站与其他应用需求之间的互联、互通和互动。

（6）调试手段自动化：智能变电站围绕 SCD 文件，设计工作和系统集成工作将逐渐融合，设计可直接提交包含全站模型信息的 SCD 文件并提供给各设备厂商，供其直接导入，避免原先对照图纸、依靠人力进行信息输入和现场接线的弊端，在工程实施这个关键环节体现智能变电站的魅力和价值，实现“最大化工厂工作量，最小化现场工作量”；而且，随着设备交互信息的数字化，智能变电站调试越来越多的依赖于软件化的工具，信息监测、检查、调试的自动化水平不断提高，调试正确性得到保障。

1.3 智能变电站主要技术

1.3.1 IEC 61850 标准体系

IEC 61850 是关于电力自动化系统通信的国际标准，它不是一个简单的通信协议，其英文全称是 *Communication networks and system for power utility automation*，即电力自动化通信网络和系统。IEC 61850 的技术特点是对变电站的通信进行信息分层、面向对象建模、统一描述语言和抽象服务接口，与 TCP/IP 协议、IEC 60870－5－101 和 IEC 60870－5－104 等常用通信协议只规定报文的格式和内容不同，它实现了变电站工程实施的规范化、系统配置的标准化。

20 世纪 80 年代，微机远动设备取代了常规远动设备。通信标准从 1985 年开始使用 CDT、Polling、现场总线等十几种协议，逐渐统一为 IEC 60870－5－101、IEC 60870－5－103 和 IEC 60870－5－104，这也是通信、计算机技术的发展给变电站自动化系统带来的必然结果。随后网络技术的出现彻底改变了工农业生活，也给变电站自动化系统带来根本性的改变，必须要有一种适合于百兆、千兆以太网的变电站传输规约技术。IEC 61850 采用了面向对象建模、自描述的方式、抽象通信服务接口（ACSI）和特殊通信服务映射（SCSM）技术，使其比其他标准具有更长久的生命力，实现了变电站内不同厂家智能电子设备（IED）之间互操作和信息共享，同时 IEC 61850 能为智能变电站的一次设备状态监测提供有效的标准。

目前，IEC 61850 的第二版已经从变电站扩展到整个电力系统，除变电站外还涉及水电厂、分布式能源、变电站之间、变电站和调控中心之间的通信。

1.3.2 网络通信技术

智能变电站中，常规的模拟信号和电缆逐步被数字信号和光纤代替，断路器和变压器通过智能组件提供统一的对外信息接口，实现一次设备和二次设备双向通信功能，从而使全站信息采集、传输、处理、输出过程完全数字化。智能变电站采用统一的以太网通信网络实现数字化信息的交互，一次设备采集信息后，就地转换为数字量，通过网络通信方式上传保护、测控装置，然后传到监控系统，而监控系统和保护、测控装置对一次设备的控制也是通过网络通信来实现。光缆取代了传统变电站的大量长电缆，避免电缆带来的电磁兼容、传输过电压和两点接地等问题，从根本上解决干扰问题，提高传输可靠性。

智能变电站采用典型的三层两网结构，通过过程层网络将过程层设备和间隔层设备互联；通过站控层网络将间隔层设备和站控层设备互联。过程层网络主要传输采样值、跳闸命令、开关量等实时性、可靠性要求非常高的信息，一般采用光纤以太网。过程层网络拓扑形式根据应用需求的不同也有所不同，对于保护应用而言，采用点对点拓扑形式，提高可靠性、减少延时；对于测控、PMU、计量等应用而言，采用星形拓扑形式，实现数据共享。站控层网络主要传输"四遥"信息、保护动作信息等，一般采用双星形网络，避免数据丢失。

智能变电站中，网络作为信息传递的主要方式，其重要程度已不言而喻，直接关系到变电站能否正常运行、监控，甚至关系到继电保护功能的正确性。由于过程层信息的重要性，智能变电站过程层采用面向间隔的广播域划分方法提高 GOOSE 报文传输实时性、可靠性，通过交换机 VLAN 配置，同一台过程层交换机面向不同的间隔划分为多个不同的虚拟局域网，以最大限度减少网络流量并缩小网络的广播域。同时过程层交换机静态配置其端口的多播过滤以减少智能电子设备 CPU 资源的不必要占用，保证过程层信息传输的快速性；过程层交换机的传输优先级机制还可以确保过程层重要信息的实时性和可靠性。

1.3.3 新型传感器技术

互感器是电力系统中用于电能计量、继电保护、测量的重要设备之一。电子式互感器的绝缘性能和暂态特性优良，消除了磁饱和，能承受高水平的动热稳定，适应强电磁环境，这是常规互感器不可比拟的优势。随着电压等级的升高，其综合优势更加明显。而且电子式互感器是智能变电站实现"信息化"的关键设备。

电子式电流互感器采用低功耗线圈（LPCT）、罗氏线圈或光学材料作为一次传感器。电子式电压互感器采用电阻/电容分压器或光学材料作为一次传感器，利用光纤进行信号传输，通过对测量电量的信号处理，实现数字量或模拟量的输出。

电子式互感器区别于常规的互感器，由连接到传输系统和二次转换器的一个或多个电流或电压传感器组成，用于传输正比于被测量的量，供测量仪器、仪表和继电保护或控制装置使用。在数字接口的情况下，一组电子式互感器共用一台合并单元完成此功能。合并单元可以是互感器的一个组成件，也可以是一个分立单元。

（1）电子式电压互感器。电子式电压互感器构成原理主要有常规的电分压原理和光学传感原理两种：电分压原理的电子式电压互感器主要由电容、电感、电阻三种分压器件组成；光学传感原理的电子式电压互感器主要由基于电光 Pockels 效应、电光 Kerr 效应、逆电压效应的光学器件组成。

电力系统对电压互感器的稳定性与可靠性要求很高，稳定性与可靠性是光学电压互感器所要解决的主要问题。美国、日本、法国等虽已研制出高至 765kV 的系列光学电压互感器，但其稳定性与可靠性还未能达到实用化的要求。影响光学电压互感器稳定性与可靠性的主要因素是运行环境、振动、温度等。目前智能变电站中主要是采用电分压原理的电子式电压互感器。

（2）电子式电流互感器。目前，典型的电子式电流互感器主要有三种，其信号转换电路的结构配置示意如图 1−1 所示。

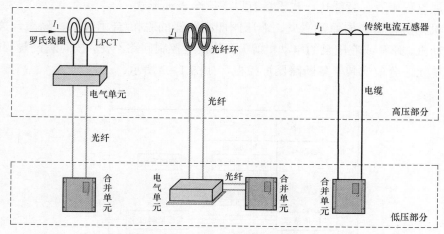

图 1−1 典型的电子式互感器信号转换电路的结构配置示意图

1）罗氏线圈＋LPCT。罗氏线圈和 LPCT 属于有源工作方式（即一次侧电路需要电源），敏感元件是空心线圈，与采集电路之间无任何隔离，属于"互感器"，LPCT 为低功耗线圈。

2）光学器件电流互感器。主要包括磁光玻璃型电流互感器和全光纤型电流互感器，其属于无源工作方式，敏感元件是磁光玻璃或光纤，与采集电路之间实现了完全的光隔离，属于"传感器"。

3）常规互感器＋合并单元。这种方式是常规互感器的二次电流线圈直接接入到合并单元中，转换成数字量送到计量和保护等装置。

1.3.4 智能化一次设备

开关设备是输配电网络的基础设备，一般分为一次设备和辅助设备两个部分：一次设备即开关设备的高压部分，用于高压绝缘、载流和开合等；辅助设备即开关设备的低压部分，用于主元件的控制和监测，随高压部分分散安装。

一次设备如断路器、隔离开关等高压部件，其技术已非常成熟，它们的故障率远低于控制设备的故障率。鉴于传统开关设备存在的不足和电力系统越来越高的可靠性及自动化要求，受益于电子技术的快速发展，催生了智能开关设备的概念。智能开关设备是指具有较高性能的开关设备和控制设备，配装有电子设备、变送器和执行器，不仅具有开关设备的基本功能，还具有附加功能，尤其是监测和诊断功能。目前，智能一次设备是智能变电站技术体系中技术相对滞后的环节，大部分是在不改变现有一次设备本体结构或是改动较小（加装传感器等）的前提下，将智能终端作为一次设备的智能化接口，实现一次设备部分智能化功能。智能终端是一次设备的智能化接口设备，与一次设备通过电缆连接，与保护、测控等二次设备采用光纤连接。智能终端以 GOOSE 方式上传一次设备的状态信息，同时接收来自二次设备的 GOOSE 下行控制命令，实现对一次设备的实时控制功能。

从发展过程来看，智能化一次设备有以下三个表现形式：

（1）机构执行器（如弹簧钳夹、液压阀即断路器的脱扣/合闸线圈、隔离开关或接地开关的电动机、弹簧或液压泵的电动机等）及其机电控制回路不变，按间隔设置智能终端、在线监测单元，分散安装于各断路器汇控柜，如图 1-2 所示。

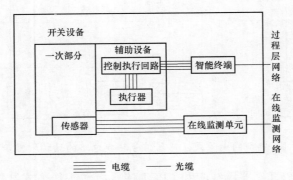

图 1-2 开关设备+智能终端+在线监测单元

（2）机构执行器及其机电控制回路不变，按间隔设置智能终端，智能终端兼在线监测功能，分散安装于各断路器汇控柜，如图 1-3 所示。

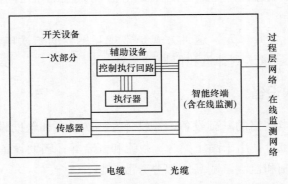

图 1-3 开关设备+智能终端（含在线监测单元）

（3）机构执行器不变，取消其机电控制回路，开关设备集成智能终端，智能终端实现原机电控制回路功能，直接驱动断路器的脱扣/合闸线圈、隔离开关的电动机、弹簧或液压泵的电动机等，智能终端兼在线监测功能，形成智能机构，如图 1-4 所示。

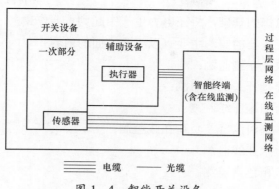

图 1-4　智能开关设备

同时为全面掌握开关设备的运行情况，保证电网的安全可靠性，对开关设备进行更全面监测成为一个趋势。采用在线监测技术，不仅能够及时发现电气设备的早期缺陷，防止突发性事故发生，同时可以减少不必要的停电检修，将某些预试项目在线化，避免传统试验对电气设备"过度检修"所造成的巨大损失，实现对设备运行状况的综合诊断，促进电力设备由定期试验向状态检修过渡，有效延长设备使用寿命。

1.3.5　一次设备智能状态监测

电力设备的劣化、缺陷的发展具有统计性和前期征兆，表现为电气、物理、化学等特性参量的渐进变化，通过传感器、计算机、通信网络等技术，及时获取设备的各种特征参量并结合一定算法的专家系统软件进行分析处理，可对设备的可靠性作出判断，对设备的剩余寿命作出预测，从而及早发现潜在的故障，提高供电可靠性。在线监测的特点是可对处于运行状态的电力设备进行连续和随时的监测和判断，为电力设备的状态检修提供必要的判断依据。

以往对于变压器、断路器等变电站一次设备的工作状况普遍采用定期检修预试制度，即定期停电后进行预防性试验（离线）来掌握其信息以决定能否继续运行，存在需要停电、试验真实性和实时性差等缺点。

随着技术的进步，逐渐发展了一些参数的在线监测技术，以变压器为例，如套管介质损耗、铁芯电流、油中气体、局部放电、油中微水、热点温度、绕组变形等，解决了部分停电试验的缺点。近年来已在此方面取得一定经验和成效，但仍存在诸如检测的参数不全、自成系统、相互兼容性差、不能统筹考虑、有时需要改动设备而实施困难等缺点，还不能保证全面、实时的反映设备的运行状况，尚无法满足智能电网建设对变电站在线监测的要求。

1.3.5.1　变压器在线监测

电力变压器是电力系统最主要和最昂贵的设备之一，其安全运行对保证供电可靠性有重要意义。为了提高电力系统运行的可靠性，减少故障及事故引起的经济损失，要定期对变压器进行绝缘预防性试验。但是，如果变压器停电进行预防性试验，将影响正常供电。因此对变压器运行状况在线监测越来越受到供电部门的重视。在线监测技术的发展与广泛应用是电力系统状态检修的基础，将在电力生产中起到重要作用。

目前，国内外对变压器的监测主要有以下六方面的内容：

（1）变压器局部放电在线监测；

（2）变压器有载分接开关在线监测；

（3）变压器的套管绝缘在线监测；

（4）变压器油温、绕组温度及负荷在线监测；

（5）变压器油中微水在线监测；

（6）变压器油的气相色谱监测。

1.3.5.2　GIS 状态监测

GIS 除进出线套管外没有外露的带电部分，采用 SF_6 气体绝缘，可靠性较高，检修少，通过发展外部诊断、监视法可减少不必要的拆卸检修工作量。GIS 状态监测可以不解体设备而用确切简易的办法从外部进行各种（在线的、离线的、带电的、停电）测量，监视、诊断 GIS 内部状态及性能的好坏，包括故障定位。

（1）局部放电监测。GIS 的绝缘性能是确保其安全运行的重要条件。GIS 设备内部中的金属微粒、粉末和水分等导电性杂质是引发 GIS 故障的重要原因。GIS 存在导电性杂质时，因局部放电而发出不正常声音、振动、产生放电电荷、发光、产生分解气体等异常现象。因此局部放电将是 GIS 状态监测重要对象之一。

（2）SF_6 气体监测。GIS 是采用 SF_6 气体绝缘和灭弧的，其性能状态是影响 GIS 的重要参数，需要对 SF_6 气体的压力、是否发生泄漏、SF_6 气体的微水含量等进行监测。

（3）断路器机械特性监测。

1）合、分闸线圈电流监测：用补偿式霍尔电流互感器在线监测断路器合、分闸线圈电流波形，并与正常电流波形比较，可监测断路器机械特性异常情况。

2）行程、速度监测：用条形码读数器通过非接触方法进行光学测定断路器的机械特性（行程、合/分时间、平均速度等），综合诊断断路器的机械特性是否良好。

3）压缩空气压力等监测：通过监测空气压力、压缩机启动频次或马达电流等，了解压缩空气气站及机构运行状况是否良好。

1.3.5.3　避雷器在线监测

避雷器在线监测系统利用避雷器运行时的接地电流作取样装置的电源，将泄漏电流的大小转换成光脉冲频率的变化，采用光纤取样，微机数据处理和数据通信等一系列技术手段，解决了避雷器泄漏电流测量、传输中的无源取样、高电压隔离、数据远传和泄漏电流超标即时报警等关键问题，实现了无人值班变电站对避雷器绝缘状况的自动在线监测。

1.3.6　一体化信息平台与高级应用

信息一体化平台通过采集全站 SCADA 数据、保护信息数据、录波数据、计量数据、在线监测数据，为各智能应用和远方系统提供标准化规范化的信息访问接口。智能变电站信息一体化平台架构如图 1-5 所示，它解决了变电站站控层系统多、接口多、数据共享程度差、数据综合应用困难的问题，满足智能变电站在信息数字化、功能集成化、结构紧凑化、状态可视化方面的要求。

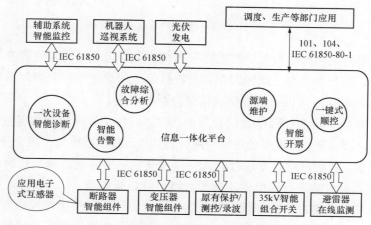

图1-5 智能变电站信息一体化平台架构

在信息一体化平台基础上，可以开发一键式顺序控制、源端维护、智能告警与故障综合分析、智能开票、智能负荷优化控制等高级功能，实现变电站图形模型源端维护功能，具体如下。

（1）一键式顺序控制。顺序控制作为智能变电站基本功能，是在变电站标准化操作前提下，由自动化系统自动按照操作票规定的顺序执行相关操作任务，一次性自动完成多个控制步骤的操作。顺序控制在执行每一步操作前均自动进行防误闭锁逻辑校验，并具有中断、急停的功能。

顺序控制系统中将增加与视频系统的结合，通过智能巡视机器人，实现一键式顺序控制与视频系统的结合，当操作某个一次设备时，引导视频系统将摄像头转向此设备，通过图像识别技术判断出此设备的状态，并通过网络通信方式将相应设备的状态传送给顺控系统，用于顺序控制系统根据测控采集的信息以及视频系统返回的信息综合判断设备的状态，确保可靠操作。

（2）源端维护。变电站作为调度/集控系统数据采集的源端，应提供各种可自描述的配置参量，维护时仅需在变电站利用统一配置工具进行配置，生成标准配置文件，包括变电站主接线图、网络拓扑等参数及数据模型。

变电站自动化系统的主接线图和分画面图形文件，应以网络图形标准SVG格式提供给调度、集控系统，如图1-6所示。建立变电站模型（IEC 61850）与主站调度模型（IEC 61970）的映射关系，实现子站端一次维护数据模型和图形画面，即时导入调度中心各种自动化系统中使用，减少维护工作量，保证各子站和主站系统模型和数据的一致性。源端维护大大减轻了调度端系统图模维护工作，消除了变电站与调度信息核对工作。

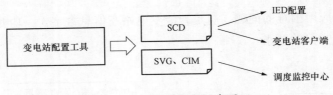

图 1-6　源端维护示意图

（3）智能告警与故障综合分析。智能告警系统将告警信息进行预处理并建立故障处理专家系统知识库。将告警信息、故障简报、录波波形等信息进行综合显示分析，将智能告警系统与人机界面集成，可以有效地实现信息分层的理念。

基于信息一体化平台的故障信息综合分析软件，提供了故障诊断和定位、设备动作情况的监视和评判、谐波分析和波形处理等故障分析功能，提出故障信息综合分析方案。

（4）智能开票。实现自动根据运行方式安排和变电站实际运行情况正确编写各种类型的操作票，运行人员只需进行简单的鼠标操作就可开出操作票。

智能开票系统的关键在于推理规则的制定。通过设计合理的操作规则表述方法，同时实现操作票智能化、用户维护简单化。规则的定义要既考虑操作规程的约束，也考虑变电运行方式的约束。具体操作票生成时，由推理机模块调用实时系统接口读取实时库中的设备属性和设备状态，调用高级应用分析模块进行接线形式、运行方式等判断，将所有得到的信息加上选择的操作任务与操作规则按照一定的逻辑进行匹配，匹配出唯一的规则。

变电站运行人员可选择智能开票、画面开票、手工开票、调用存票四种模式开票。当运行人员根据调度任务，选用智能开票时，系统将结合设备实际运行状态，匹配规则库，自动生成所需的操作票。

（5）智能负荷优化控制。电压无功自动控制（VQC）应用作为软件模块嵌入在子站控制器（远动设备）系统软件中，其算法实现所需的实时数据、设备参数完全基于一体化信息平台，VQC 受主站系统控制，其运行的电压、无功目标值由调度下发，参与 VQC 运行的优化控制设备可自动依据设备的检修态决定是否参与 VQC 调节。VQC 根据实时数据变化的情况以及当前优化控制的目标值，自动采用优化的方法选出合适的设备进行控制，能够适应各种不同的一次接线运行方式，所有的控制过程在变电站内完成，操作结果上送主站系统。

过载切负荷也作为软件模块嵌入在子站控制器（远动设备）系统软件中，其算法实现的实时数据、设备参数完全基于一体化信息平台。该功能启/停受主站系统控制，线路重要等级也由主站系统决定，当系统发生故障，主变压器过负荷时，该高级应用将自动切除站内非重要负荷的线路。

1.3.7　智能辅助控制系统

常规变电站配置的图像监视、安全警卫、火灾报警、主变压器消防、给排水、采暖通风等辅助生产系统，依然是各自独立的、不具备智能对话能力的小型自动化装置，形成多个信息孤岛，需要更多的人工来关注、理解和处理这些设备的信息，没有达到智能变电站的智能运行管理的要求，不但安全性较低，而且增加了变电站投资和管理人员的工作负担。除了实现变电站的智能运行管理外，验证站内人员的动作行为，减少站内人员的人为工作量也应该是智能变电站的另一个体现。

智能变电站辅助控制系统以高可靠的智能设备为基础，综合采用动力环境、图像监测、消防、照明以及监测、预警和控制等技术手段，为变电站的可靠稳定运行提供技术保障从而解决了变电站安全运营的在控、可控等问题，满足了智能变电站无人值班的要求。

智能辅助控制系统以"智能控制"为核心，为满足电力系统安全生产，智能辅助控制系统主要对全站主要电气设备、关键设备安装地点以及周围环境进行全天候的状态监视。智能辅助控制系统的建设以变电站视频监控系统为核心，其管控和覆盖的范围包括变电站内所有辅助控制系统，包括视频监控子系统、防盗报警子系统、火灾报警及消防子系统、门禁控制子系统等。智能变电站辅助控制系统对变电站各类辅助系统运行信息的集中采集、异常发生时的智能分析和告警信息的集中发布，实现了通过变电站各种辅助系统间的信息共享以及与变电站自动化系统、变电站状态监测系统等的信息交互，同时实现变电站系统间的联动控制，达到"智能监测、智能判断、智能管理、智能验证"要求，实现变电站智能运行管理。

1.4 智能变电站发展历程

智能变电站从提出至今，不断发展推广，逐渐成为变电站建设的主流方向。智能变电站建设是一个不断发展的过程，随着新技术发展、新理念的融入、新需求的提升，国家电网有限公司也提出了新一代智能变电站和智慧变电站的概念。为了有所区分，2009年，国家电网有限公司提出的智能变电站模式可以称为第一代智能站，是目前智能变电站建设的主要模式，其技术和设备配置也在不断发展和完善。2012年，国家电网有限公司提出了新一代智能变电站的理念并进行了试点建设，推动智能变电站技术、设备从有到优的创新发展，其技术应用和建设模式仍处于探索之中。2017年，国家电网有限公司提出了智慧变电站的研究目标，通过对第一代和新一代智能变电站的总结，继承优点，不断提升新技术与变电站建设和运检工作的结合发展，目前正处于方案研究和试点阶段。

1.4.1 第一代智能变电站

第一代智能变电站技术在实际工程应用中不断成熟、完善，从2009年提出至今，大致经历了工程试点、推广建设、全面建设三个主要阶段，每个阶段的技术应用有所不同。

1.4.1.1 工程试点阶段

2009年，随着智能电网概念的提出，国家电网有限公司开始了智能变电站试点工程的建设。试点工程中，智能变电站建设采用了大量新技术、新设备、新材料，实现全站信息数字化、通信平台网络化、信息共享标准化，可自动完成顺序控制、一次设备在线监测、辅助系统智能联动及变电站自动化系统高级应用等先进功能，通过物联网技术的尝试应用，实现了从主系统到辅助系统的全面智能化。

此阶段，电子式互感器大量应用，实现全站采样的数字化，应用的电子式互感器主要包括有源式的罗氏线圈电流互感器、阻容分压电子式电压互感器等和无源式的全光纤电流互感器、磁光玻璃电流互感器等。断路器、隔离开关等一次设备通过配置智能终端实现信息数字化和控制网络化。

二次设备直接接收数字化的采样信息、开关量信息，并发出数字化的控制信号。继电保护尝试过采用网络采样、网络跳闸的方式，并使用 IEEE 1588 协议实现精确对时和同步，这种方式可以大量简化二次系统接线，但是对时钟系统和网络的依赖性过大，可能由于时钟系统异常导致继电保护大面积失效或不正确动作。出于安全考虑，大部分继电保护还是采用直接采样、直接跳闸的模式，避免了网络和对时系统异常对继电保护系统的影响。测控、故障录波、PMU 等应用则普遍采用网络采样和网络控制的模式。这一阶段，继电保护和测控装置也尝试过优化整合，形成保护测控一体化装置并经实际工程应用，测控功能随着保护装置的双重化而双重化，这增加了遥测、遥控的可靠性，但是这也给遥测、遥控的选择带来困难。

二次设备对时方面，站控层采用成熟的 SNTP 网络对时，间隔层设备采用成熟的 B 码对时，过程层设备采用 IEEE 1588 网络对时或者 B 码对时。IEEE 1588 对时方式利用 SV 网络或 GOOSE 网络进行对时，无需铺设专门的对时网络，简化对时系统接线，但是其对网络交换机提出了更高要求，交换机的成本显著提高，可靠性反而下降。

此阶段，智能变电站建设处于百花齐放的模式，新设备和新技术处于探索、尝试阶段。智能变电站运维检修技术也只是针对试点工程开展研究，并制定相应的规程。

1.4.1.2 推广建设阶段

随着智能电网建设步伐加快以及试点工程取得了一定经验积累，2013 年开始，智能变电站建设在前期试点工程的基础上进行了推广，继承试点工程中应用成熟、可靠的技术，并对存在的不足进行改进，建设方案日渐趋于成熟。

试点工程中，电子式互感器应用暴露了就地电子器件故障概率高、数字积分容易出现频率混叠、小信号测量准确度不够等问题。此阶段，电气量采集不再应用电子式互感器，而是采用常规互感器+模拟量输入合并单元的模式进行电气量数字化采集，兼顾了常规互感器的特性，也实现了数字化采样，二次设备无需更改即可适应。模拟量输入合并单元安装于互感器附近，就近将电气量转换为数字量后传输给二次设备，而且不同组别的互感器二次绕组独立采集，互不影响。由于网络交换机的光纤接口模块故障概率高，而且对时系统可靠性也不高，继电保护全部采用 SV 直接采样模式，保证采样的可靠性，同时采用直接跳闸模式，保证跳闸的可靠性和安全性。测控、故障录波、PMU 等应用仍然沿用网络采样和网络控制的模式。

继电保护采用直采直跳模式，不依赖于外部对时系统，而测控、故障录波、PMU 等仍需要同步的采样数据，合并单元仍需要同步采样，因此过程层设备采用成熟的 B 码对时方式，技术成熟、投资少、性能满足要求。

此阶段，智能变电站建设主要关注技术方案的可靠性和安全性，建设方案逐渐成熟，建设模式也逐渐统一。智能变电站运维检修技术重点关注校验方法、安全隔离措施、运行操作安全性等，运维检修方法逐渐达成共识，逐步制定智能变电站运维检修规程，形成智能变电站运维检修体系。

1.4.1.3 全面建设阶段

经过 5 年多建设和完善，智能变电站建设方案已基本成熟。2015 年，智能变电站进入全面建设阶段。此阶段的建设方案与推广建设阶段基本相同，只是对继电保护采样方案做了一些调整，对于 330kV 及以上电压等级智能变电站和重要的 220kV 智能变电站应采用常规电缆接入保护装置。

此阶段，智能变电站二次设备功能和性能的提升被广泛关注，各专业开始制定设备标准化规范，保护专业制定并完善继电保护信息规范，结合装置的"六统一"规范，形成继电保护的"九统一"。自动化专业也开始制定变电站自动化设备的"四统一、四规范"。国调中心还推动智能变电站部署保护设备状态监测与诊断装置，推进继电保护设备在线监视与分析建设与应用，提升调控运行技术支撑能力，提高继电保护设备运行管理水平。

此后，智能变电站研究重点也从建设逐渐转向运维检修，各单位都针对智能变电站抽象化程度高、安措制定困难等难题，开始研究二次系统可视化运维和状态评估技术，正逐步形成变电站智能运维体系。

1.4.2 新一代智能变电站

随着电网发展方式的转变、应用技术不断进步，智能变电站建设迎来了新的挑战——需要进一步吸收先进的设计理念，加大功能集成和优化的力度；需要适应新管理模式，完善支撑调控一体功能；需要加大设备研发力度，全面满足优化设计和集成功能的需要。2012 年 1 月，国家电网有限公司"两会"工作报告中提出，要开展新一代智能变电站设计和建设，并于 2012 年 12 月启动首批 6 座新一代智能变电站示范工程建设，2013 年底全部建成投运。2014 年国家电网有限公司在系统总结分析 6 座示范站的技术优缺点基础上，优化新一代智能变电站技术方案并形成典型设计，启动建设 50 座新一代智能变电站扩大示范工程。新一代智能变电站是要实现变电站相关技术（设备）"从有到精"，努力在世界智能电网科技领域实现"中国创造"和"中国引领"。

新一代智能变电站将以"运行安全可靠、系统高度集成、结构布局合理、装备先进适用、经济节能环保"为特征，通过"基础研究、设备研制、系统集成、试验验证、工程示范"的技术路线，实现变电站技术、设备从有到优，推动智能变电站的创新发展。新一代智能变电站研究重点是要攻克变电设备自诊断、一次设备智能化、站域及广域保护控制系统等关键技术，大幅减少占地面积，显著提升安全性、可靠性、经济性。

新一代智能变电站在一次设备方面，试点应用隔离式断路器，使变电站结构布局更合理，节省占地面积；力争解决电子式互感器的长期运行稳定可靠性不足以及抗干扰能力较差等问题，制造技术达到国际领先水平；采用集成状态监测传感器和智能组件的智能电力变压器，进一步提升一次设备集成度和智能化水平。

新一代智能变电站在二次设备方面，主要是应用层次化保护控制系统，突破间隔化保护控制的局限性，实现站域后备保护和站域智能控制策略。层次化保护配置方案是基于空间维度和时间维度协调控制的继电保护配置形式，实现在确保继电保护"四性"（选择性、快速性、灵敏性和可靠性）的基础上，以"性能提升、运行可靠、功能整合、应用智能、标准规范、支持调控"为目标的继电保护配置方案。层次化保护系统包括就地快速保护、站域保护控制和广域保护控制三个层面。就地快速保护，采集就地元件的信息，满足第一时间快速切除故障的要求；站域保护控制，综合全站信息，实现全站的综合备自投等功能，并可提升低压母线元件失灵保护功能，加快主变压器后备保护动作时间，提升站端整体保护性能；广域保护控制，通过与调度技术支持系统共享三态数据信息，做到后备保护可在线自调整，有效减少线路后备保护动作级差，并可对区域电网运行状态进行综合判断，实现区域安稳系统功能。

1.4.3 智慧变电站

　　智能变电站建设得到了国家电网有限公司高度重视和大力推广，在系统高度集成、结构布局合理、装备先进适用、经济节能环保等方面取得了一定成效，取消了传统二次接线，应用了合并单元、智能终端、交换机、智能汇控柜、一体化监控等设备。新一代智能变电站还应用了电子式互感器、隔离断路器、预制舱、层次化保护等新设备。但是智能变电站在长期运行过程中也暴露了一些问题：配置文件耦合度强，修改影响范围大，现场人员无法维护；户外柜安装的 IED 设备工作环境苛刻、故障率高；运检模式滞后，工作量日渐繁重，新技术的优势未能得到充分利用和有效发挥。由此，2017 年，国家电网有限公司提出了开展智慧变电站研究的任务，实现"以智能化促安全，以智能化提管理，以智能化增效益，以智能化适应未来"的目标。

　　智慧变电站的建设应在对传统变电站、第一代智能站及新一代智能站，从设计、制造、建设、运检等各方面进行全面总结的基础上，继承优点，提升不足，制定安全、高效、适应未来的变电站建设方案。智慧变电站应具备一键操作、自动巡检、主动预警、智能决策等高级功能，有利于电网更安全、供电更可靠、运检更高效、全寿命成本更低。

　　在电网安全方面，智慧变电站应在二次系统结构精简、硬件回路标准可靠、软件程序全过程可控、装置优化集成、保护可靠性与速动性提升、防拒动防误动等方面开展重点研究，确保大电网安全；同时在先进传感技术应用、设备内部状态感知、自动诊断和预警技术等方面进行重点研究，提升管控能力；应对设备设计、制造、安装、调试、验收等全过程环节进行研究，落实反事故措施，提升设备安全水平。

　　在供电可靠性方面，智慧变电站应在提升设备质量、改善运行环境、设备基础和组部件标准化、即插即用、缩小设备停电范围等方面开展研究，降低设备故障率和减少停电时间；应在变电站典型接线、智能辅助倒供电、接地选线、快速隔离故障点等方面开展研究，提高供电灵活性；应在适应新能源接入、分布式发电、多元化用户、供需互动等方面开展研究，适应未来需要。

　　在运检高效方面，智慧变电站应把设备智能和管理智能相结合，研究先进技术在日常运检作业中的应用，重点对运检信息集中监视、"一键式"顺控倒闸操作、远方状态识别、远方压板投退、远方信号复归、压板状态智能判断、一体化辅助系统、机器人巡检、移动作业、不停电检测、集中式检修等技术开展研究，把有限的运检人员从繁杂的无效、简单、重复劳动中解放出来，直接提升供电可靠性和公司效益。

在全寿命成本方面，智慧变电站应在科学使用土地、优化建筑物功能布局、模块化建设、设备及基础标准化、即插即用、推广免（少）维护产品、改善二次设备运行环境、运维检修便利性等方面开展研究，做到合理控制一次性建设成本，大幅降低后期运检成本，全寿命周期成本更低，效益更高。

1.5　智能变电站发展趋势

大规模新能源接入、电动汽车等特殊负荷出现以及电网发展方式的转变、科学技术进步、系统可靠性要求不断提升等，给智能变电站建设带来新的挑战。智能变电站的理念和建设模式也不断发展，向着系统高度集成、二次设备就地化、二次运维智能化等趋势发展。

1.5.1　系统高度集成

智能变电站将遵循整体设计的原则，以功能集成、架构简单为原则，实施系统优化集成，以高度集成方式推进变电站创新发展，实现一次设备集成和一次、二次设备深度融合，提高设备集成度与智能化水平；对变电站二次系统进行一体化集成，以面向对象或面向功能为基础，实现站内保护、测控、计量、功角测量等功能的有效集成；以变电站的全景数据为基础，将变电站与调控中心、检修中心的应用功能进行有效的集成，实现各自准确的功能定位，优化网络信息流，构建纵向贯通、分层分区的变电站信息系统。

1.5.2　一次设备状态感知

智能变电站应充分利用大数据、移动互联、人工智能、图像识别等一系列新技术，以效率最高、成本最低的模式实现变电站设备设施的智能运维，具备自主导航、自动记录、状态感知、智能识别、状态预判、远程遥控等功能。

智能变电站一次设备状态监测技术在工程应用中不断完善、提升，应能自动生成设备的不良工况记录，为设备状态评价及分析诊断提供全面数据，提高设备状态诊断准确性。如通过全光纤传感、不良工况监测等技术，实现变压器内部温度、机械、绝缘、放电的综合监测，直观评估变压器运行状态，为诊断绕组状态和预测设备寿命提供依据；利用先进的压力测量和传感技术，实时监测油浸式电流互感器内部由于受潮、放电、过热等缺陷产生气体进而导致的压力变化，及时判断内部缺陷发展程度，发出报警信号或直接作用跳闸，有效防止设备故障；应用金属屏蔽环传感器、SF_6数字压力传感器，提升传感器可靠性，提高缺陷检出效果，提升 GIS 设备局放检测准确度和灵敏度；采集断路器全方式下分合闸电流大小、持续时间及次数，跟踪断路器剩余寿命，在线监测弹簧弹性变化，为设备状态评估和检修决策提供依据。

1.5.3　二次设备就地化

智能变电站中，电子式互感器、合并单元、智能终端等新设备的应用以及 IED 设备布置方式的变化，给二次专业带来新的问题：继电保护速动性及可靠性有所降低、IED 设备工作环境恶劣导致故障率高、检修试验复杂导致人员不足。

为解决上述新问题，国家电网公司国调中心提出了就地化继电保护的新思路，通过贴近一次设备就地布置，采用电缆直接采样或 SV 点对点采样、电缆直接跳闸，减少中间传输环节，提升保护速动性与可靠性，同时解决长电缆传输信号带来的问题：如电流互感器饱和、多点接地、回路串扰、分布电容放电等问题。就地化继电保护装置基于接口标准化设计，采用标准连接器接插，实现工厂化预制、集中式调试、模块化安装和更换式检修，最终实现保护的即插即用，提升工作质量和效率，减少设备停电时间。就地化继电保护通过一体化设计、纵向集成单间隔功能，实现装置小型化、集成化，减少设备类型及数量，降低整体设备缺陷率，进一步推动二次系统整体设计方案优化，促进一次、二次设备融合，形成智能化一次设备。

1.5.4　二次运维智能化

智能变电站二次设备自检功能强大，标准化、信息化程度不断提高，为二次系统的可视化智能运维提供了条件。智能变电站采用 IEC 61850 实现了 IED 设备逻辑功能的模型化，同时对现有的物理回路进行抽象建模，并与已有的虚端子回路有效结合，进行"虚实对应"，形成物理连接关系和逻辑信息流融合的变电站全景信息模型，为智能变电站二次设备可视化在线监测和智能诊断等高级应用奠定基础。

基于全景信息模型，在计算机或移动终端上一键式自动展示二次回路全景信息，包括静态物理回路和动态逻辑数据，可以将传统的图档管理模式升级为可视化模式，检修人员不再依赖大量的图纸资料，信号查找时间从分钟级缩短至秒级。基于变电站全景模型，综合利用智能设备送出的实时状态信息，开展关联数据的"横向比对、纵向校验"，如双套保护装置采样值的横向比对、过程层信息和站控层信息的纵向校验，将二次系统按采样、开入/开出、执行/计算等多个模块进行全方位在线评价，实现二次设备"异常前健康状态评价，异常后故障快速定位"，最终完成二次系统运行状态的量化评估和故障的智能诊断，为状态检修提供支撑数据，推动二次设备运维模式由"经验评估"向"量化评估"的跨越，不断提高电网运行状态感知和信息处理能力，提升变电站自动化系统智能化水平。

1.5.5　全站数据共享化

智能变电站信息数字化和通信网络化，为数据共享提供了有利条件。但是不同专业对数据的应用要求不同，导致变电站中数据采集重复、系统架构复杂，使智能变电站运维越来越复杂。智能变电站应积极应用先进的通信和信息技术，简化二次回路，实现全站信息共享、业务融合及数据源端维护，优化系统架构，保证全站数据的统一，避免重复投资建设，减少信息维护工作量。

　　智能变电站应从顶层设计，规范系统层级架构、界面、名称、分类和功能，按照"信息安全第一、功能先进实用、人机界面友好、服务基层一线"的思路建立站内统一信息平台，实现变电站内主、辅设备运行信息和在线监测数据全面采集、集中监视、状态判断。主设备信息主要包括电网的模拟量、一次设备状态量和实时告警、二次设备运行状态和动作信号、交直流系统的电流/电压和开关状态等信息；辅助设备信息主要包括站内在线监测、巡检机器人、视频监控、消防、安全防范、环境监测、SF_6 监测、照明控制等子系统状态及实时告警等信息；在线监测数据包括变压器、电抗器、电流互感器、电容式电压互感器、耦合电容、避雷器、断路器、GIS 等设备以及二次系统的运行状态信息。统一信息平台采集站内全景数据资源，实现信息高度融合，跨设备、跨间隔数据实时交换，提供数据分析、数据辨识、数据存储、数据查询、数据订阅等服务。智能变电站基于信息共享的数据平台，利用多源信息关联分析和挖掘技术，最终实现自动控制、智能调节、站域备自投、在线分析决策、协同互动等高级应用。

第2章

IEC 61850 协议体系及组态配置技术

IEC 61850 标准的宗旨是"一个世界、一种技术、一种标准"（One world，One Technology，One Standard），目标是实现设备间的互操作，其作为国际统一的变电站通信标准已经获得广泛的认同与应用，DL/T 860 等同采用了该标准。本章主要描述了 IEC 61850 标准相关技术，介绍了变电站配置描述语言（Substation Configuration description Language，SCL）、制造报文规范（Manufacturing Message Specification，MMS）、抽象服务（Abstract Communication Service Interface，ACSI）、面向通用对象变电站事件（Generic Object Oriented Substation Event，GOOSE）、采样值服务（Sampled Value，SV）等，重点阐述了工程中如何对配置文件的遥信遥测报告、GOOSE、SV、控制、定值等服务进行配置及工程实施中 IEC 61850 建模规范要求。

2.1　IEC 61850 概述

近年来随着嵌入式计算机与以太网通信技术的飞跃发展，智能电子设备之间的通信能力大大加强，保护、控制、测量、数据功能逐渐趋于一体化，形成庞大的分布式电力通信交互系统，电力系统正逐步向电力信息系统方向发展。以前，几乎所有的设备生产商都具有一套自己的通信规约，通常一个传统变电站可能同时使用南瑞、许继、四方等多个厂商的协议，电网运行的规约甚至多达上百种。而各大设备商出于商业利益，对自己的通信协议一般都是采取保密措施，进一步加大了系统集成的困难程度，客户在进行设备采购时也受限于设备生产商，系统集成成本大为提高。一个变电站需要使用不同厂家的产品，必须进行规约转换，这需要大量的信息管理，包括模型的定义、合法性验证、解释和使用等，这些都非常耗时而且代价昂贵，对电网的安全稳定运行存在不利影响。

因此，作为全球统一的变电站通信标准，IEC 61850 受到了积极的关注，其主要目标是实现设备间的互操作，实现变电站自动化系统无缝集成，该标准是今后电力系统无缝通信体系的基础。所谓互操作（interoperability）是指一种能力，使得分布的控制系统设备间能即插即用、自动互联，实现通信双方理解相互传达与接收到的逻辑信息命令，并根据信息正确响应、触发动作、协调工作，从而完成一个共同的目标。互操作的本质是如何解决计算机异构信息系统集成问题，因此，IEC 61850 标准采用了面向对象思想建立逻辑模型、基于 XML 技术的变电站配置描述语言 SCL、ACSI 映射到 MMS 协议、基于 ASN.1 编码的以太网报文等计算机异构信息集成技术。

与传统 IEC 60870-5-103 标准相比，IEC 61850 标准不是一个单纯的通信规约，而是个面向变电站自动化系统性的标准，它指导了变电站自动化的设计、开发、工程、维护等领域。IEC 61850 标准共分为 10 个部分，其中第 1～5 部分为概论、术语、总体要求、系统项目管理、通信性能评估方面内容；第 6～9 部分为通信标准核心内容；第 10 部分为 IEC 61850 规约一致性测试内容。

国标 DL/T 860 等同采用了 IEC 61850 标准，主要内容如下：

DL/Z 860.1《电力自动化通信网络和系统　第 1 部分：概论》

DL/Z 860.2《变电站通信网络和系统　第 2 部分：术语》

DL/T 860.3《变电站通信网络和系统　第 3 部分：总体要求》

DL/T 860.4《电力自动化通信网络和系统　第 4 部分：系统和项目管理》

DL/T 860.5《变电站通信网络和系统　第 5 部分：功能的通信要求和装置模型》

DL/T 860.6《电力企业自动化通信网络和系统　第 6 部分：与智能电子设备有关的变电站内通信配置描述语言》

DL/T 860.71《电力自动化通信网络和系统　第 7－1 部分：基本通信结构　原理和模型》

DL/T 860.72《电力自动化通信网络和系统　第 7－2 部分：基本信息和通信结构－抽象通信服务接口（ACSI）》

DL/T 860.73《电力自动化通信网络和系统　第 7－3 部分：基本通信结构　公用数据类》

DL/T 860.74《电力自动化通信网络和系统　第 7－4 部分：基本通信结构　兼容逻辑节点类和数据类》

DL/T 860.81《电力自动化通信网络和系统　第 8－1 部分：特定通信服务映射（SCSM）－映射到 MMS（ISO 9506－1 和 ISO 9506－2）及 ISO/IEC 8802－3》

DL/T 860.92《电力自动化通信网络和系统　第 9－2 部分：特定通信服务映射（SCSM）－基于 ISO/IEC 8802－3 的采样值》

DL/T 860.10《电力自动化通信网络和系统　第 10 部分：一致性测试》

由于变电站、变电站与调度中心、调度中心之间各种协议的不兼容，使得 IEC 委员会 TC57 工作组认为有必要从变电站信息源头直至调度中心采用统一的通信协议，IEC 61850 数据对象统一建模有必要与 IEC 61970 CIM 信息模型协调一致。因此，IEC 61850 标准正在不断发展与扩充中，另外 IEC 61850 标准正在向风能、水电、配电和工业控制等其他领域拓展应用，凭借良好的可扩展性和体系结构，IEC 61850 将在全世界所有电力相关行业的信息共享、功能交换以及调度协调做出重大的、决定性影响。

2.2　IEC 61850 标准 2.0 版本

自 2004 年 IEC 61850 第一版发布后，IEC TC57 WG10 就开始了 IEC 61850 标准 2.0 版本的制定工作。IEC 61850 标准第二版保留了第一版的框架，对模糊的问题作了澄清，修正了笔误，在网络冗余、服务跟踪、电能质量、状态监测等方面做了补充，删除了 IEC 61850－9－1 部分，增加了－7－4×× 特定领域逻辑节点和数据对象类技术标准，制定了水电厂、分布式能源等部分，正在研究和制定 $-7-5\times\times$ 和 $-90-\times\times$ 技术报告（Technical Report）、$-80-\times\times$ 技术规范（Technical Specification）等诸多技术文件，内容涉及变电站之间通信、变电站和控制中心通信、汽轮机和燃气轮机、同步相量传输、状态监测、变电站网络工程指南、变电站建模指南、逻辑建模等诸多方面。该标准的适用范围已拓展，超出了变电站范围，IEC 61850 第二版的名称相应更改为电力自动化通信网络和系统（*Communication networks and systems for power utility automation*）。

其中，IEC 61850-6 是第二版改动较大的部分，其改动主要涉及两个大的方面，一是对第一版中表述模糊的地方进行了澄清，另一方面则主要是 SCL 语法的升级，SCL 语言明确为 3.0 版本，新增了描述 IED 配置工具和系统配置工具的功能角色，新增了 IID 和 SED 文件，主要在 SCL 工程实施过程、对象模型、描述文件类型、语言和语法元素五个方面有所改动。

2.2.1　SCL Schema 3.0 语言

IEC 61850 中，明确 2.0 版本所使用的语言更新为 SCL Schema 3.0 版本，并在增加的章节中，专门描述 SCL 语言版本及其兼容性。在配置方面，有语法规则检测、配置模型变化、Name 长度变化、Enum 枚举类型、定值模型、控制模型等方面的不兼容；在服务方面，有 Mod 与 Beh 计算流程、控制服务、定值服务、BRCB 带缓存报告流程等方面不兼容。

2.2.2　对象模型的差异

在对象模型方面，主要是 IEC 61850-6 和 IEC 61850-7 的修改，影响较大的差异有：

（1）增加了 NOTE 3，用于提示在 CIM 模型中不需要描述间隔的情况下，SCL 模型中如何来处理电压等级和间隔的关系。

（2）明确了物理结构的描述超出了 SCL 的范围，但可以使用 9.4.6 中的定义 PhyConn 在一定程度上对物理结构进行建模。

（3）明确了 SWITCH 作为 IED 的 type 时，保留为交换机使用。

（4）增加专门用于描述数据流的模型。

（5）增加"The meta-meta model"，提出标准中的数据属性、数据类型等是通过组合、嵌套、递归等方式形成的分层数据模型。

（6）Gen Loical Device Class 中定义包含"LDName"和"LgicalNode [1..n]"，第一版 8.1 节 LOGICAL-DEVICE class definition 中定义包含"LDName"、"LDRef"和"Logical Node [3..n]"。第一版要求至少包含 3 个 LN（N0，LPHD，其他），第二版至少 1 个 LLN0，可以不含其他逻辑节点。

（7）SelectEditSG 服务与第一版不同，2.0 版增加了对 SGCB 编辑权利要求，即 SGCB 选择编辑定值服务时需要其他 SGCB 对该定值服务释放，即保证了 SGCB 对定值服务的独占性。

（8）报告控制块部分去掉了对单实例、多实例解释。

（9）Integrity 解释：完整性周期报告传输过程中出现新的内部 dchg，qchg，data－update 报告，需要等完整性周期报告发送完成。第一版中可优先发送。

（10）Generic substation event class model（GSE），18.2.1 GoCB definition 中 GoID 替代第一版 AppID，增加 DstAddress。

（11）修改 Direct control with normal security 、SBO control with normal security 状态机、Direct control with enhanced security 状态机、SBO control with enhanced security 状态机：增加分支带 Wait For Activationg Time 和不带两种情况；选择和执行前增加 Perform Test 状态，增加 Wait For Selection，增加 Mirror Blocked Command。

（12）在 CONTROL class service definitions 控制服务中新增了 Time Actived Operate Termination。

（13）新增 Tracking of Control services，增加控制服务跟踪类 CTS。

（14）Annex B Formal definition of IEC 61850－7－2 Common Data Classes 为新增附录，给出了 7－2 中的 CDC 的正式定义，包括 CST、BTS、STS、UTS、LTS、OTS、GTS、MTS、NTS、CTS（boolCTS、Int8CTS、Int32CTS、AnalogCTS、ModCTS、BSC_CTS）。

2.2.3　通信协议映射的重要差异

IEC 61850－8 和 IEC 61850－9－2 在 2.0 版本中的修改对通信协议的映射产生了一些差异，主要为采样同步、语义发生变化，增加时钟源的信息、可选发送内容，其中比较重要的有：

（1）支持 G 级网络通信；

（2）Object reference 扩展到 129；

（3）扩展 logging 的原因类型，新增应用触发功能；

（4）新增追踪服务的映射；

（5）在使用追踪服务或 link 时候的第二种 Object Reference 映射；

（6）扩展 Additional Cause 的扩展；

（7）支持仿真 GOOSE 的报文；

（8）GOOSE 定长编码规则；

（9）ACSI 服务与 ISO 9506 的错误原因码的改变；

（10）GOOSE 与 SMV 的 test 位被 Simulation 取代；

（11）控制块解析内容增加；

（12）IEC 61850 的 MMS 服务内容增加；

（13）采样率采用两种不同方式描述；

（14）链路层增加了可选的 HSR/PRP。

2.2.4　应用领域扩展

目前 IEC 61850 的应用领域已经突破了变电站自动化系统，IEC 61850 在智能电网的很多领域都得到了应用，主要包括发电、输电、配电、电动汽车、储能、信息安全等。

在发电领域，IEC TC 57 WG10 与 IEC TC88 合作，基于 IEC 61850 制定了风电场监控系统国际标准 IEC 61400-25，与 IEC TC57 WG18 合作制定了水电厂监控的国际标准 IEC 61850-7-410，为分布式能源监控系统制定了国际标准 IEC 61850-7-420。

在输变电领域，IEC 61850 在输变电领域最主要的应用是变电站自动化系统，IEC 61580 Ed 2.0 很好地满足了变电站自动化系统的应用需求。此外，IEC TC57 WG10 起草了技术报告 IEC 61850-90-3，该报告就输变电一次设备状态监测诊断与分析（CMD）领域如何应用 IEC 61850 进行了详细说明。IEC 61850-90-3 所涵盖的一次设备包括 GIS、变压器、变压器有载分接开关（LTC）、地下电缆、输电线路、辅助电源系统。对于每一类一次设备，该文件以案例图方式对需要进行 CMD 的项目进行了详细的描述与分析。例如对于变压器，讨论了变压器 CMD 的油中溶解气体、局部放电、温度、固体绝缘老化、气泡温度、套管、冷却器、配件传感器监测等项目。对于每一种监测项目，以应用实例方式给出了主要实施步骤。最后给出了每种监测项目的数据建模方案。IEC 61850-7-4 标准 2.0 版本中定义了 13 个 S 开头的逻辑节点，这类逻辑节点用于一次设备状态监测。IEC 61850-90-3 对 IEC 61850-7-4 Ed 2.0 所定义的逻辑节点进行了部分扩展，并新增了一些逻辑节点。

另外，在 FACTS 数据建模方面，IEC TC57 WG10 起草了技术报告 IEC 61850-90-14，并与 IEC TC38 合作起草互感器的最新标准 IEC 61869，电子互感器的数字接口和工程配置将按照 IEC 61850 技术体系。

在配电领域，与变电站自动化系统和电厂应用不同，配电自动化系统点多面广，通信网络的拓扑及设备的处理能力差异很大。变电站自动化系统的大多数通信服务都是基于局域网（LAN）实现的，IEC 61850-8-1 规范了抽象通信服务（ACSI）到底层通信协议 MMS 之间的映射。对于变电站外的应用，这种方式存在软件实现复杂、主站资源消耗大、处理负担重等缺点。IEC TC57 WG10 通过技术报告 IEC 61850-8-2 规范了 ACSI 与底层通信协议 WebService 之间的映射。这种映射具有软件实现简单、主站资源消耗小、处理负担轻等优点，比较适合配电自动化系统等变电站外的应用场合。

在电动汽车、储能系统方面，IEC TC57 WG10 通过 IEC 61850-90-8 和 IEC 61850-90-9，分别针对电动汽车和储能系统中如何应用 IEC 61850 技术进行了规范。

在信息安全方面，已有 IEC 62351 这一专门针对电力系统安全通信的标准。IEC TC57 WG10 完全采用了 IEC 62351 所规范的信息安全措施，包括认证、加密等措施。

2.3 IEC 61850 体系关键技术

2.3.1 面向对象技术

IEC 61850 标准中 IED 的信息模型为分层结构化类模型。信息模型的每一层都定义为抽象的类，并封装了相应的属性和服务，属性描述了这个类的所有实例的外部可视特征，而服务提供了访问（操作）类属性的方法。

IEC 61850 标准中 IED 的分层信息模型自上而下分为 SERVER（服务器）、LOGICAL-DEVICE（逻辑设备）、LOGICAL-NODE（逻辑节点）和 DATA（数据）四个层级，如图 2-1 所示。上一层级的类模型由若干个下一层级的类模型"聚合"而成，位于最低层级的 DATA 类由若干 Data Attribute（数据属性）组成。IEC 61850-7.2 明确规定了这个四层级的类模型所封装的属性和服务。LOGICAL-DEVICE、LOGICAL-NODE、DATA 和 Data Attribute 均从 Name 类继承了 Object Name 对象名和 Object Reference（对象引用）属性。在特定作用域内，对象名是唯一的；将分层信息模型中的对象名串接起来所构成的整个路径名即为对象引用。作用域内唯一的对象名和层次化的对象引用是 IEC 61850 标准实现设备自我描述的关键技术之一。

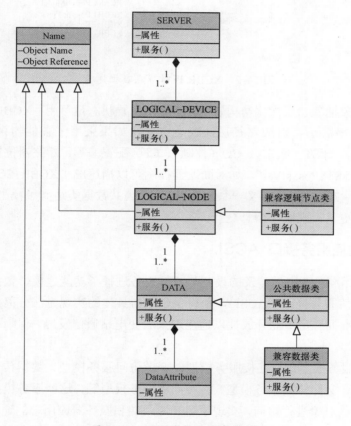

图 2-1 IED 的分层信息模型

通过面向对象建模技术的应用，IEC 61850 构建起结构化的信息模型，并采用标准化命名的兼容逻辑节点类和兼容数据类对变电站自动化语义进行了明确的约定，为实现 IED 互操作提供了必要条件。IEC 61850-7-4 中目前共规范了近百个逻辑节点，不仅包含保护测控装置的模型和通信接口，而且还定义了数字式电流互感器、电压互感器、智能开关等一次设备的模型和通信接口，例如断路器逻辑节点为"XCBR"、距离保护"PDIS"。以图 2-2 中 XCBR 逻辑节点为例，展成树状图从中可以了解到 XCBR 下面包含数据对象

（DO）有 Pos、Mode 等，而 Pos 数据有 ctlVal、stVal、sboTimeOut 等一系列数据属性。

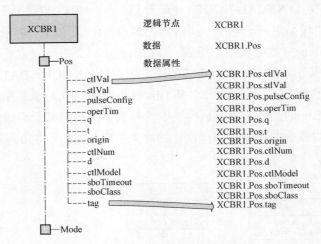

图 2-2　XCBR 逻辑节点数据建模

通过面向对象抽象与层次化结构表达，断路器位置状态量可用"XCBR1.Pos.stVal"这个自表达的字符串表示。对应路径层次表达方式，如果采用了功能约束 FC（Function Constraint）分类，如 ST（状态）、CO（控制）、CF（配置）等，断路器位置状态量也可以描述成"XCBR1STPos$stVal"，如对断路器控制可以描述成"XCBR1COPos$ctlVal"。总之，IEC 61850-7 部分通过定义一系列逻辑节点、公共数据类达到了模型自描述的目标，较传统点表序号更易于理解与信息交互。

2.3.2　抽象通信服务接口 ACSI

IEC 61850 标准对变电站涉及的设备与通信服务进行了功能建模、数据建模，并规范了一套抽象的通信服务接口（ACSI），使得 ACSI 与具体的实现方法分离，它与下层通信系统独立，使标准拥有足够的开放性以适应未来的变电站通信发展，保障了客户的长期投资利益。

ACSI 主要服务模型包括连接服务模型、变量访问服务模型、数据传输服务模型、设备控制服务模型、文件传输服务模型、时钟同步服务模型等，这些服务模型定义了通信对象以及如何对这些对象进行访问，实现了客户应用端和服务器应用端的通信，完成实时数据的访问和检索、对设备的控制、时间报告和记录、设备的自我描述等等。

为了保证 ACSI 的独立性，以及适应未来的网络技术通信发展，IEC 61850 标准中并没有具体指定实现 ACSI 的方法，只提供了特殊通信服务映射（SCSM）来描述映射过程，在 IEC 61850-8-1 部分定义了 ACSI 映射到制造报文规范 MMS（ISO/IEC 9506 第 1、2 部分），IEC 61850-9-1 部分定义了 ACSI 映射到单向多路点对点串行通信的采样值，IEC 61850-9-2 部分定义了 ACSI 映射到基于 ISO 8802-3 的采样值。IEC 61850 中 ACSI 映射实现模型和通信映射示例分别如图 2-3 和图 2-4 所示。ACSI 与抽象的逻辑节点及数据等模型将可以得到长期稳定应用，实现了通信抽象服务框架与通信技术的分离，保障了 IEC

61850 的生命力与长期性。

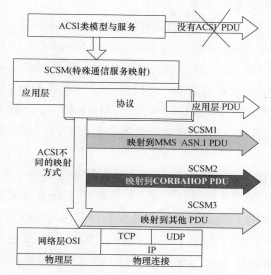

图 2-3 IEC 61850 中 ACSI 映射实现模型

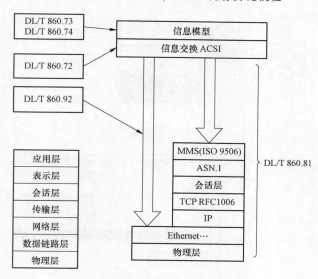

图 2-4 通信映射示例

2.3.3 制造报文规范 MMS

MMS 标准即 ISO/IEC 9506,是由 ISOTC184 提出的解决在异构网络环境下智能设备之间实现实时数据交换与信息监控的一套国际报文规范。MMS 所提供的服务有很强的通用性,已经广泛运用于汽车制造、航空、化工、电力等工业自动化领域。IEC 61850 中采纳了 ISO/IEC 9506-1 和 ISO/IEC 9506-2 部分,制定了 ACSI 到 MMS 的映射。MMS 特点如下:

(1)定义了交换报文的格式,结构化层次化的数据表示方法,可以表示任意复杂的数据结构，ASN.1 编码可以适用于任意计算机环境；

（2）定义了针对数据对象的服务和行为；

（3）为用户提供了一个独立于所完成功能的通用通信环境。

MMS 标准作为 MAP（Manufacturing Automation Standard）应用层中最主要的部分，通过引入 VMD（Virtual Manufacturing Device）概念，隐藏了具体的设备内部特性，设定一系列类型的数据代表实际设备的功能，同时定义了一系列 MMS 服务来操作这些数据，通过对 VMD 模型的访问达到操纵实际设备工作，MMS 的 VMD 概念首次把面向对象设计的思想引入了过程控制系统。MMS 对其规定的各类服务没有进行具体实现方法的规定，保证实现的开放性。

在 IEC 61850 ACSI 映射到 MMS 服务上，报告服务是其中一项关键的通信服务，IEC 61850 报告分为非缓冲与缓冲两种报告类型，分别适用于遥测与遥信量的上送。图 2-5 中给出了缓存报告实现遥信量的上送。通过使能报告控制块，可以实现遥测的变化上送（死区和零漂）、遥信变位上送、周期上送、总召。其触发方式包括数据变化触发 dchg（data-change）、数据更新触发 dupd（data-update）、品质变化触发 qchg（quality-change）等。

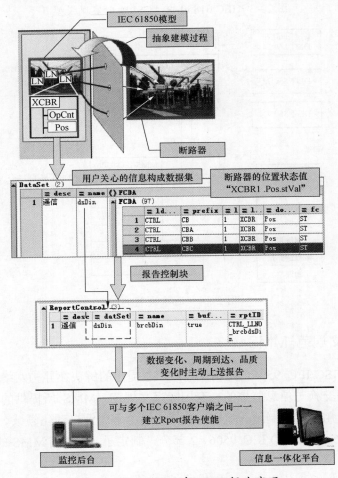

图 2-5 IEC 61850 中 MMS 报告实现

由于采用了多可视的实现方案,使得事件可以同时送到多个监控后台。遥测类报告控制块使用非缓存报告控制块类型,报告控制块名称以 urcb 开头;遥信、告警类报告控制块为缓存报告控制块类型,报告控制块名称以 brcb 开头。

2.3.4 面向通用对象事件模型

IEC 61850 中提供了面向通用对象事件(Generic Object Oriented Substation Event,GOOSE)模型,可在系统范围内快速且可靠的传输数据值。GOOSE 使用 ASN.1 编码的基本编码规则(BER),不经过 TCP/IP 协议,通过直接映射的以太网链路层进行传输,采用了发布者/订阅者模式,逻辑链路控制(LLC)协议的单向无确认机制,具有信息按内容标识、点对多点传输、事件驱动的特点。

与点对点通信结构和客户/服务器通信结构模式相比,发布者/订阅者模式可用来实现站内快速、可靠的发送输入和输出信号量,可利用重传机制保证通信的可靠性。发布者/订阅者通信结构模式是一个数据源(发布者)向多个接收者(订阅者)发送数据的最佳方案,尤其适用于数据流量大且实时性要求高的数据通信。GOOSE 报文传输利用组播服务,从而有效地保证了向多个物理设备同时传输同一个通用变电站事件信息。GOOSE 报文可以快速可靠的传输实时性要求非常高的跳闸命令,也可同时向多个设备传输开关位置等信息。

GOOSE 通信模型信息交换方式示意如图 2-6 所示,发布者将值写入发送侧的当地缓冲区;订阅者从接收侧的当地缓冲区读数据;通信系统负责刷新订阅者的当地缓冲区;发布者的通用变电站事件控制类用以控制这个过程。

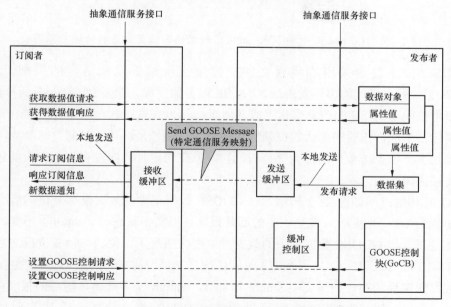

图 2-6 GOOSE 通信模型信息交换方式示意图

图 2-7 给出了 IEC 61850 中 GOOSE 方式实现断路器位置状态的传输示意。

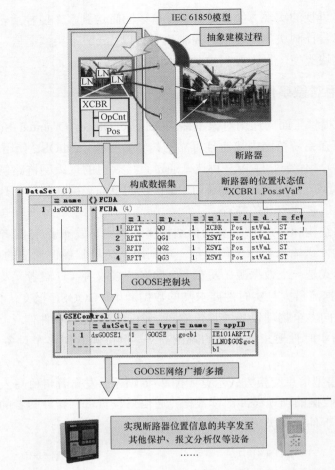

图 2-7　IEC 61850 中 GOOSE 方式实现断路器位置状态的传输示意图

　　GOOSE 报文发送采用心跳报文和变位报文快速重发相结合的机制。当 IEC 61850-7-2 中有定义过的事件发生后，GOOSE 服务器生成一个发送 GOOSE 命令的请求，该数据包将按照 GOOSE 的信息格式组成并用组播包方式发送。为保证可靠性一般重传相同的数据包若干次，在顺序传送的每帧信息中包含一个"允许存活时间"的参数，它提示接收端接收下一帧重传数据的最大等待时间。如果在约定时间内没有收到相应的包，接收端认为连接丢失。

　　GOOSE 传输时间如图 2-8 所示，在 GOOSE 数据集中的数据没有变化的情况下，发送时间间隔为 T0（一般为 5s 或更大）的心跳报文，报文中状态号（stnum）不变，顺序号（sqnum）递增。当 GOOSE 数据集中的数据发生变化情况下，发送一帧变位报文后，以时间间隔 T1，T1，T2，T3（T1、T2、T3 时间依次增加，但比 T0 要短）进行变位报文快速重发。数据变位后的第一帧报文中 stnum 增加 1，sqnum 从零开始，随后的报文中 stnum 不变，sqnum 递增。GOOSE 接收可以根据 GOOSE 报文中的允许生存时间 TATL（TimeAllowtoLive）来检测链路是否中断。

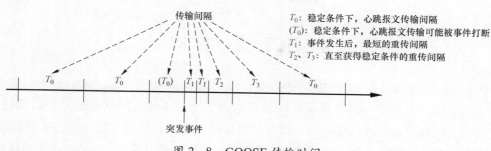

图 2-8 GOOSE 传输时间

2.3.5 采样值服务

IEC 61850 中提供了采样值（Sampled Value，SV）相关的模型对象和服务，以及这些模型对象和服务到 ISO/IEC 8802-3 帧之间的映射。SV 采样值服务也是基于发布/订阅机制，在发送侧发布者将值写入发送缓冲区；在接收侧订阅者从当地缓冲区读值。在值上加上时标，订阅者可以校验值是否及时刷新。通信系统负责刷新订阅者的当地缓冲区。在一个发布者和一个或多个订阅者之间有两种交换采样值的方法：一种方法是采用 MULTICAST-APPLICATION-ASSOCIATION（多路广播应用关联控制块 MSVCB）；另一种方法采用 TWO-PARTY-APPLICATION-ASSOCIATION（双边应用关联控制块，也即单路传播采样值控制块（Unicast Sampled Value Control Block，USVCB）。发布者按规定的采样率对输入电流/电压进行采样，由内部或者通过网络实现采样的同步，采样存入传输缓冲区，网络嵌入式调度程序将缓冲区的内容通过网络向订阅者发送。其中，采样率为映射特定参数。采样值存入订阅者的接收缓冲区，一组新的采样值到达了接收缓冲区就通知应用功能。IEC 61850 中 SV 采样值传输过程示意如图 2-9 所示。

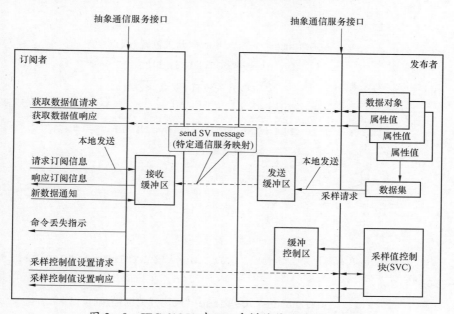

图 2-9 IEC 61850 中 SV 采样值传输过程示意图

2.4 SCL 文件特点

变电站配置描述语言 SCL 基于 XML1.0，是 XML 语言的子集。SCL 语言利用 XML 的自描述特性，主要用于智能化设备能力描述和变电站系统与网络通信拓扑结构描述。XML（eXtensible Markup Language）即可扩展标记语言，它适用于定义特定领域有关的、语义结构化的标记语言。XML 使用文档类型定义（DTD）或者模式（Schema）来描述 XML 的文档格式。XML 也是一种简单的数据存储语言，使用一系列简单的标记描述数据，XML 的文档结构具有灵活性、可扩展性；另外从数据处理的角度看，简单易于掌握与阅读。

示例：

```
<SCLxmlns:xsi="http://www.w3.org/2001/XMLSchema-
instance"xmlns="http://www.iec.ch/61850/2003/SCL">
………………．
    <IEDmanufacturer="SAC"configVersion="1.0"name="IT111A"desc="PSIU641#1 主
变压器10kV分支1智能终端1"type="PSIU641">
…………………．
        <AccessPointname="G1">
…………………‥
        <Server>
            <LDeviceinst="RPIT">
            <LNdesc="总断路器"inst="1"lnClass="XCBR"lnType="SAC_RPIT_XCBR"
prefix="Q0">
………………
                        <DOIname="Pos"desc="开关位置(双点)">
                            <DAIname="dU"valKind="Set">
                                <Val>开关位置(双点)</Val>
                            </DAI>
                            <DAIname="ctlModel"valKind="Set">
                                <Val>0</Val>
                            </DAI>
                        </DOI>
                    </LN>
…………‥
            <LNdesc="隔离开关1"inst="1"lnClass="XSWI"lnType="SAC_RPIT_XSWI"
prefix="QG1">
                        <DOIname="Pos"desc="隔离开关位置(双点)">
                            <DAIname="dU"valKind="Set">
```

```
                    <Val>隔离开关位置(双点)</Val>
                </DAI>
                <DAIname="ctlModel"valKind="Set">
                    <Val>0</Val>
                </DAI>
            </DOI>
        </LN>
    </LDevice>
</Server>
</AccessPoint>
</IED>
··················.
</SCL>
```

　　示例中描述了 XJ 变电站 1 号主变压器 10kV 分支 1 智能终端 1 的配置信息，从自带描述的信息中可以知道装置型号 PSIU641，定义了 GOOSE 访问点 G1，描述了该智能设备总断路器（Q0XCBR1）与隔离开关 1（QG1XSWI1）实例化的逻辑节点信息。

　　IEC 61850-6 中 SCL 采用 XMLSchema 文档类型定义 SCL 文档结构，标准中以 SCL.xsd 作为主文件，引用和包含了其他 7 个 Schema 文件，用于校验 IED 配置文件格式的正确性与数据信息的有效性。

2.4.1　SCL 文件组成

　　SCL.xsd 文件包含 Header、Substation、IED、Communication 和 Data Type Templates 5 个元素，图 2-10 所示为 SCD 配置文件结构示意图。

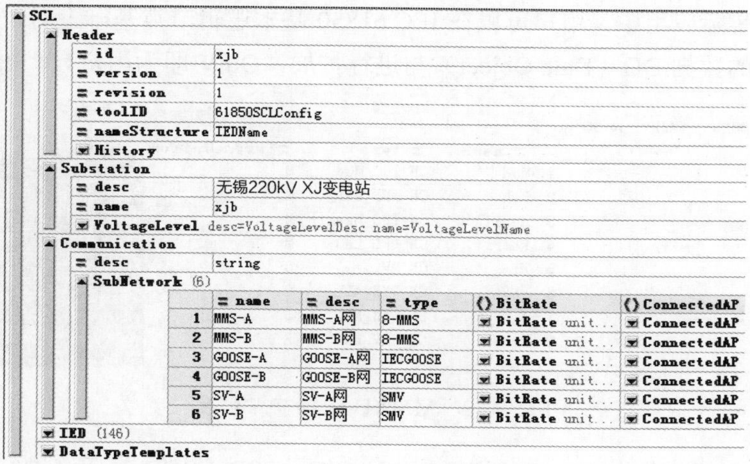

SCL			
Header			
	= id	xjb	
	= version	1	
	= revision	1	
	= toolID	61850SCLConfig	
	= nameStructure	IEDName	
	☑ History		
Substation			
	= desc	无锡220kV XJ变电站	
	= name	xjb	
	☑ VoltageLevel	desc=VoltageLevelDesc name=VoltageLevelName	
Communication			
	= desc	string	
	SubNetwork (6)		

	= name	= desc	= type	( ) BitRate	( ) ConnectedAP
1	MMS-A	MMS-A网	8-MMS	☑ BitRate unit...	☑ ConnectedAP
2	MMS-B	MMS-B网	8-MMS	☑ BitRate unit...	☑ ConnectedAP
3	GOOSE-A	GOOSE-A网	IECGOOSE	☑ BitRate unit...	☑ ConnectedAP
4	GOOSE-B	GOOSE-B网	IECGOOSE	☑ BitRate unit...	☑ ConnectedAP
5	SV-A	SV-A网	SMV	☑ BitRate unit...	☑ ConnectedAP
6	SV-B	SV-B网	SMV	☑ BitRate unit...	☑ ConnectedAP

☑ IED (146)
☑ DataTypeTemplates

图 2-10　SCD 配置文件结构示意图

（1）Header 包含了 SCL 配置文件的版本号、名称等信息。

（2）Substation 元素描述变电站的功能结构、主元件及其电气连接。

（3）IED 元素描述所有 IED 的信息，如接入点（Access Point）、逻辑设备、逻辑节点、数据对象与具备的通信服务功能；XJ 变电站工程应用中，IED 子元素下接入点采用 S1 表示 MMS 通信、G1 表示过程层 GOOSE 通信、M1 表示采样值通信、P1 表示 GOOSE 和采样值共网的通信，如图 2－11 所示。

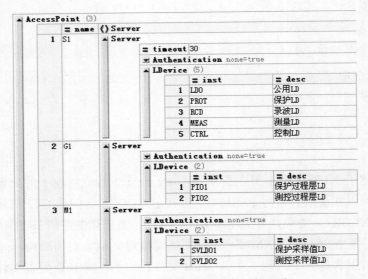

图 2－11　XJ 变电站 IED 接入点配置

（4）Communication 元素定义逻辑节点之间通过逻辑纵向和 IED 接入点之间的联系方式。

（5）DataTypeTemplates 详细定义了在文件中出现的逻辑节点类型模板以及逻辑节点所包含的数据对象、数据属性、枚举类型等模板。从图 2－12 所示的 MMXU 逻辑节点扩展可以看出，在实际应用中，用户可以在 IEC 61850 基本逻辑节点基础上对逻辑节点进行继承，选择需要的数据 DO（Data Object）与进行扩展，OthV 即为用户自扩展。

NRR_MMXU	MMXU	DO (8)			
			= name	= type	= erf.eOption	= desc
		1	Mod	CN_INC_Mod	M	Mode
		2	Beh	CN_INS_Beh	M	Behaviour
		3	Health	CN_INS_Health	M	Health
		4	NamPlt	CN_LPL_LNO	M	Name Plate
		5	Hz	CN_MV	O	Frequency
		6	PhV	CN_WYE_ALL	O	
		7	A	CN_WYE_ALL	O	
		8	OthV	CN_CMV_EX	E	Voltage of Other Side

图 2－12　MMXU 逻辑节点扩展

SCL 配置文件共分为四类，分别以 ICD、CID、SSD、SCD 的后缀进行区分，必须满足 SCL.xsd 的约束并且通过其校验。

（1）ICD 文件描述了 IED 提供的基本数据模型及服务，包含模型自描述信息，但不包含 IED 实例名称和通信参数，ICD 文件还应包含设备厂家名、设备类型、版本号、版本修改信息、明确描述修改时间、修改版本号等内容，同一型号 IED 具有相同的 ICD 模板文件，ICD 文件不包含 Communication 元素；ICD 文件按照 IEC 61850-7-4 中提供的模型及 Q/GDW 1396—2012《IEC 61850 工程继电保护应用模型》中的规定进行建模，尽量不进行扩展，如需扩展需工程各方协调，尽可能少用 GGIO，不同类型保护应使用不同的 LN 模型；ICD 文件中所有 LN 的 DO 建议都要有中文描述，对于重要信息的 DO 一定要有中文描述。

（2）SSD 文件描述变电站一次系统结构以及相关联的逻辑节点，全站唯一，SSD 文件应由系统集成厂商提供，并最终包含在 SCD 文件中。

（3）SCD 文件包含全站所有信息，描述所有 IED 的实例配置和通信参数、IED 之间的通信配置以及变电站一次系统结构，SCD 文件应包含版本修改信息，明确描述修改时间、修改版本号等内容，SCD 文件建立在 ICD 和 SSD 文件的基础上；目前，一些监控系统已支持根据 SCD 或 ICD 文件自动映射生成数据库，减少了监控后台数据库配点号的困难。

（4）CID 文件是 IED 的实例配置文件，一般从 SCD 文件导出生成，禁止手动修改，以避免出错，一般全站唯一、每个装置一个，直接下载到装置中使用。IED 通信程序启动时自动解析 CID 文件映射生成相应的逻辑节点数据结构，实现通信与信息模型的分离，可在不修改通信程序的情况下，快速修改相关模型映射与配置。

2.4.2 虚端子

GOOSE、SV 输入输出信号为网络上传递的变量，与传统屏柜的端子存在着对应的关系，为了便于形象地理解和应用 GOOSE、SV 信号，将这些信号的逻辑连接点称为虚端子。智能变电站中的 GOOSE 相当于传统变电站中的二次直流电缆，SV 相当于常规变电站中的二次交流电缆。智能变电站与传统二次回路对应关系如图 2-13 所示。

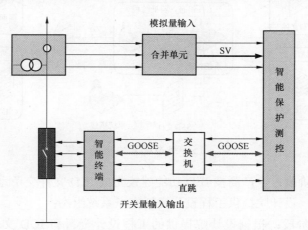

图 2-13 智能变电站与传统二次回路对应关系

智能变电站中设备间的虚端子联系如图 2-14 所示。

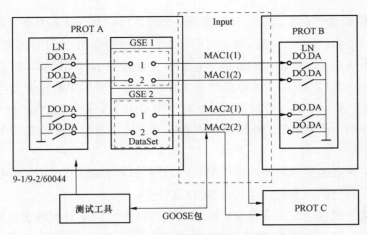

图 2-14 智能变电站中设备间的虚端子联系

LN—逻辑节点，相当于保护的板卡；DO.DA—数据对象.数据属性，相当于板卡上的触点；DataSet—数据集（开出），集合要用到的开出接点 LN.DO.DA；GSEControl—数据块，一般每个数据块里打包一个数据集发布到 GOOSE 网上，相当于端子排；MAC—组播地址，每个数据块有唯一的 MAC；Input—订阅（开入），相当于柜间线

2.5 组态配置的一般过程

组态配置是变电站集成测试的第一步工作，SCL 文件贯穿组态配置的全过程，通过配置通信参数、配置过程层虚端子和虚端子连接将各装置 ICD 文件集成 SCD 文件，再导出装置或系统配置文件下装，构成了装置间相互通信的基础，实现了系统功能。图 2-15 描述了组态配置的一般过程。

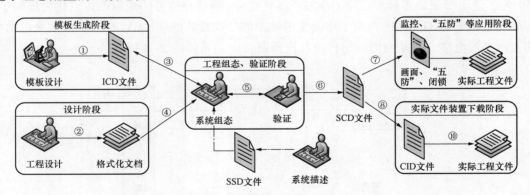

图 2-15 组态配置的一般过程

（1）模板生成阶段：生产商按 IED 功能建模生成 ICD 文件交予系统组态；

（2）设计阶段：设计院提供工程设计资料交予系统组态；

（3）系统组态阶段：根据设计院提供的工程设计资料和 ICD 文件生成 SCD 文件并验证；

（4）下装实施阶段：厂家将经验证的 SCD 文件生成 CID 和其他配置文件下载到装置运行调试。

SCD 文件配置可以分为通信参数配置和 IED 配置，导入装置 ICD 文件，配置 IED，主要包括以下九方面：

（1）IED 命名及描述配置：IED 命名宜以大写字母开始，宜表明 IED 设备类型、电压等级、编号及双重化套数（如双重化配置），不宜包含调度命名特征字符。IED 描述应符合变电站运行人员习惯。

（2）IP 地址配置：宜配置 B 类内网 IP 地址（172.16.0.0～172.31.255.255），IP 地址应全站唯一。

（3）数据集配置（如必要）：按需求配置数据集及其数据集成员。

（4）数据自描述配置：按设计配置部分与工程相关的数据集信号描述。

（5）报告控制块配置（如必要）：按需求配置报告控制块及其相关参数。

（6）日志控制块配置（如必要）：按需求配置日志控制块及其相关参数。

（7）GOOSE 控制块及其相关参数配置：配置 GOOSE 控制块及其相关参数，其中组播 MAC 地址 GOOSEID 与 APPID 应全站唯一。

（8）SV 传输控制块及其通信参数配置：配置 SV 传输控制块及其相关参数，其中组播 MAC 地址 SVID 与 APPID 应全站唯一。

（9）虚端子连接配置：按设计虚端子连接图（表）配置装置间 GOOSE 与 SV 联系。

2.5.1 通信子网配置

双重化网络配置的变电站可按以下子网划分为 MMS A 网、MMS B 网、GOOSE A 网、GOOSE B 网、SV A 网、SV B 网的方式。子网分配见表 2-1。

表 2-1   子 网 分 配 表

子网名称	子网描述	子 网 内 容
MMS_A	站控层 MMS A 网	全站 IED 设备的站控层 A 网通信参数（含间隔层五防 GOOSE）
MMS_B	站控层 MMS B 网	全站 IED 设备的站控层 B 网通信参数
GOOSE_A	过程层 GOOSE A 网	GOOSE A 网 IED 设备的过程层通信参数
GOOSE_B	过程层 GOOSE B 网	GOOSE B 网 IED 设备的过程层通信参数
SV_A	过程层 SV A 网	SV A 网 IED 设备的过程层通信参数
SV_B	过程层 SV B 网	SV B 网 IED 设备的过程层通信参数

注　测控五防 GOOSE 控制块应仅在站控层 A 网中分配 GSE 参数。

2.5.2 通信参数配置

站控层 IP 地址、过程层 MAC 地址分配可遵守表 2-2 通信地址分配表地址范围，扩建时再继续分配。

表 2-2 　　　　　　　　　通 信 地 址 分 配 表

子网	设备类型	地　址　范　围
MMS A 网	500kV 设备	172.17.50.XXX
	220kV 设备	172.17.22.XXX
	110kV 设备	172.17.11.XXX
	35kV 及主变压器本体设备	172.17.35.XXX
	10kV 设备	172.17.10.XXX
MMS B 网	500kV 设备	172.18.50.XXX
	220kV 设备	172.18.22.XXX
	110kV 设备	172.18.11.XXX
	35kV 及主变压器本体设备	172.18.35.XXX
	10kV 设备	172.18.10.XXX
MMS A 网	测控"五防"	01-0C-CD-01-00-01 至 01-0C-CD-01-00-FF
GOOSE A 网	高压侧设备	01-0C-CD-01-01-01 至 01-0C-CD-01-03-FF
	中压侧设备	01-0C-CD-01-04-01 至 01-0C-CD-01-06-FF
	低压及主变压器本体设备	01-0C-CD-01-07-01 至 01-0C-CD-01-09-FF
GOOSE B 网	高压侧设备	01-0C-CD-01-11-01 至 01-0C-CD-01-13-FF
	中压侧设备	01-0C-CD-01-14-01 至 01-0C-CD-01-16-FF
	低压及主变压器本体设备	01-0C-CD-01-17-01 至 01-0C-CD-01-19-FF
SV A 网	高压侧设备	01-0C-CD-04-01-01 至 01-0C-CD-04-01-FF
	中压侧设备	01-0C-CD-04-02-01 至 01-0C-CD-04-02-FF
	低压及主变压器本体设备	01-0C-CD-04-03-01 至 01-0C-CD-04-03-FF
SV B 网	高压侧设备	01-0C-CD-04-04-01 至 01-0C-CD-04-04-FF
	中压侧设备	01-0C-CD-04-05-01 至 01-0C-CD-04-05-FF
	低压及主变压器本体设备	01-0C-CD-04-06-01 至 01-0C-CD-04-06-FF

注　为留足备用地址，每电压等级留有 3 段地址，以每台 IED 占 8 个控制块计算，每电压等级可以满足 96 台 IED 接入。

2.5.3　IED 命名

由数字化变电站开始，工程中就沿用了一套成熟的 IED 命名规则，后续的工程实践证明使用这套命名规则有助于提升配置文件的标准化和可读性。

IED 设备的@desc 用设计命名。

IED 设备的@name 字段由四部分组成：设备类型+间隔类型+间隔名+A/B 套。

（1）设备类型分为：

保护（含保护测控一体化装置）：P；

测控：C；

智能终端（含集成装置）：I；

合并单元：M。

（2）间隔类型分为：

母线间隔：M；

线路间隔：L；

变压器间隔：T；

开关间隔：B；

母联间隔：F；

分段间隔：E。

（3）间隔名：

500kV 间隔：50XX；

220kV 间隔：22XX；

110kV 间隔：11XX；

35kV 间隔：35XX；

10kV 间隔：10XX；

主变压器本体间隔：40XX；

IED 典型命名见表 2－3。

表 2－3　　　　　　　　　　　　　IED 典 型 命 名 表

设备名	IED 名称	备　注
500kV 1 母母线保护 A	PM5001A	2 母为 PM5002A
500kV XX 线路保护 B	PL5021B	2 代表第 2 串，1 代表靠近 1 母
5033 断路器保测 A	PB5033A	
5022 智能终端 A	IB5022A	
XX 线路合并单元 A	ML2204A	220kV 第 4 条线路电压合并单元
220kV 12 母母差保护 B	PM2212B	
24 分段智能终端 A	IE2224A	
2 号主变压器 220kV 测控	CT2002	
3 号主变压器本体合并单元	MT4003	

2.5.4　数据集配置

在导入 SCD 前必须对 ICD 文件进行初步检查，数据集需检查：

（1）站控层的保护事件、通信链路告警、软压板、遥信应齐全；

（2）测控应建五防数据集；

（3）保测装置的过程层保护测控 GOOSE 数据集应分开；

（4）智能终端 GOOSE 数据集中的断路器、隔离开关位置应带时标；

（5）合并单元 SV 数据集中应按 DO 建模，不含.i 和.q；

（6）如保护未能提供不同极性电流输入虚端子，则应在所需合并单元中建"反极性"电流；

（7）合并单元的采样值通道应完整，并删减未使用的通道；

（8）控制块应与数据集一一对应。

对不符合要求的 ICD 文件需进行调整后使用。

2.5.5　模板类冲突

导入 ICD 时，可能出现类型模板冲突情况，可按以下原则处理：

（1）查看分析冲突原因及所涉及的 SCD 已有设备，选择适当处理策略；

（2）非 LN Type 的冲突：这一类冲突一般是由共有数据类型之间的细微差别导致的，可采用"忽略"操作，即保留原 SCD 中模板类型。

（3）LN Type 的冲突：这一类冲突一般是由私有数据类型之间的差别导致的（一般都带有厂家前缀，如同一厂家的不同 ICD 文件可能用到了同一类型模板，但模板所含 DO 不同），必须认真分析冲突导致的影响，如果所添加 IED 与 SCD 中冲突的 IED 需要同时存在，则必须为冲突类型加前缀，前缀以下划线"_"结束。

模板冲突将直接影响 SCD 的正确性，务必谨慎处理。

厂家 ICD 中可能带有＜Private＞私有字段，这些字段在导入 ICD 时不能删除，添加 IED 时必须同时导入 ICD 中的＜Private＞元素参数。

2.5.6　控制块配置

ICD 中可能配有 GOOSE 控制块＜GSE Control＞或者 SV 控制块＜Sampled Value Control＞，导入 ICD 后要检查控制块的@datSet 属性与发送数据集名称一一对应，@appID 属性的命名遵循以下规则：IED+LD/LN.cbName，保证全站唯一。图 2-16 所示为某配置工具按命名规则批量修改控制块@appID 属性的功能界面。

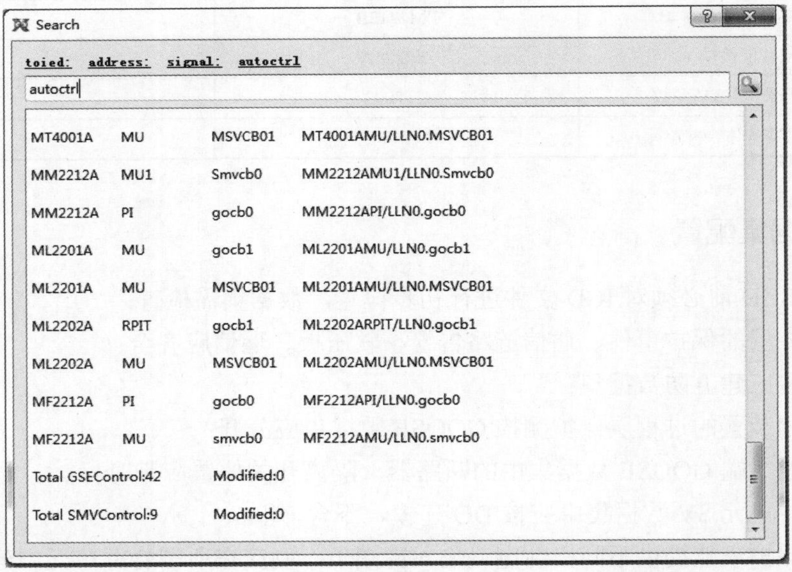

图 2-16　某配置工具按命名规则批量修改控制块@appID 属性的功能界面

2.5.7 虚端子连线配置

集成测试时，需要依据设计院提供的虚端子表和 GOOSE/SV 信息流图，完成各 IED 的虚端子连线，并定义物理端口的绑定。这部分工作是整个组态工作的核心内容，需要配置工程师充分掌握变电站二次回路的基本概念以及不同厂家装置的虚端子功能，甚至是厂家私有配置的个性化需求。表 2-4、表 2-5 分别总结了 500、220kV 典型设备典型回路虚端子联系情况。

表 2-4 　　　　　　　　　　500kV 典型设备典型回路虚端子联系情况

IED 设备	类型	方式	接收 IED 设备	信 号 内 容
母差保护	SV	P2P	母线相连支路 MU	TPY 绕组电流
	GSE	NET	相连断器的失灵保护	失灵跳母线
线路保护	SV	P2P	边断路器 MU	边断路器电流 TPY
			中断路器 MU	边断路器电流 TPY
			线路电压 MU	线路保护电压
	GSE	P2P	边断路器终端	边断路器位置
			中断路器终端	中断路器位置
		NET	边断路器失灵保护	边断路器失灵远跳线路对侧
			中断路器失灵保护	中断路器失灵远跳线路对侧
断路器失灵保护	SV	P2P	本断路器 MU	5P 绕组电流
	GSE	P2P	本断路器终端	断路器位置/压力低/闭锁重合闸
		NET	相邻线路/主变压器保护	分相启动失灵/三相跳闸
智能终端	GSE	P2P	线路保护	分相跳闸/闭锁重合闸
			主变压器/母差保护	闭锁重合闸三跳
			断路器失灵保护	分相跳闸/重合闸/闭锁重合闸/失灵再跳本断路器
		NET	相邻断路器失灵保护	失灵跳相邻断路器闭锁重合闸

表 2-5 　　　　　　　　　　220kV 典型设备典型回路虚端子联系情况

IED 设备	类型	方式	接收 IED 设备	信 号 内 容
母差保护	SV	P2P	母线相连支路 MU	支路电流
	GSE	P2P	线路/母联终端	隔离开关位置/母联断路器、手合
		NET	线路保护	分相启动失灵
			主变压器保护	三相启动失灵、解除复压闭锁
			母联、分段、母差保护	三相启动失灵
线路保护	SV	P2P	本断路器 MU	保护电流电压
	GSE	P2P	本断路器终端	断路器位置/压力低/闭锁重合闸
		NET	母差保护	远跳、闭锁重合闸
智能终端	GSE	P2P	线路保护	分相跳闸/重合闸/闭锁重合闸
			主变压器/母差保护	闭锁重合闸三跳
母线 MU	GSE	NET	母联终端	断路器/隔离开关位置
线路 MU	GSE	NET	线路终端	隔离开关位置

某 500kV 变电站工程 GOOSE 信息流如图 2-17 所示，相应虚端子表见表 2-6。

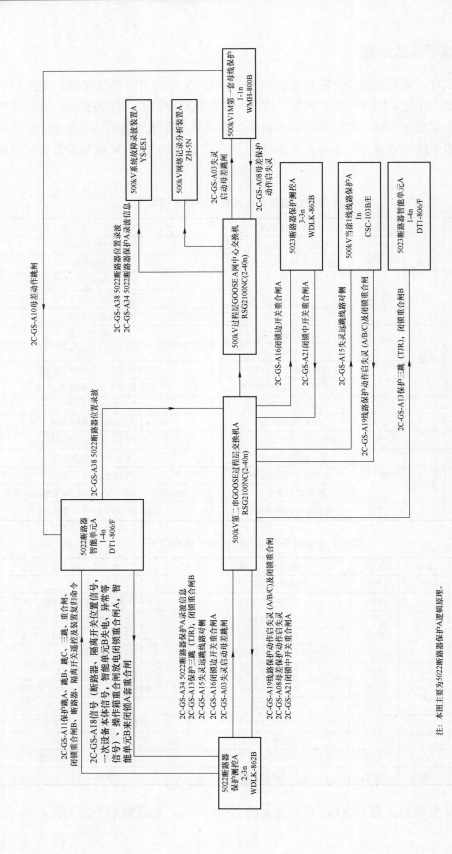

图 2-17 某 500kV 变电站工程用 GOOSE 信息流总图

注：本图主要为5022断路器保护A逻辑原理。

表 2-6   图 2-17 示例虚端子表

信息集编号	起 点 设 备				终 点 设 备			
	虚端子定义	名称	虚端子号	数据属性	虚端子定义	名称	虚端子号	数据属性
2C-GS-B22	断路器遥控合闸	5023 断路器保测 B	GOOUT88	PIO2/CSWI1.OpCls.stVal	测控 1 分闸 5023 断路器	5023 开关智能组件 B	GOIN52	IB5023B PI/GOINGGIO4.SPCSO2.stVal
2C-GS-B22	断路器遥控跳闸	5023 断路器保测 B	GOOUT89	PIO2/CSWI1.OpOpn.stVal	测控 1 合闸 5023 断路器	5023 开关智能组件 B	GOIN51	IB5023B PI/GOINGGIO4.SPCSO1.stVal
2C-GS-B22	隔离开关 1 遥合	5023 断路器保测 B	GOOUT90	PIO2/CSWI2.OpCls.stVal	测控 1 分 50231DS 隔离开关	5023 开关智能组件 B	GOIN54	IB5023B PI/GOINGGIO4.SPCSO4.stVal
2C-GS-B22	隔离开关 1 遥分	5023 断路器保测 B	GOOUT91	PIO2/CSWI2.OpOpn.stVal	测控 1 合 50231DS 隔离开关	5023 开关智能组件 B	GOIN53	IB5023B PI/GOINGGIO4.SPCSO3.stVal
2C-GS-B22	隔离开关 2 遥合	5023 断路器保测 B	GOOUT92	PIO2/CSWI3.OpCls.stVal	测控 1 分 50232DS 隔离开关	5023 开关智能组件 B	GOIN56	IB5023B PI/GOINGGIO4.SPCSO6.stVal
2C-GS-B22	隔离开关 2 遥分	5023 断路器保测 B	GOOUT93	PIO2/CSWI3.OpOpn.stVal	测控 1 合 50232DS 隔离开关	5023 开关智能组件 B	GOIN55	IB5023B PI/GOINGGIO4.SPCSO5.stVal
2C-GS-B22	接地开关 1 遥合	5023 断路器保测 B	GOOUT94	PIO2/CSWI4.OpCls.stVal	测控 1 分 502317ES 接地开关	5023 开关智能组件 B	GOIN58	IB5023B PI/GOINGGIO4.SPCSO8.stVal
2C-GS-B22	接地开关 1 遥分	5023 断路器保测 B	GOOUT95	PIO2/CSWI4.OpOpn.stVal	测控 1 合 502317ES 接地开关	5023 开关智能组件 B	GOIN57	IB5023B PI/GOINGGIO4.SPCSO7.stVal
2C-GS-B22	接地开关 2 遥合	5023 断路器保测 B	GOOUT96	PIO2/CSWI5.OpCls.stVal	测控 1 分 502327ES 接地开关	5023 开关智能组件 B	GOIN60	IB5023B PI/GOINGGIO4.SPCSO10.stVal
2C-GS-B22	接地开关 2 遥分	5023 断路器保测 B	GOOUT97	PIO2/CSWI5.OpOpn.stVal	测控 1 合 502327ES 接地开关	5023 开关智能组件 B	GOIN59	IB5023B PI/GOINGGIO4.SPCSO9.stVal

2.6 配置文件测试技术

2.6.1 一致性测试

一致性测试是指验证通信接口与标准要求的一致性。验证串行链路上数据流与有关标准条件的一致性，例如访问组织、帧格式、位顺序、时间同步、定时、信号形式和电平，以及对错误的处理。一致性测试规范由 IEC 61850-10 *The Test Procedures for IED servers, clients and network devices*（用于 IED 服务器、客户端和网络设备的测试流程）定义，国内对应 DL/T 860.10《变电站通信网络和系统 第 10 部分：一致性测试》

测试流程可分为三大步，测试前被测方应提供以下被测设备的相关材料：

（1）PICS，被测系统能力的总结；

（2）PIXIT，包括系统、设备有关其通信能力的特定信息；

（3）MICS，说明系统或设备支持的标准数据对象模型情况；

（4）设备系统安装和操作指南。

一致性测试内容主要包括静态测试和动态测试，测试过程如图 2-18 所示。

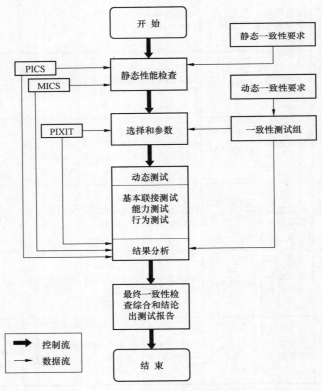

图 2-18 一致性测评过程

（1）静态测试包括检查提交的各种文件是否齐全、设备的控制版本是否正确；用

Schema 对被测设备配置文件（ICD）进行正确性检验；检验被测设备的各种模型是否符合标准的规定。

（2）动态测试包括采用合理数据作为肯定测试用例、采用不合理数据作为否定测试用例，对每个测试用例按 IEC 61850-10 的操作流程进行测试；使用硬件信号源进行触发（触点、电压、电流等）进行动态的测试。

2.6.2 配置文件的应用

随着光纤以网络通信代替了传统电缆硬接线，使得工程中以往一些查点对信号的工作变成了对配置文件参数与配置的核对，因此，工程人员需对配置文件的格式与配置方法深入掌握。从前述可知，四类配置文件中，配置信息最终主要在 CID 中实例化配置文件，下文以 220kV XJ 变电站中一些保护测控、故障录波、合并器等实例化配置文件为例，介绍遥信、遥测、遥控、遥调、定值、GOOSE、SV 在配置文件中是如何配置的，以及介绍 IEC 61850 中数据集、控制块、报告等的概念。

从 XJ 变电站 SCD 文件中导出 PL 2202B 的 CID 文件为例，该装置型号为 PSL 603U，是 220kV 线路保护测控装置，通过工具软件可以直接将 CID 配置文件以层次化结构展示出来。装置 CID 配置文件如图 2-19 所示，可以看到文件中主要包括 Data（IED 61850 模型）、Datasets（用于将用户关心的数据组

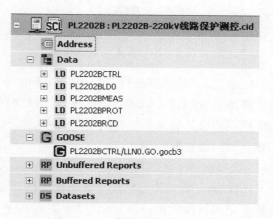

图 2-19 装置 CID 配置文件

合成一个集合）、Unbuffered Reports（非缓存报告控制块）、Buffered Reports（缓存报告控制块）、GOOSE（GOOSE 控制块）等。

1. Data（IED 61850 模型）

与传统的工程化流程需要人工参与点表的配置、对点不同，IEC 61850 中所有数据都采用面向对象方式来表达，且自带描述。根据配置文件树状结构列表可知道，该保护设备具有 CTRL（控制）、LD0（公用）、MEAS（测量）、PROT（保护）、RCD（录波）五个逻辑设备。

以展开的一个测量 MMXU 逻辑节点为例，其装置遥测数据建模如图 2-20 所示，由图中可以看出，在 MX 功能约束（FC）下定义了 PPV、A、TotW、Hz 等一系列 DO（数据）。限于篇幅不一一展开，以频率测量量为例，其路径信息层次即可表达"PL2202BMEAS/MeaMMXU1\$MX\$Hz\$mag\$f"。

另以故障遥信量为例，其数据建模如图 2-21 所示，在 PL2202B 的 LD0 逻辑设备下，定义了 DevAlmGGIO1 逻辑节点，在 ST 功能约束下定义了一系列 Alm 的告警信息量。以 Alm1 告警量为例，其路径信息层次即可表达成 " PL2202BLD0/DevAlmGGIO1 \$ST\$Alm1\$stVal"。

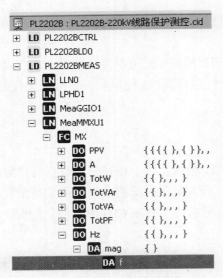

图 2-20　装置遥测数据建模

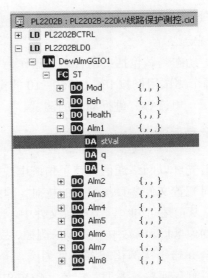

图 2-21　装置遥信数据建模

因此，与传统规约相比，IEC 61850 带有良好的自描述特性，基于配置文件即可快速了解该装置的功能信息与通信能力，IEC 61850 客户端与 IEC 61850 服务器间建立连接后，客户端即可从服务器中读到图示的树状结构，访问各个数据对象，进行设置数据集、控制块、定值组切换等操作。

2. Dataset 数据集

Dataset 数据集是将用户关心的一些对象，组合为一个集合体以便于实现监视与集中上传，是报告控制块、GOOSE 控制块、SV 控制块中的重要参数。

按 Q/GDW 1396—2012《IEC 61850 工程继电保护应用模型》要求，测控装置、保护装置预定义数据集如下，前面为数据集描述，括号中为数据集名。

（1）测控装置预定义数据集。

1）遥测（dsAin）；

2）遥信（dsDin）；

3）故障信号（dsAlarm）；

4）告警信号（dsWarning）；

5）通信工况（dsCommState）；

6）装置参数（dsParameter）；

7）GOOSE 信号（dsGOOSE）。

（2）保护装置预定义数据集。

1）保护事件（dsTripInfo）；

2）保护遥信（dsRelayDin）；

3）保护压板（dsRelayEna）；

4）保护录波（dsRelayRec）；

5）保护遥测（dsRelayAin）；

6）故障信号（dsAlarm）；

7）告警信号（dsWarning）；

8）通信工况（dsCommState）；

9）装置参数（dsParameter）；

10）保护定值（dsSetting）；

11）GOOSE 信号（dsGOOSE）；

12）采样值（dsSV）；

13）日志记录（dsLog）。

上述各类数据集的具体建模要求如下：

（1）保护压板数据集中同时包含硬压板和软压板数据；

（2）故障信号数据集中包含所有导致装置闭锁无法正常工作的报警信号；

（3）告警信号数据集中包含所有影响装置部分功能，装置仍然继续运行的告警信号；

（4）通信工况数据集中包含所有装置 GOOSE、SV 通信链路的告警信息；

（5）装置参数数据集中包含要求用户整定的设备参数，比如定值区号、被保护设备名、保护相关的电压、电流互感器一次和二次额定值，不应包含通信等参数；

（6）保护定值数据集中包含的应为支持多个区的保护定值和控制字；

（7）日志记录数据集中可包含事件和模拟量数据，实现对历史事件和历史数据的访问，若数据集内容与前面的其他数据集内容相同，也可以使用已定义的数据集，应用时只需额外添加相关的日志控制块；

（8）在数据集过大或信号需要分组的情况下，可将该数据集分成多个以从 1 开始的数字作为尾缀的数据集，如需要多个 GOOSE 数据集时，GOOSE 数据集名依次为 dsGOOSE1、dsGOOSE2、dsGOOSE3。

以 PL2202B 为例，PL2202B 有 16 个数据集，包括保护事件 dsTripInfo、告警信号 dsWarning、保护定值 dsSetting、保护压板 dsRelayEna、遥测 dsAin、GOOSE 信号 dsGOOSE3、遥信 dsDin、通信工况 dsCommState、故障信号 dsAlarm 等。

以 dsAlarm 故障信号为例，其装置告警数据集如图 2-22 所示，该数据集中包含了多个 Alm 故障信号量，装置在自动不断监视数据集中故障信号变位情况，当 dsAlarm 故障信号数据集关联的报告控制块使能时，如果发生变位或周期时刻到达，将自动上送报告至监控后台。

3. Reports 报告

按 Q/GDW 1396—2012《IEC 61850 工程继电保护应用模型》要求，测控装置、保护装置预配置报告控制块如下，前面为描述，括号中为名称。

（1）测控装置预配置报告控制块。

1）遥测（urcbAin）；

2）遥信（brcbDin）；

3）故障信号（brcbAlarm）；

4）告警信号（brcbWarning）；

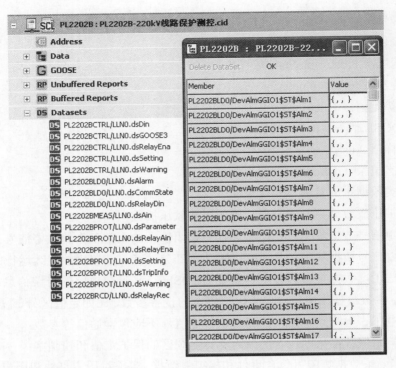

图 2-22　装置告警数据集

5）通信工况（brcbCommState）。

（2）保护装置预配置报告控制块。

1）保护事件（brcbTripInfo）；

2）保护压板（brcbRelayEna）；

3）保护录波（brcbRelayRec）；

4）保护遥测（urcbRelayAin）；

5）保护遥信（brcbRelayDin）；

6）故障信号（brcbAlarm）；

7）告警信号（brcbWarning）；

8）通信工况（brcbCommState）。

以图 2-23 所示的非缓存报告控制块为例，PL2202B 的 MEAS 逻辑设备中共有 12 个（urcbAin01～urcbAin12）报告控制块，即允许最大与客户端建立 12 个报告连接，发送遥测量。在设计配置文件的时候，应该考虑现场实际需求，以避免报告控制块不够而出现抢占控制块的情况，导致一些系统无法稳定与装置连接通信，甚至无法与装置建立连接。由于支持面向多个 IEC 61850 客户端同时发送报告的功能，事件可以同时送到多个后台。

从图 2-23 中展开的报告控制块中可以看到有 RptID、RptEna、DataSet、GI 等一系列参数，其中 RptEna 表示报告使能，当客户端将其中的 False 置成 True 后，服务器即可向该客户端开始发送报告，发送的 DataSet 名为"PL2202BMEAS/LLN0$dsAin"，即前述的 dsAin 遥测量数据集名。GI 表示总召，当客户端将其中 False 置成 True 后，服务器端将允许该数据集响应总召上送。

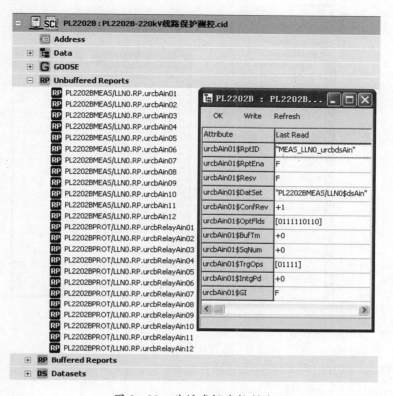

图 2-23 非缓存报告控制块

缓存报告控制块（BR）与非缓存报告控制块（RP）类似，但缓存报告具有断开连接后能将报告保存在缓存区的功能，当重新连接服务器时能及时将未发出的报告继续上送，而非缓存报告断开后无法对信息进行预存保留。通过缓存报告控制块，可以实现遥信的变化上送、周期上送、总召和事件缓存。图 2-24 所示为缓存报告控制块。

由图 2-24 可知，缓存报告控制块与非缓存报告控制块参数略有差别，现对缓存报告控制块各参数作简要说明（具体参数含义可以参考相关标准）。

（1）RptID：报告控制块的 ID 号，图 2-24 中为 brcbdsDin。

（2）RptEna：报告控制块使能，当客户端访问服务器时，首先要将报告控制块使能置 true 才能进行将数据集内容上送。

（3）DateSet：报告控制块所对应的数据集，图 2-24 中为 dsDin。

（4）CofRev：配置版本号，这里是 1。

（5）OptFlds：包含在报告中的选项域，就是发送报告中所含的选项参数。

1）sequence-number（顺序号）：事件发生的正确顺序。

2）report-time-stamp（报告时标）：通知客户何时发出报告。

3）reason-for-inclusion（包含的原因）：指出引起发送报告的触发原因。

4）data-set-name（数据集名）：指明哪个数据集的值产生报告。

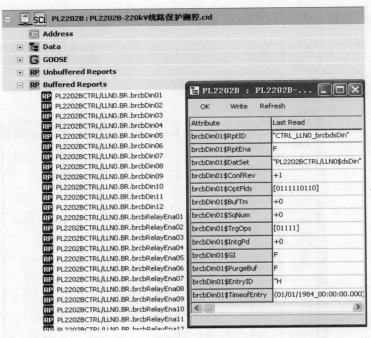

图 2-24 缓存报告控制块

5）data-reference（数据引用）：包含值的 objectreference。

（6）BufTm：缓存时间，这里设的缺省值 0。

（7）Sqnum：报告顺序号。

（8）TrgOpt：报告触发条件，有值变化 dchg、品质更新 qchg、值更新上送 dupd、周期性上送 IntgPd、总召唤 GI 5 个变化条件。

（9）IntgPd：周期上送时间，图 2-24 中为 0ms。

（10）GI：表示总召唤，置 1 时，BRCB 启动总召唤过程。

（11）Purge Buf：清除缓冲区，当为 1 时，舍弃缓存报告。

（12）Entry ID：报告条目的标识符。

（13）Time of Entry：报告条目的时间属性。

4. GOOSE 通信

GOOSE 在配置文件里分 GOOSE 发送配置与 GOOSE 接收配置，GOOSE 配置基本要求如下。

（1）通信地址参数由系统组态统一配置，装置根据 SCD 文件的通信配置具体实现 GOOSE 功能。

（2）GOOSE 输出数据集应支持 DA 方式。

（3）装置应在 ICD 文件的 GOOSE 数据集中预先配置满足工程需要的 GOOSE 输出信号（除测控联锁、闭锁用 GOOSE 信号外）。为了避免误选含义相近的信号，进行 GOOSE 连线配置时应从保护装置 GOOSE 数据集中选取信号。

（4）装置 GOOSE 输入定义采用虚端子的概念，在以"GOIN"为前缀的 GGIO 逻辑节点实例中定义 DO 信号，DO 信号与 GOOSE 外部输入虚端子一一对应，通过该 GGIO 中 DO 的描述和 dU 可以确切描述该信号的含义，作为 GOOSE 连线的依据。装置 GOOSE 输入进行分组时，采用不同 GGIO 实例号来区分。

（5）在 SCD 文件中每个装置的 LLN0 逻辑节点中，Inputs 部分定义了该装置输入的 GOOSE 连线，每一个 GOOSE 连线包含了装置内部输入虚端子信号和外部装置的输出信号信息，虚端子与每个外部输出信号为一一对应关系。Extref 中的 IntAddr 描述了内部输入信号的引用地址，应填写与之相对应的以 "GOIN" 为前缀的 GGIO 中 DO 信号的引用名，引用地址的格式为 "LD/LN.DO.DA"。

（6）装置应通过在 ICD 文件中支持多个 Access Point 的方式支持多个独立的 GOOSE 网络。在只连接过程层 GOOSE 网络的 Access Point，SCD 文件中装置应通过在相应 LD 的 LN0 中定义 Inputs，接收来自相应 GOOSE 网的 GOOSE 输入；在相应 LD 的 LN0 中定义 GOOSE 数据集和 GOOSE 控制块用来发送 GOOSE 信号。

以 XJ 变电站 PL2202B 的 GOOSE 发送部分为例：在 GOOSE 控制块中主要配置 GOOSE 的 name、appID、datSet 等信息，如图 2-25 所示，装置将一些遥信量通过 GOOSE 共享广播/多播给需要的对象，首先在 DataSet 数据集中定义了 dsGOOSE1 数据集，这个数据集包含 "LinPTRC1\$ST\$BlkRec\$stVal、LinRREC1\$ST\$Op\$general" 等，然后在 GSE Control 中定义 app ID，并将 dat Set 设置为 ds GOOSE1。

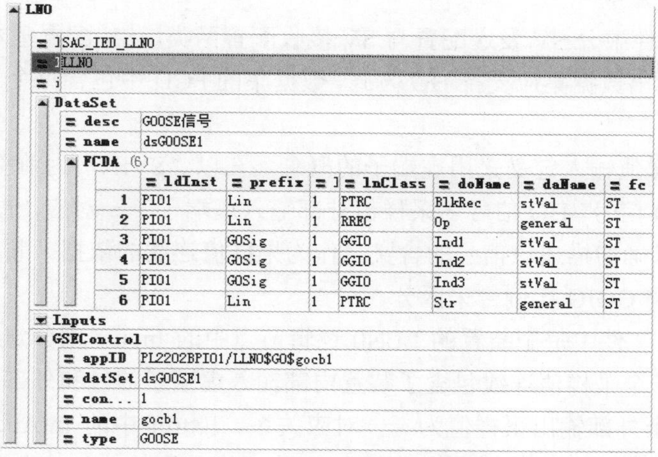

图 2-25 装置 GOOSE 发送控制块

另外，根据 SCL.xsd 在 Communication 元素中 SubNetwork 子元素下定义 ConnectedAP 描述了 GOOSE 通信所需要的参数，如图 2-26 所示，包括订阅方 MAC 地址、APPID、VLAN 参数、MinTime、MaxTime 等参数信息。

以 XJ 变电站 IT2001A 的 GOOSE 接收部分为例：如图 2-27 所示，配置文件定义了 GOOSE 接收来自装置 PT2001A 的信息，数据包括 OpHi、OpLo、OpStop 等，并将接收到的信息映射到自身 IEC 61850 模型下，如将收到来自 PT2001A 的信息 PI_PROT/GOOUTGGIO1.Ind2.stVal 赋给自身模型 RPIT/GOINGGIO1.SPCSO4.stVal。

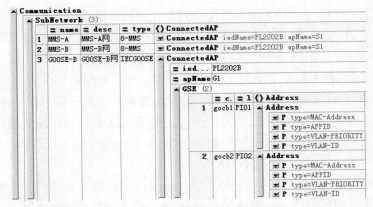

图 2-26 装置 GOOSE 通信参数

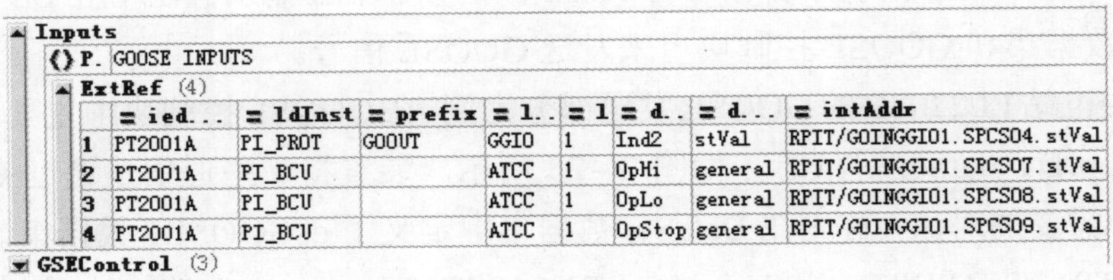

图 2-27 装置 GOOSE 输入

5. SV 采样值服务

SV 在配置文件中分 SV 发送配置与 SV 接收配置两类，SV 配置基本要求如下。

（1）采样值输出数据集应支持 DO 方式，数据集的 FCD 中包含每个采样值的 instMag.i 和 q 属性。

（2）装置采样值输入定义采用虚端子的概念，在以"SVIN"为前缀的 GGIO 逻辑节点实例中定义 DO 信号，DO 信号与采样值外部输入虚端子一一对应，通过该 GGIO 中 DO 的描述和 dU 可以确切描述该信号的含义，作为采样值连线的依据。装置采样值输入进行分组时，采用不同 GGIO 实例号来区分。

（3）在 SCD 文件中每个装置的 LLN0 逻辑节点中的 Inputs 部分定义了该装置输入的采样值连线，每一个采样值连线包含了装置内部输入虚端子信号和外部装置的输出信号信息，虚端子与每个外部输出采样值为一一对应关系。Extref 中的 IntAddr 描述了内部输入采样值的引用地址，应填写与之相对应的以"SVIN"为前缀的 GGIO 中 DO 信号的引用名，引用地址的格式为"LD/LN.DO"。

（4）装置应通过在 ICD 文件中支持多个 Access Point 的方式支持多个独立的 SV 网络。在只连接过程层 SV 网络的 Access Point，SCD 文件中装置应通过在相应 LD 的 LN0 中定义 Inputs，接收来自相应 SV 网的采样值输入；在相应 LD 的 LN0 中定义采样值数据集和 MSVCB 控制块用来发送采样值。

以 XJ 变电站 MM2201B 合并单元配置文件发送部分为例，其采样配置如图 2-28 所示，先配置好要发送的采样值数据集，名字为 dsSV，将需要合并输出的电流电压作为数据集元素。配置采样值控制块（Sample Value Control），指定关联的数据集名是 dsSV。

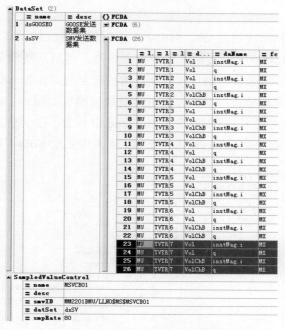

图 2-28　合并单元 SV 发送数据集

以 XJ 变电站 PL2201A 保护装置为例，该装置需要接收到来自 ML2201A 合并器的电流与电压数据，并且 Extref 中的 IntAddr 描述了内部对应输入采样值的引用地址，保护装置 SV 接收数据如图 2-29 所示。

	iedName	p	J	j	l	l	doName	daName	intAddr
1	ML2201A	MU		TCTR	1		Amp1	instMag.i	SVLD1/SVINFATCTR1.Amp.instMag.i
2	ML2201A	MU		TCTR	1		Amp1	q	SVLD1/SVINFATCTR1.Amp.q
3	ML2201A	MU		TCTR	1		Amp2	instMag.i	SVLD1/SVINFATCTR1.AmpChB.instMag.i
4	ML2201A	MU		TCTR	1		Amp2	q	SVLD1/SVINFATCTR1.AmpChB.q
5	ML2201A	MU		TCTR	2		Amp1	instMag.i	SVLD1/SVINFBTCTR1.Amp.instMag.i
6	ML2201A	MU		TCTR	2		Amp1	q	SVLD1/SVINFBTCTR1.Amp.q
7	ML2201A	MU		TCTR	2		Amp2	instMag.i	SVLD1/SVINFBTCTR1.AmpChB.instMag.i
8	ML2201A	MU		TCTR	2		Amp2	q	SVLD1/SVINFBTCTR1.AmpChB.q
9	ML2201A	MU		TCTR	3		Amp1	instMag.i	SVLD1/SVINFCTCTR1.Amp.instMag.i
10	ML2201A	MU		TCTR	3		Amp1	q	SVLD1/SVINFCTCTR1.Amp.q
11	ML2201A	MU		TCTR	3		Amp2	instMag.i	SVLD1/SVINFCTCTR1.AmpChB.instMag.i
12	ML2201A	MU		TCTR	3		Amp2	q	SVLD1/SVINFCTCTR1.AmpChB.q
13	ML2201A	MU		TVTR	1		Vol1	instMag.i	SVLD1/SVINUATVTR1.Vol.instMag.i
14	ML2201A	MU		TVTR	1		Vol1	q	SVLD1/SVINUATVTR1.Vol.q
15	ML2201A	MU		TVTR	1		Vol2	instMag.i	SVLD1/SVINUATVTR1.VolChB.instMag.i
16	ML2201A	MU		TVTR	1		Vol2	q	SVLD1/SVINUATVTR1.VolChB.q
17	ML2201A	MU		TVTR	2		Vol1	instMag.i	SVLD1/SVINUBTVTR1.Vol.instMag.i
18	ML2201A	MU		TVTR	2		Vol1	q	SVLD1/SVINUBTVTR1.Vol.q
19	ML2201A	MU		TVTR	2		Vol2	instMag.i	SVLD1/SVINUBTVTR1.VolChB.instMag.i
20	ML2201A	MU		TVTR	2		Vol2	q	SVLD1/SVINUBTVTR1.VolChB.q
21	ML2201A	MU		TVTR	3		Vol1	instMag.i	SVLD1/SVINUCTVTR1.Vol.instMag.i
22	ML2201A	MU		TVTR	3		Vol1	q	SVLD1/SVINUCTVTR1.Vol.q
23	ML2201A	MU		TVTR	3		Vol2	instMag.i	SVLD1/SVINUCTVTR1.VolChB.instMag.i
24	ML2201A	MU		TVTR	3		Vol2	q	SVLD1/SVINUCTVTR1.VolChB.q
25	ML2201A	MU		TVTR	6		Vol1	instMag.i	SVLD1/SVINUXTVTR1.Vol.instMag.i
26	ML2201A	MU		TVTR	6		Vol1	q	SVLD1/SVINUXTVTR1.Vol.q
27	ML2201A	MU		TVTR	6		Vol2	instMag.i	SVLD1/SVINUXTVTR1.VolChB.instMag.i
28	ML2201A	MU		TVTR	6		Vol2	q	SVLD1/SVINUXTVTR1.VolChB.q
29	ML2201A	MU		LLN0			DelayTRtg	instMag.i	SVLD1/SVINGGIO1.AnIn1.mag.i
30	ML2201A	MU		LLN0			DelayTRtg	q	SVLD1/SVINGGIO1.AnIn1.q

图 2-29　保护装置 SV 接收数据

6．遥控与遥调

遥控、遥调等控制功能通过 IEC 61850 的控制相关数据结构实现，将其映射到 MMS 的读写和报告服务。IEC 61850 提供了四种控制模型，包括常规安全的直接控制、常规安全的操作前选择控制、增强安全的直接控制、增加安全的操作行前选择控制，同时支持检同期、检无压、闭锁逻辑检查等功能。枚举类型数据模板如图 2-30 所示，在配置文件的 DataTypeTemplates 子元素下，可以看到 EnumType 中列出了控制模式 ctlModel 的定义，从 0～4 表示了不同的控制类型，0 为只读状态量，4 为增强型 SBOw 带选择控制功能。

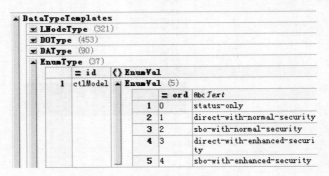

图 2-30　枚举类型数据模板

目前，智能变电站中典型的遥控类型如下：

（1）断路器隔离开关遥控使用 sbo-with-enhencedsecurity 方式；

（2）装置复归使用 Directcontrolwithenhencedsecurity 方式；

（3）保护软压板采用 sbo-with-enhancedsecurity 的控制方式；

（4）变压器挡位采用 directcontrolwithnormalsecurity 的控制方式。

装置应初始化遥控相关参数（ctlModel、sboTimeout 等）。以 XJ 变电站备自投总投与联切对应的数据对象 FuncEna1、FuncEna2 为例，备自投装置建模如图 2-31 所示。配置文件中设置了 ctlModel 为 4，即带选择 SBOw 控制，sboTimeOut 表示其选择后超时 35 000ms 未进行操作，则该选择将失效。

7．定值服务

IEC 61850 的 ACSI 中提供了一系列定值服务，包括 SelectActiveSG（选择激活定值组）、SelectEditSG（选择编辑定值组）、SetSGValuess（设置定值组值）、ConfirmEditSGValues（确认编辑定值组值）、GetSGValues（读定值组值）和 GetSGCBValues（读定值组控制块值）服务。按 Q/GDW 396—2009《IEC 61850 工程继电保护应用模型》标准要求，规定了 dsSetting 作为保护定值数据集的名称，数据集中元素顺序按定值序号排列。单个保护装置 IED 可以有多个 LD 和定值控制块（SGCB），每个 LD 应只有一个 SGCB 实例，图 2-32 所示为保护定值数据集。

备自投装置定值控制块如图 2-33 所示，图中配置文件中 SettingControl 的数据属性 numOfSGs 参数表示共用多少个定值组，actSG 表示当前运行中使用的定值组序号，示例中表示共有 31 个定值组，当前激活为定值组 1。

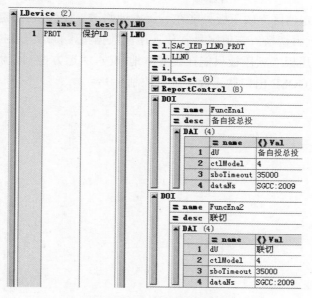

图 2-31 备自投装置建模

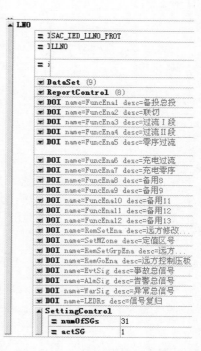

图 2-32 保护装置定值数据集 图 2-33 备自投装置定值控制块

根据 Q/GDW 1396—2012《IEC 61850 工程继电保护应用模型》的要求，定值管理中应注意以下三点：

（1）"远方修改定值"软压板只能在装置本地修改。"远方修改定值"软压板投入时，装置参数、装置定值可远方修改。

（2）"远方切换定值区"软压板只能在装置本地修改。"远方切换定值区"软压板投入时，装置定值区可远方切换。定值区号宜放入遥测数据集，供远方监控。

（3）"远方控制压板"软压板只能在装置本地修改。"远方控制压板"软压板投入时，装置功能软压板、GOOSE 出口软压板可远方控制。

第 3 章

电子式互感器原理及测试技术

互感器是变电站中的重要设备,主要承担着一次大电流或高电压向二次转换的任务,同时还起到一、二次设备之间的隔离作用。智能变电站的重要特征在于一次系统电气量的传递实现了数字化应用,一、二次之间彻底隔离,没有电气联系,此项突破主要依赖于电子式互感器的数字输出技术。电子式互感器作为智能变电站过程层的重要设备,近年来成为研究的热点,在智能变电站工程中得到了应用推广。本章主要描述电子式互感器原理,介绍各种电子式互感器的基本特点,重点阐述了电子式互感器的测试技术。

3.1 电子式互感器概述

在智能变电站信息采集与控制体系结构中,电子式互感器直接与一次系统相连接,是信号采集系统的最前端设备,起到采集、转化线路电压和电流的作用。国际电工委员会制定的 IEC 60044−7《互感器 第 7 部分:电子式电压互感器》和 IEC 60044−8《互感器 第 8 部分:电子式电流互感器》是电子式互感器的国际通用标准,我国电力标准化委员会对这两个标准进行了翻译和调整,形成了 GB/T 20840.7《互感器 第 7 部分:电子式电压互感器》和 GB/T 20840.8《互感器 第 8 部分:电子式电流互感器》两个国家标准,对电子式互感器的定义、使用条件、主要性能等方面进行了规范。

电子式互感器的通用结构框图如图 3−1 所示,它包含了所有可能需要的环节,但对具体方案来说,有些模块可能会被省去。其中,一次传感器将一次电流或电压转换成另一种便于测量或者传输的物理信号,根据传感器原理不同可能选用不同的电子、光学或其他装置。一次转换器将传感器输出的信号转换成适合传输和标定的数字信号或模拟信号。传输系统将来自于一次转换器的信号传输至二次转换器,通常选用光纤作为传输通道以实现高低压系统间的电气隔离。二次转换器则按照标准约定的格式对信号进行转化并输出。

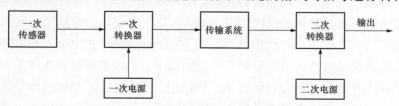

图 3−1　电子式互感器的通用结构框图

目前在实际工程应用中,电子式互感器主流产品分为有源电子式互感器和无源电子式互感器,其分类如图 3−2 所示。有源电子式电流互感器主要采用电磁感应原理,有源电子式电压互感器采用电阻或电容分压技术；无源电子式电流互感器基于法拉第磁光效应，无源电子式电压互感器采用普克尔效应和逆压电效应。各类电子式互感器的实现原理、构成、关键技术都有较大的差异，下面逐一介绍。

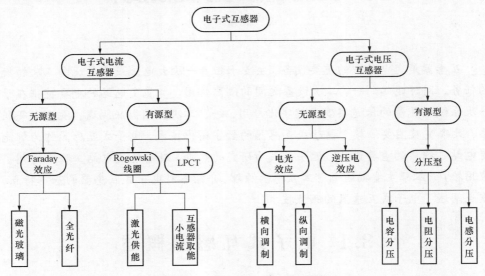

图 3-2 电子式互感器的分类

与传统的电磁式互感器相比，电子式互感器具有以下五方面的优点：

（1）结构简单、成本较低。传统互感器多使用铁磁材料制作而成，物料成本高且制造工艺复杂，而使用罗氏线圈、磁光玻璃和光纤等材料制成的电子式电流互感器的制造成本则相对较低，体积和质量都有所减小，有利于现场的安装和维护。

（2）良好的抗饱和性能。传统的电磁式互感器由于使用了铁磁材料，磁饱和问题难以避免；电子式互感器由于原理不同，互感器内部不再含有铁芯，也就不会受到磁饱和问题的影响。

（3）良好的抗干扰性能。传统的电磁式互感器高压侧与低压侧之间有磁通的耦合，低压侧的小信号易受到电磁干扰；电子式互感器高压侧与低压侧之间通过光纤相连，实现了电气上的隔离，所以低压侧不存在开路危险，避免了电磁干扰的产生。

（4）良好的动态测量性能。电磁式互感器由于存在磁饱和等问题，其测量范围有限，随着电网电压等级的升高和电网容量的增加，已很难同时满足电能计量和继电保护的测量要求。电子式电流互感器测量范围比较宽，最高可达上千安培，保护用电流互感器的电流测量范围最高可达上万安培，完全能够满足当下电力系统相关的计量和保护需要。

（5）满足电力系统电能计量和保护智能化的需求。随着电网建设步伐的加快，微机技术和数字电子技术在电力系统中已经开始广泛应用，传统电磁式互感器由于其本身接口上的缺陷，不能很好地与智能电网建设接轨。电子式电流互感器高低压侧通过光纤相连，可以将一次信号快速准确地传递到二次侧，应用电力电子器件，运用数字电子技术，软硬件相结合，可以很好地适应当下智能电网和智能变电站对电气量准确测量和继电保护快速动作的需求。

3.2 电子式电流互感器原理

3.2.1 有源电子式电流互感器

有源电子式电流互感器主要指由罗柯夫斯基（Rogowski）线圈（简称罗氏线圈）和低功耗线圈（LPCT）组成的互感器，其特点是需要向一次转换部分提供电源。

有源电子式电流互感器结构如图 3-3 所示，主要由以下四部分组成：

（1）一次传感器。一次传感器位于高压侧，包括低功耗线圈、罗氏线圈、高压电流取能线圈。低功耗线圈用于传感测量级电流信号，罗氏线圈用于传感保护级电流信号，取能线圈用于从一次电流获取电能供远端电子模块工作。

（2）远端电子模块。远端电子模块也称一次转换器，远端电子模块接收并处理低功耗线圈及罗氏线圈的输出信号，远端电子模块的输出为串行数字光信号。远端电子模块的工作电源由合并单元内的

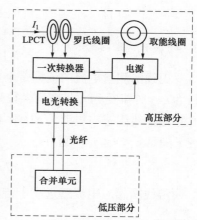

图 3-3 有源电子式电流互感器结构图

激光器或高压电流取能线圈提供，当一次电流小于 20A 时远端电气单元的工作电源由激光器提供，当一次电流大于 20A 时远端电气单元的工作电源由高压电流取能线圈提供，两种供电方式可实现无缝切换。

（3）光纤绝缘子。绝缘子为内嵌光纤的实心支柱式复合绝缘子。绝缘子内嵌 8 根 62.5/125μm 的多模光纤，实际使用 4 根光纤（2 根传输激光，两根传输数字信号），另外 4 根光纤备用。光纤绝缘子高压端光纤以 ST 头与远端电气单元对接，低压端光纤以熔接的方式与传输信号的光缆对接。

（4）合并单元。一方面为远端电气单元提供供能激光，另一方面接收并处理三相电流互感器及三相电压互感器远端电气单元下发的数据，对三相电流、电压信号进行同步，并将测量数据按规定的协议输出供二次设备使用。合并单元的输出信号采用 62.5/125μm 多模光纤传送，接头为 ST 型。

有源电子式电流互感器高压侧有电子电路构成的电子模块，电子模块采集线圈的输出信号，经滤波、积分变换及 A/D 转换后变为数字信号，通过电光转换电路将数字信号变为光信号，然后通过光纤将数字光信号送至低压侧，供继电保护和电能计量等设备使用。有源电子式电流互感器高压侧的电子模块需工作电源，利用激光供电技术实现对高压侧电子模块的供电是目前普遍使用的方法，这也是有源电子式互感器的关键技术之一，由此也引出了在高压条件下电源绝缘问题。

3.2.1.1 罗柯夫斯基（Rogowski）线圈原理

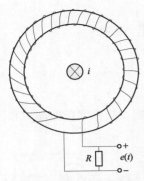

图 3-4 罗氏线圈结构示意图

罗柯夫斯基（Rogowski）线圈简称罗氏线圈，是一种较成熟的测量元件。它实际上是一种特殊结构的空心线圈，将测量导线均匀地绕在截面均匀的非磁性材料的框架上，线圈两端接上采样电阻组成，其结构示意如图 3-4 所示。由于这种线圈本身并不与被测电流回路存在直接电的联系，因此它与电气回路有良好的电气绝缘。罗氏线圈骨架采用非铁磁材料加工而成，即使被测电流的直流分量很大，它也不饱和，线性度好。相对于常规的电流互感器，它具有准确度高、测量范围大、通频带宽的特点。

罗氏线圈测量电流的依据是全电流的电磁感应原理。设骨架的横截面积为 A，骨架内半径为 r_1，外半径为 r_2，平均半径为 R，线圈匝数为 N，载流导体待测电流为 $i_1(t)$ 从线圈中心穿过，线圈感应电流为 $i_2(t)$。由安培环路定理，沿线圈骨架取一个环形回路 L，回路半径 r 满足 $r_1 < r < r_2$，则有：

$$\int B\mathrm{d}l = \mu_0 \sum I = \mu_0[i_1(t) - Ni_2(t)] \tag{3-1}$$

通常线圈感应电流远远小于待测电流，即 $i_2(t) \gg i_1(t)$，可得：

$$\int B\mathrm{d}l = \mu_0 i_1(t) \tag{3-2}$$

式中：μ_0 为真空磁导率。

由电磁感应定律可知，当载流导体流过交变电流时，线圈感应的电动势满足：

$$e(t) = -\mathrm{d}\phi / \mathrm{d}t = -\mathrm{d}\left(\int B\mathrm{d}S\right) / \mathrm{d}t \tag{3-3}$$

式中：S 为 1 匝线圈所包围的面积。

考虑线圈为一理想模型，即假设圆环截面积为常数及线圈绕线均匀、导线无限细，相邻线匝无限接近，可推得：

$$e(t) = -NA\mathrm{d}B / \mathrm{d}t \tag{3-4}$$

由（3-2）式和式（3-4）可得：

$$e(t) = -\mu_0 AN / l_c [\mathrm{d}i_1(t) / \mathrm{d}t] = -M[\mathrm{d}i_1(t) / \mathrm{d}t] \tag{3-5}$$

式中：A 为线圈圆环截面积；N 为线圈总匝数。

因此 $e(t)$ 与 $i_1(t)$ 为微分关系，求待测电流 $i_1(t)$ 只需通过电路对 $e(t)$ 求积分即可。式（3-5）表明空心线圈的感应信号与被测电流的微分成正比，经积分变换等信号处理便可获知被测电流的大小。如果线圈的输出和一个积分器连接，则积分器的输出和所要测量的电流成正比。

3.2.1.2 低功耗线圈原理

低功耗线圈常规电磁式电流互感器的一种发展。低功耗线圈仍是铁芯式线圈，按照高阻抗进行设计，使常规电流互感器在很高的一次电流下出现饱和的基本特性得到了改善，扩大了测量范围。低功耗线圈一般在 50%~120%额定电流下线性度较好，精度较高，通常为 0.1/0.2S，适用于测量和高精度计量。

实际应用中，保护和测量对数据的要求不同，因此将保护线圈和测量线圈分开，共用一套电子线路数据处理系统。罗氏线圈测量范围较宽，一般用于保护线圈；低功耗线圈动态响应好，精度高，用于测量线圈。

3.2.2 无源电子式电流互感器

无源电子式电流互感器主要指采用光学测量原理的电流互感器，又称为光学电流互感器（OCT），其特点是无须向互感器高压部分提供电源。目前主要的光学电流互感器都是采用法拉第（Faraday）磁光效应进行电流测量，按照传感元件的不同又可分为磁光玻璃型电流互感器和全光纤型电流互感器。无源电子式电流互感器结构如图 3-5 所示。

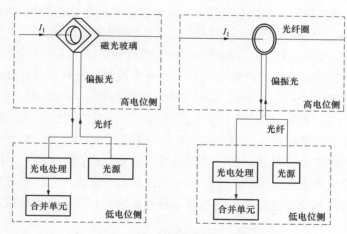

图 3-5 无源电子式电流互感器结构图

3.2.2.1 法拉第磁光效应

法拉第磁光效应又称光波磁致圆双折射效应，是指偏振光沿外加磁场方向或磁化强度方向通过介质时偏振面发生旋转的现象。Faraday 磁场旋转相位 θ_F 与沿光传播方向的磁场分量满足如下关系：

$$\theta_F = V \int_L B dz \qquad (3-6)$$

式中：B 为磁场强度；V 为介质维尔德（Verdet）常数；L 为光纤长度。

法拉第旋转方向与光的传播矢量方向、磁场矢量方向相关。法拉第磁光效应示意如图 3-6 所示。

磁光玻璃型电流互感器的基本工作原理是法拉第磁光效应，即加在光学介质上的外部磁场会使通过光学介质的偏振光发生偏振面的旋转的效应，法拉第磁光效应通常被认为是磁光玻璃型电流互感器工作原理的数学表达式。法拉第磁光效应还表明，利用适当的光路设计增加围绕载流导体的光路圈数可提高传感器灵敏度。光学玻璃电流传感器原理光路如图 3-7 所示。

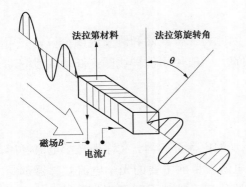

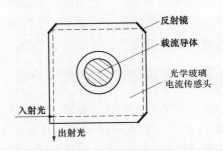

图 3-6 法拉第磁光效应示意图　　　　图 3-7 光学玻璃电流传感器原理光路图

3.2.2.2 全光纤原理电子式电流互感器

磁光玻璃型电流互感器存在加工难度大，传感器易碎，成本高等缺点，而且光在反射过程中引入的反射相移会使线偏光变成椭圆偏振光而影响系统性能。而随着光纤光学技术的发展，全光纤型电流互感器克服了光学玻璃型电流互感器的弱点，逐渐应用于工程实践中。

根据光纤传感器的结构，光纤型电流互感器分为反射式及环形 Sagnac 式两种类型，其结构如图 3-8 和图 3-9 所示。由于反射式光纤电流互感器（Reflective fiber optic current sensor，R-FOCT）采用共光路设计，具有高度的结构互易性和优良的抗振动及抑制温度干扰特性，且克服了陀螺效应的影响，成为光纤电流互感器的主要结构。光纤型电流互感器通过借鉴光纤陀螺光电信号数字闭环反馈技术，实时测量光波环路中由磁场法拉第磁光效应导致的非互易性相位角，进而获取外部电流信息。电磁场—光波耦合感应技术及数字闭环反馈信号处理技术使全光纤型电流互感器具有动态范围宽、测量精度高、绝缘性能好等优点。

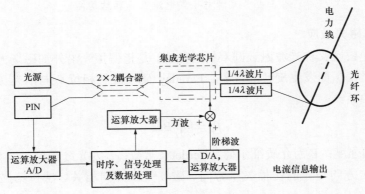

图 3-8 Sagnac 式光纤电流互感器基本结构

光波的传播流程：

（1）光源发出的光波经过耦合器后由偏振器起偏，形成线偏振光，线偏振光以 45° 注入保偏光纤，被均匀地注入保偏光纤的 X 轴（快轴）和 Y 轴（慢轴）传输；

（2）当这两束正交模式的光波以 45° 夹角经过 λ/4 波片后，分别转变为左旋和右旋的圆偏振光，进入传感光纤；

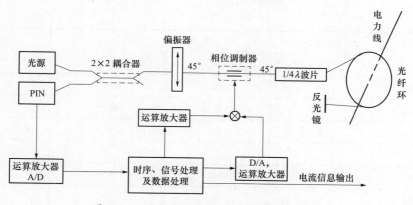

图 3-9　反射式光纤电流互感器基本结构

（3）在传感光纤中，由于传导电流产生法拉第磁光效应，这两束圆偏振光以不同的速度传输；

（4）经传感光纤端面的镜面反射后，两束圆偏振光的偏振模式互换（即左旋光变为右旋光，右旋光变为左旋光），再次穿过传导光纤，并再次和电流产生的磁场相互作用，使产生的相位加倍；

（5）两束光再次通过 λ/4 波片后，恢复为线偏振光，原来沿保偏光纤 X 轴和 Y 轴进入波片的光波，此刻分别沿 Y 轴和 X 轴射出波片，并在起偏器处发生干涉；

（6）由于发生干涉的两束光，在光路的传输过程中，分别都通过了保偏光纤的 X 轴和 Y 轴与传感光纤的左旋和右旋模式，只在时间上有差别，因此返回探测器的光只携带了由法拉第效应产生的非互易性相位差。

全光纤型电流互感器本质上是一种建立在偏振光干涉基础上的光学精密仪器，光波偏振态控制是其关键技术之一。

3.2.3　不同原理的互感器比较

各种类型的电子式电流互感器各有优缺点，表 3-1 给出了它们之间以及与常规电磁式互感器之间的比较。

表 3-1　　　　　　　　　　　　　　电子式电流互感器比较

互感器种类	电磁式互感器	罗氏线圈	磁光玻璃式 OCT	全光纤式 OCT
测量原理	法拉第电磁感应	法拉第电磁感应	法拉第磁光效应 安培环路定律	法拉第磁光效应 安培环路定律 塞格奈克效应
高压侧传感元件	电磁线圈	罗氏线圈+ 有源电路	磁光玻璃+ 3 根连接光纤	光纤环
光路结构	无	无	复杂	复杂
高低压连接光纤	无	一根上传光能，一根 下传数据	一根上传光， 二根下传数据	一根同时上传光和 下传数据
直流	不可测	不可测	可测	可测

互感器种类	电磁式互感器	罗氏线圈	磁光玻璃式 OCT	全光纤式 OCT
精度测量范围	小	小	小	较大
是否有源	无	有	无	无
抗干扰能力	差	差	良好	良好
光波长影响	无	无	大	小
线性双折射影响	无	无	大	小
频率响应特性	差	良好	良好	良好
安全性能	差	好	好	好
长期稳定性	良好	良好	尚需现场验证	尚需现场验证
安装灵活性	差	差	差	好
运行经验	长	相对较长	短	较短

有源电子式电流互感器基于法拉第电磁感应原理，具有测量范围大、线性度好、无磁饱和等优点而成为研究的热点。这种电流互感器既利用了光纤系统提供的高绝缘性的优点，显著降低了电流互感器的制造成本、体积和质量，又充分发挥了被电力系统广泛接受的常规电流互感器测量装置的优势，同时还避免了光学电流互感器传感器光路的复杂性及线性双折射、块状玻璃全反射相位差等技术难点。其实用化的主要技术障碍包括：罗氏线圈结构、抗电磁干扰能力、电磁兼容特性、采样线性与精度等性能的保证及稳定问题；高压侧电子模块存在电—光和光—电转换及光纤传输系统稳定性问题；高压侧电子模块供电问题。

无源电子式电流互感器基于光电传感技术，一次侧光学传感器不需要工作电源，是独立安装互感器的理想解决方案，目前正在进行可靠性提升研究。OCT 还存在一些难以突破的技术问题，如磁光效应会随环境因素而变化、传感器的线性双折射问题、电光效应易受弹光和热光效应的干扰、对温度和振动敏感等，使其性能受到限制。

3.3　电子式电压互感器原理

3.3.1　有源电子式电压互感器

有源电子式电压互感器一般由一次侧传感器（分压器）、远端电子模块、光纤绝缘子与合并单元组成。分压器低压臂输出的模拟信号通过远端电子模块进行模/数转换、数/光转换，经光纤将信号传送至合并单元，电容分压器的外绝缘采用硅橡胶复合绝缘子，质量较轻。根据一次侧传感器的分压原理不同又可划分为电容分压或电阻分压，利用与有源电子式电流互感器类似的电子模块处理信号，使用光纤传输信号。电阻分压式 EVT 的工作原理如图 3-10 所示，其核心为一电阻式分压器。分压器由高压臂电阻 R_1 和低压臂电阻 R_2

组成，电压信号在低压侧取出。U_1 为高压侧输入电压，U_2 为低压侧输出电压。由于两个电阻串联，所以有 $U_2 = U_1 R_2 / (R_1 + R_2) = U_1 k$，被测电压和 R_2 上的电压在幅值上相差 k 倍，相位差为零。只要适当选择 R_1 和 R_2，即可得到所需的分压比。为防止低压部分出现过电压，保护二次侧测量装置，必须在低压电阻上加装一个放电管或稳压管 S，使其放电电压恰好略小于或等于低压侧的最大允许电压。为了使电子线路不影响电阻分压器的分压比，加一个电压跟随器。

电容分压式 EVT 的工作原理如图 3-11 所示，其核心为一电容式分压器。分压器由高压臂电容 C_1 和低压臂电容 C_2 组成，电压信号在低压侧取出。U_1 为被测一次电压，U_{C1}、U_{C2} 分别为分压电容上的电压。由于两个电容串联，所以有 $U_{C2} = U_1 C_1 / (C_1 + C_2) = U_1 k$。只要适当选择 C_1 和 C_2 的电容量，即可得到合适的分压比。

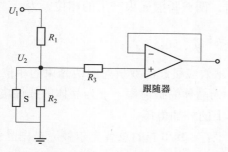

图 3-10　电阻分压式 EVT 工作原理图

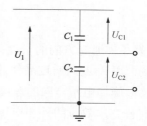

图 3-11　电容分压式 EVT 工作原理

3.3.2　无源电子式电压互感器

无源电子式电压互感器主要指采用光学测量原理的电压互感器，又称为光学电压互感器，目前研究较多的是采用普克尔（Pockels）效应原理的光学电压互感器。1893 年德国物理学家 ECA·普克尔发现，一些晶体电场作用下会改变其各向异性性质，产生附加的双折射效应，晶体折射率随外加电压呈线性变化的现象称为线性电光效应，即普克尔效应。普克尔效应只存在于无对称中心的晶体中，普克尔效应有两种工作方式：一种是通光方向与被测电场方向重合，称为纵向普克尔效应；另一种是通光方向与被测电场方向垂直，称为横向普克尔效应。作为光学电场测量应用最为普遍的有 BGO 晶体和 LN 晶体两种电光晶体。

（1）BGO 晶体随温度形变小，均匀性好，无自然双折射效应和热电效应，但是电场调制时感生光轴发生旋转，加工工艺要求高，晶体半波电压高，测量电场灵敏度不如 LN 晶体高，适用于高压强电场的测量；

（2）LN 晶体随温度形变较大，存在自然双折射效应，电场调制时光轴不发生旋转，加工方便，晶体半波电压低，测量灵敏度高，适用于空间电场和弱电场的测量。

3.3.2.1　纵向普克尔效应

当一束线偏光沿与外加电场 E 平行的方向入射处于此电场中的电光晶体时，由于普克尔效应使线偏光入射晶体后产生双折射，于是从晶体出射的两双折射光束就产生了相位差，该相位差与外加电场的强度成正比，利用检偏器等光学元件将相位变化转换为光强变化，即可实现对外加电场（或电压）的测量。其表达式为：

$$\delta = \frac{2\pi}{\lambda_0} n_0^3 \gamma E d = \frac{2\pi}{\lambda_0} n_0^3 U \qquad (3-7)$$

式中：δ 为由普克尔效应引起的双折射的两束光的相位差；E 为外加电场强度；λ_0 为通过晶体的光波长；n_0 为晶体的折射率；γ 为晶体的线性电光系数，d 为晶体沿施加电压方向的厚度；U 为晶体上的外加电压。

由式（3-7）可知，此相位差正比于加在晶体上的电压，与晶体厚度即与晶体的尺寸无关。

3.3.2.2　横向普克尔效应

当外加电场 E 与晶体的通光方向垂直时，两双折射光束产生的相位差为：

$$\delta = \frac{2\pi}{\lambda_0} n_0^3 \gamma \frac{l}{d} U \qquad (3-8)$$

式中：l 为晶体通光方向的长度；δ 为由普克尔效应引起的双折射的两光束的相位差；E 为外加电场强度；λ_0 为通过晶体的光波长；n_0 为晶体的折射率；γ 为晶体的线性电光系数，d 为晶体沿施加电压方向的厚度；U 为晶体上的外加电压。

纵向普克尔效应的外加电场与通光方向平行，其引起的总普克尔效应是由晶体中沿光束方向上各处电场所引起的普克尔效应累积。由于任意两点间的电压差就等于这两点间电场沿路径的积分，而此积分与两点间的电场分布无关。纵向普克尔效应实现了对直接施加于晶体两端电压的测量，因而，测量时不受相邻电场或其他干扰电场的影响。然而，由于线偏振光束和外加电场以平行的方向穿过电光晶体，要求电极拥有较高的透明度和导电性，这给互感器的实际制作带来较大的困难。受自然双折射的影响，横向普克尔效应会产生相位延迟，这个附加的相位差易受外界温度变化的影响。为克服这一缺点，常常要用两块晶片进行补偿，以消除自然双折射，这对晶体加工及工艺都提出了较高要求。纵向普克尔效应则没有自然双折射引起的相位延迟。纵向普克尔效应的半波电压只与晶体的电光性能有关，而与晶体尺寸无关。纵向普克尔效应的光学电压互感器工作原理如图 3-12 所示。

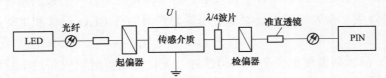

图 3-12　纵向普克尔效应的光学电压互感器工作原理

目前，光学电流互感器和光学电压互感器还缺乏长期运行的考验，其长期稳定性、可靠性还有待进一步认证。环境温度、振动等外界因素对光学互感器的影响也需要在实际工程中去验证。全光纤型电流互感器已在工程中逐步得到应用，电子式电压互感器的应用目前还是以基于分压原理的有源电子式电压互感器为主。

3.4 电子式互感器测试技术

3.4.1 电子式互感器精度校验

电力系统中,用户主要关注的是电子式互感器采样数据通道的幅值误差、角度误差等精度性能。电子式互感器区别于常规的互感器,因此精度校验方法也将有所不同。电子式电流互感器精度校验装置由调压器、升流器、标准电流互感器、电子式互感器校验仪、二次转换器及相关配套设备等组成。电子式电压互感器精度校验装置由调压器、试验变压器、谐振装置、标准电压互感器、耦合电感、电子式互感器校验仪、二次转换器及相关配套设备等组成。

3.4.1.1 电子式互感器校验方法及系统

根据 Q/GDW 441—2010《智能变电站继电保护技术规范》的要求,"220kV 及以上保护装置应不依赖于外部对时系统实现其保护功能"。电子式互感器校验系统应能根据合并单元的固有延时对其补偿,满足了国网"直接采样"保护不依赖外部同步时钟的要求,不需要采用外部同步信号,同时也能支持外部同步脉冲功能,有些低压的站采用的是外同步方式,应保留具有外部方式。

电子式互感器稳态校验系统如图 3-13 所示,系统可以对模拟量输出的电子式互感器、

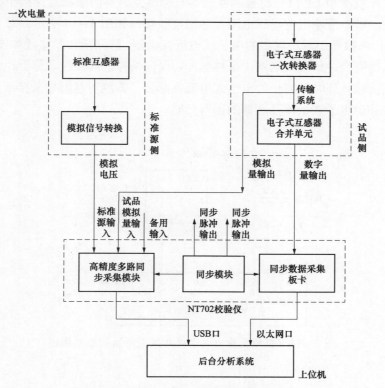

图 3-13 电子式互感器稳态校验系统

数字量输出的电子式互感器进行稳态精度校验，同时可以兼容常规的电磁式互感器校验试验。其中"一次电量"可以为电流或者电压；试品侧为"电子式互感器"的通用结构示意；校验系统包括高精度多路同步采集模块、同步模块、同步数据采集板卡；上位机为装有分析软件的计算机终端。

校验仪采用 FFT 计算出两个不同输入源的基波幅值和相位角，从而进行相应的误差分析。同步模块同时给高精度同步采集模块和同步数据采集板卡发送采样脉冲，主 CPU 采用 FFT 算法对离散采样值进行傅里叶变换。设同步脉冲的采样周期为 T_s，采样点数为 N，则在该区间内的离散傅里叶变换为：

$$X(n) = \sum_{k=0}^{N-1} x(k) e^{-j\frac{2\pi}{N}kn} = \text{Re}(X(n)) + j\text{Im}(X(n)) \qquad (0 \leqslant n \leqslant N-1) \qquad (3-9)$$

式中：$X(n)$ 是时域周期函数的 n 次谐波复系数。

基波信号的相位为：

$$\theta = \arctan \frac{\text{Im}\, X(1)}{\text{Re}\, X(1)} \qquad (3-10)$$

通过对两路输入信号提取基波参数，分别求取相位角，得到两路信号的相位差 $\Delta\theta$。

3.4.1.2 电子式电流互感器校验方案

根据不同类型的电子式电流互感器，相应的校验方法和手段也有区别。对输出为模拟电压信号的罗氏线圈和 LPCT，将被测互感器与标准互感器的输出直接接至校验系统，读出比差和角差，模拟量输出电子式电流互感器校验接线如图 3-14 所示。对于经合并单元输出数字量，且依赖外部时钟同步的电子式电流互感器，其同步校验接线如图 3-15 所示，此时由校验系统向合并单元发送同步采样脉冲，保证采样的同步性。对于经合并单元输出数字量，但不依赖外部时钟同步的电子式电流互感器，其绝对延时校验接线如图 3-16 所示，由校验仪补偿电子式电流互感器的固有延时。

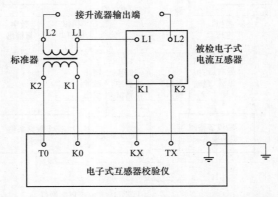

图 3-14 模拟量输出电子式电流互感器校验接线图

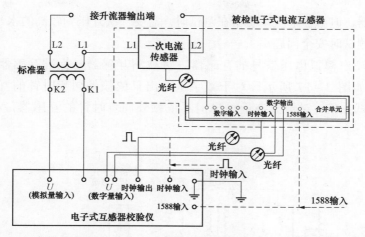

图 3-15　数字量输出电子式电流互感器同步校验接线图（采用外部同步方式）

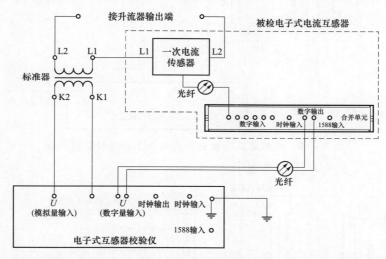

图 3-16　数字量输出电子式电流互感器绝对延时校验接线图（采用固定延时方式）

图 3-14～图 3-16 中，L1、L2 为电流互感器一次对应端子；K1、K2 为电流互感器二次对应端子；T0、K0 为电子式互感器校验仪上的标准接口；TX 为电子式互感器校验仪上的被试接口。

凡标准器具有一次补偿绕组，其首端与一次极性端连接，末端已接地，在测量时可不接对称支路。

当标准器输出不是电子式互感器校验仪输入回路需要的电压值时，需从标准器的二次输出端增加感应分压回路或标准电阻，将标准器的输出变换为小电压信号接入校验回路与被校验电子式互感器进行比对。

用于计量及保护的电子式电流互感器，数字量输出的数据报文中每个电流通道都应进行校验；对于多线圈输出的电子式电流互感器，每个绕组都应校验。

3.4.1.3　电子式电压互感器校验方法

电子式电压互感器校验方法与电子式电流互感器类似，只是将标准电流互感器换成了标准电压互感器，但由于电压互感器在测试时，需要一次升压到较高的水平才能进行，更需要关注现场测试时安全问题。

对于直接输出模拟电压信号的互感器，将被测互感器与标准互感器的输出直接接至校验系统，如图3-17所示。对于数字量输出且依赖外同步时钟的互感器，采用如图3-18的测试系统。对于数字量输出但不依赖外同步时钟的互感器，采用如图3-19的测试系统。

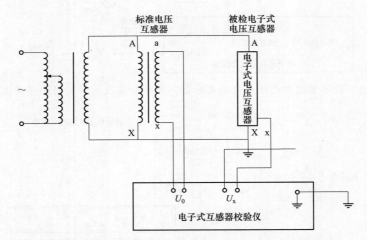

图3-17 模拟电压输出电子式电压互感器校验接线图

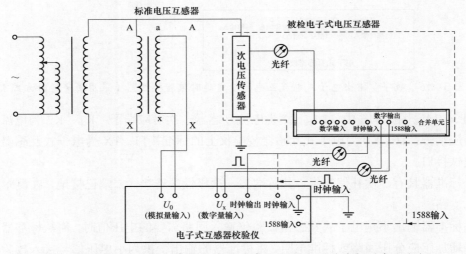

图3-18 电子式电压互感器数字量同步校验接线图（外部同步方式）

图3-17～图3-19中：A、X为电压互感器一次对应端子；a、x为电压互感器二次对应端子；U_0为电子式互感器校验设备标准源输入；U_x为电子式互感器校验设备被测互感器输入。

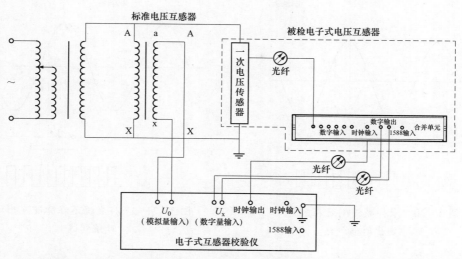

图 3-19　电子式电压互感器数字量绝对延时校验接线图（固定延时方式）

3.4.2　电子式互感器延时测试

为了满足 Q/GDW 441—2010《智能变电站继电保护技术规范》中"直接采样"的要求，电子式互感器要求能够正确输出额定延时以供保护采样时进行延时补偿。电子式互感器额定延时的正确与否直接关系到保护的采样正确性，甚至关系到保护动作行为的正确性。因此，必须对电子式互感器的延时进行测试，然后与其输出的额定延时进行比较，以校验其正确性。

电子式互感器额定延时测试系统与精度测试系统相同，忽略标准互感器的一、二次传变延时，可以通过比较被测电子式互感器与标准互感器之间的相位差来计算电子式互感器的额定延时。

电子式互感器校验系统中，标准互感器的采样由系统同步模块的采样脉冲控制，而电子式互感器由其独立采样。当电子式互感器的数据到达同步模块的时间刚好是脉冲发出的时刻时，如图 3-20 所示。

电子式互感器与标准互感器之间的时间差为：

$$\Delta t = \frac{\Delta \theta}{2\pi} T_s \qquad (3-11)$$

式中：$\Delta \theta$ 可由式（3-10）求出；T_s 为采样周期。

当电子式互感器的数据到达同步模块的时间不是脉冲发出的时刻时，如图 3-21 所示。

图 3-21 中，同步模块记录数据到达时间为 t_1，并记录下一脉冲发出的时间 t_2，可得它们之间的延时 Δt_s。将 t_1 时刻到达的数据挪至下一脉冲发出时刻进行计算，在 FFT 算出相应延时后减去 Δt_s 既得真实值 Δt。

表 3-2 给出了某电子式互感器额定延时测试数据，其输出额定延时为 1761μs，延时数据每秒钟记录一次。

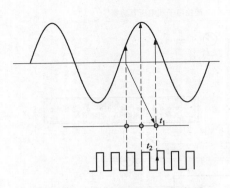

图 3-20 采样数据刚好在采样
脉冲发出时候到达

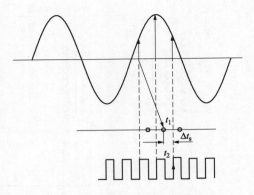

图 3-21 采样数据不在脉冲发出的
时候到达

表 3-2 　　　　　　　　　　　　电子式互感器额定延时测试数据

次数	1	2	3	4	5	6	7	8
延时（μs）	1761.115	1761.111	1761.102	1761.115	1761.11	1761.12	1761.119	1761.116

3.4.3　电子式互感器极性校验

互感器极性正确与否直接关系到保护、测控等装置运行的正确性，因此互感器投运前必须对其极性正确性进行验证。

极性试验需要配置直流升流器、数字式互感器分析仪或交流升流器、数字式互感器校验仪。

对于可传变直流电流的电子式互感器，可采用"直流法"测定其极性的正确性。"直流法"测定电子式电流互感器极性的原理如图 3-22 所示：从电子式电流互感器一次侧极性端通入直流电流，利用电子式互感器数据分析系统解析出合并单元的 SV 电流值，并以波形方式显示。若 SV 电流值为正，表明光纤电流互感器为正极性接法；若 SV 电流值为负，表明光纤电流互感器为反极性接法。

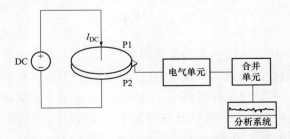

图 3-22　电子式电流互感器极性校验示意图

图 3-23 中给出了某变电站现场光纤电流互感器极性测试过程中，线路间隔 C 相波形，由图可以看出，该互感器 C 相是正极性接法。

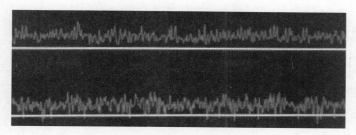

图3-23 光纤电流互感器极性测试C相波形图

3.4.4 电子式互感器的大电流测试

3.4.4.1 测试原理

以西安高压研究院进行的 NAE-G 系列光纤电流互感器 63kA 电流暂态特性测试为例，详细介绍其测试原理。

三相光纤电流互感器与高精度电流互感器基准串行试验，测试原理框图及测试环境分别如图3-24、图3-25所示。

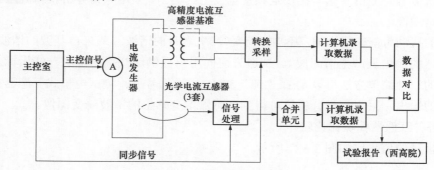

图3-24 测试原理框图

3.4.4.2 测试结果

三相光纤电流互感器与高精度电流互感器基准串行试验，测试结果为光纤电流互感器满足63kA电流暂态特性试验，如图3-26所示。

图3-25 测试环境

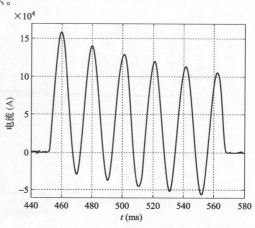

图3-26 三相光纤电流互感器测试曲线

3.4.5 电子式互感器信噪比测试

3.4.5.1 信噪比计算方法

IEC 60044−8 中 6.1.6 规定："在制造方规定的频带宽度内，电子式电流互感器输出的最小信噪比应为 30dB（相对于额定二次输出）。"

信噪比计算方法：

$$N = 20\lg \frac{I_N}{\sigma} \tag{3-12}$$

式中：I_N 为电流互感器的额定电流；σ 为无一次电流输入条件下，二次输出的标准差。

电子式互感器的输出可能包含某些扰动，由加在所有电子系统共有的白噪声引起。电子式互感器产生的这种扰动占有很宽的频带，且在无任何一次电流时，这些扰动源可能是转换器的时钟信号、多路开关的换向噪声、直流/直流的转换器整流频率。

试验程序由制造方和用户商定，推荐以下程序：

无一次信号时测量互感器在规定频带宽度上的输出，采用频谱分析仪得到互感器本身感生的噪声图像。

其他的扰动可能来自 50Hz 基波的畸变（产生本身的谐波），或来自基波的谐波调制（在二次转换器的输出上产生谐间波）。制造方应向用户提供这些扰动源的一些指标。可得到有用指标的一种简单方法可以是:在"纯"50Hz 一次信号下，测试电子式互感器在规定频带宽度上的输出，采用频谱分析仪可得到互感器本身感生的谐波畸变图像。

3.4.5.2 各种互感器信噪比比较

磁光玻璃的信噪比如图 3−27 所示。

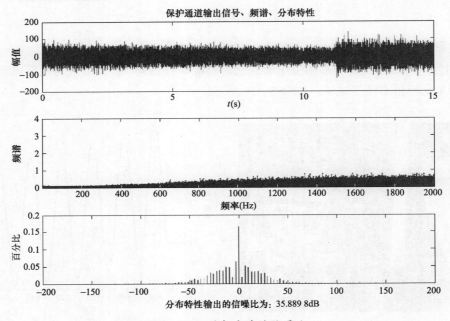

图 3−27 磁光玻璃的信噪比

LPCT 的信噪比如图 3-28 所示。

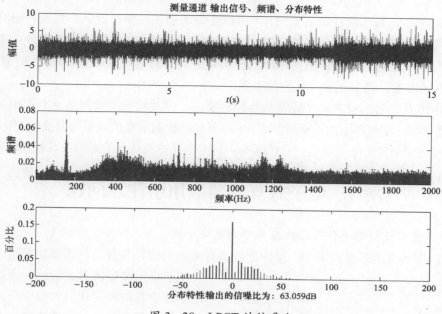

图 3-28　LPCT 的信噪比

纯光纤的信噪比如图 3-29 所示。

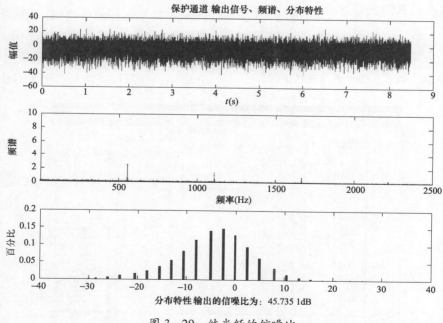

图 3-29　纯光纤的信噪比

LPCT 的信噪比较高，光学电流互感器的信噪比较低，但大于标准规定的 30dB。

由于噪声的存在，电子式互感器精度校验的要求与常规互感器略有不同，主要是计算时间需要适当加长，以回避噪声对检测精度的影响。比如额定电流 1000A，0.2S 级的互感器要求在 1%（10A）时的误差小于 0.75%，即 75mA，在检测部门进行测试时，通常只选择 0.2s 的数据量，那么噪声就有 0.31A，所以必须适当加长采样时间，将噪声影响降得足够低，才能测出互感器的真正误差。GB/T 20840.8－2007《互感器　第 8 部分：电子式电流互感器》中规定可增加取样数据来降低校验误差。也就是说，如果要满足 0.75%对应的 75mA 的测试误差，需要至少 40s 的数据量。

光学电流互感器的噪声水平较常规互感器要高，但其输出的噪声是一个不相关的白噪声，这一噪声在一定频率下的波动量是恒定的，不会随被测信号的频率与幅值的变化而变化。在实际工程应用中应关注光学电流互感器噪声对继电保护及计量的影响及其长期的稳定性。

3.5　电子式互感器应用中注意问题

1. 罗氏线圈模拟量小信号输出容易受到电磁干扰

目前，在低电压等级应用中，保护测控装置就地布置，装置与互感器距离近，电子式

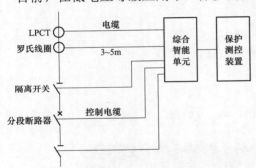

图 3－30　低电压保护测控接线示意图

互感器采用模拟量形式输出，通过电缆传输给综合智能单元转换为数字量，然后提供给保护测控装置，电缆长度为 3～5m，如图 3－30 所示。

由于罗氏线圈的模拟量是额定 150mV 的小电压信号输出，当现场分段断路器操作时，容易受到电磁干扰，引起保护装置的误动。图 3－31 是某变电站 10kV 分段保护速断误动的录波波形，由录波数

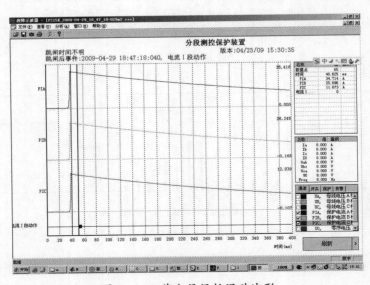

图 3－31　某分段保护误动波形

据可以看出断路器动作时，罗氏线圈输出有一个阶跃影响，然后随时间衰减。

2. 罗氏线圈积分环节引起的波形漂移

罗氏线圈测量的是原始信号的微分信号，要获得原始信号，必须要增加积分环节，理论上看，在一次电流为正弦波时，互感器输出也应为正弦波，罗氏线圈输出的电流为正弦波，而且幅值不变，从现场实测来看，波形并非如此，整个正弦波会向上或向下漂移，似乎叠加了一个频率低于工频的低频分量信号，如图3-32所示。分析其主要原因为电子式互感器前置处理模块中的积分环节在抑制零飘时产生过抑制调节，在实际应用过程中需要对此开展分析研究。

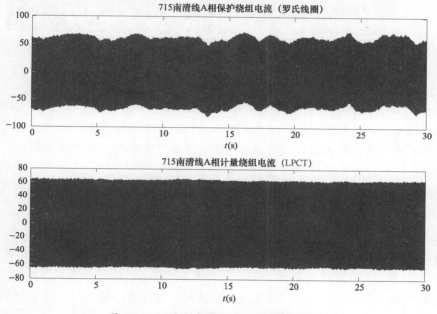

图 3-32　罗氏线圈输出电流漂移现象

3. 使用数字积分器的罗氏线圈电流互感器的异常传变

使用数字积分器的罗氏线圈电流互感器采样环节位于积分环节之前，当电网中出现频率大于采样频率一半的高频电流信号时，这些高频信号在罗氏线圈中被放大，然后在采样环节发生频率混叠变成低频信号，低频信号在随后的数字积分环节相较于高频信号被再次放大，这部分信号与原始信号中的低频部分叠加，可使信号发生严重的畸变。使用模拟积分器的电流互感器则不存在这一问题。通过增加滤波器的阶数、降低滤波器的截止频率和提高采样率等方式对使用数字积分器的罗氏线圈电流互感器的传变特性进行调整，可抑制频率混叠的发生进而改善互感器的暂态传变特性。

4. 光纤电流互感器小信号噪声

全光纤型电流互感器是利用光学检测的方法获取信号，其输出会叠加有光学散粒噪声，这一噪声的特性在同类技术（光纤陀螺）中有比较多的研究，但在电力应用领域是全新的研究课题。散粒噪声的主要来源是光子的自发辐射，可以减少，但不可能完全消除。

这些噪声基本上是白噪声，在应用中对于计量的影响可以忽略不计。根据光纤电流互感器白噪声特性分析，光纤电流互感器的信噪比为 45.7dB，信噪比小于常规电流互感器，但如果瞬态的噪声过大，会影响保护动作启动元件，工程应用中需在这方面进行研究分析。图 3-33 给出了全光纤型电流互感器一次施加 15A 时的电流波形输出。

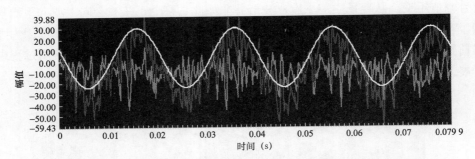

图 3-33　全光纤型电流互感器小电流时输出波形

5. 光纤电流互感器受温度影响的精度

光纤电流互感器在外界温度、压力、振动变化时，测量精度会有所变化，其中温度变化会对光纤电流互感器的精度产生影响。光纤互感器的光纤环与前置采集模块之间采用保偏光纤连接，这一段保偏光纤的性能对外部应力变化、温度变化、振动等比较敏感。在保偏光纤受到挤压或歪捏时，互感器输出会发生严重畸变。甚至在用力捏保偏光纤时会出现采样值无效的现象，这对光纤互感器现场安装、运行提出了较高要求。

6. 电子式互感器现场试验过程中的极性标定

传统的电流互感器存在 P1、P2 及 S1、S2 的极性接入，现场调试过程中若发现极性接反，可通过 S1 和 S2 的调整来满足工程需要，电子式互感器是通过合并器输出的，从原理上看，只存在 P1 接入，S1 输出，若发现极性接反，无法通过数据包二次极性的变化进行改变。不过修改电子式互感器输出数据极性的途径很多，可通过电气单元、合并单元、保护的输入三个环节来调整极性。工程应用中，必须规定简捷方便的极性配置的方法，且必须采用上述极性校验方法对现场安装的电子式互感器进行逐一校对。

第 4 章

智能变电站过程层原理及测试技术

　　智能变电站内继电保护装置及自动化系统采用了 IEC 61850 通信标准，其规定了保护的数据接收和发送模型规范，主要是将互感器二次值和断路器、隔离开关位置等开关量信息转换为数字报文传输给继电保护系统进行运算，同时将保护动作信号或操作控制信号转为电气量实现对一次开关设备的操作。变电站继电保护系统根据采样方式不同，可分为数字采样数字跳闸、模拟采样数字跳闸、模拟采样模拟跳闸。其中对于数字量的传输需要采用智能设备进行规约转换。

　　为实现电网设备运行信息的采集转换，智能变电站内采用合并单元、智能终端等装置作为接口，完成模拟量、开关量信息与 IEC 61850 报文间的转换功能，这些实现规约转换的设备称为过程层设备，相应的信息传输网络称为过程层网络。

　　智能变电站过程层网络相当于常规变电站的二次电缆组成的回路，各智能设备之间的信息通过报文交换。本章将重点介绍过程层设备和过程层网络的功能与原理、过程层典型配置方案以及过程层测试技术。

4.1　过程层配置原则

　　继电保护系统的配置以满足"选择性、速动性、灵敏性、可靠性"为前提，双重化配置的保护及相应回路应保持独立。

　　以 IEC 61850 通信协议为基础，采用光纤方式传输，与电缆传输模拟信号相比，其工程实施清晰、抗干扰能力强，信息共享方便。对于过程层采用 IEC 61850 标准的变电站设备传输信息包括：

　　（1）周期性的采样值信号（SV），该信息需要保证传输的实时、快速。

　　（2）由事件驱动的开入开出信号（GOOSE），如分布式系统下各设备间跳闸命令、控制命令、状态信息、互锁信息的相互交换和智能设备状态信息的发布等。

4.1.1　模拟采样数字跳闸方式

　　对于 330kV 及以上继电保护系统，由于配置相互独立，回路简单，同时动作可靠性要求高，为减少合并单元及网络中间处理环节对保护的影响，采用了常规电缆采样的方式，保护的跳闸采用了 GOOSE 点对点报文的方式，如图 4-1 所示。

　　该方式的主要优点是继电保护系统取消了合并单元，不会存在由于单台合并单元异常导致多台保护退出的情况，提高了继电保护的可靠性，目前在新建 330kV 及以上智能变电站中普遍应用。

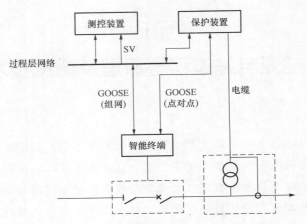

图 4-1 "模拟采样数字跳闸"配置方式

对于采用电流互感器两侧布置的常规采样情况，其保护配置方式如图 4-2 所示，双重化保护之间相互独立且保护范围交叉，消除死区范围。

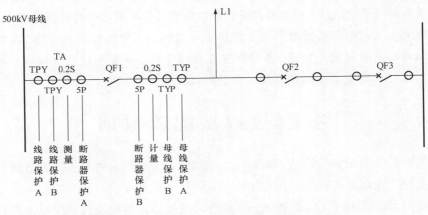

图 4-2 常规采样的电流互感器典型配置方案

4.1.2 数字采样数字跳闸方式

对于 220kV 及以下系统，由于出线间隔多，为减少电缆铺设，同时提高低压备自投、低压减载等安全自动装置的信息共享程度，可采用数字采样数字跳闸方式。该方式下合并单元和智能终端分别完成本间隔电流电压及开关量的采集，并转换成 IEC 61850 报文后传给相应的保护测控装置，提高信息的利用率，如图 4-3 所示。

图 4-3 为数字采样中"点对点"方式，即保护装置的采样信息和跳闸命令分别通过独立的光纤连接至合并单元和智能终端，不受网络的影响。另外，合并单元的输出数字报文通过网络交换机给相应的测控及安全自动装置，保护装置的数字报文也通过网络交换机传给其他相关的设备。目前该配置方式主要在 220kV 及以下智能变电站中采用。

对于数字采样情况，相应的互感器绕组分别接至两套独立的合并单元，经规约转换后发送至不同的保护装置，其典型配置方式如图 4-4 所示。

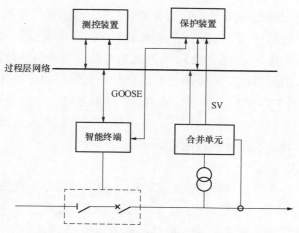

图 4-3 "数字采样数字跳闸"配置方式

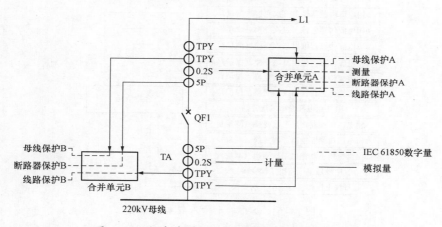

图 4-4 数字采样的电流互感器典型配置方案

4.2 过程层设备

4.2.1 合并单元

合并单元（Merging Unit，MU）的基本功能是对多组外部电压、电流信号量采集汇总，并输出 IEC 61850 标准报文。合并单元最初与数字化变电站的电子式互感器配套使用，解决由于电子式互感器的电气单元输出格式私有化，以及不同厂家电子式互感器使用的原理、介质系数、二次输出光信号含义不统一的情况，适应保护采样的需求。后期随着变电站智能化的改造需求，出现对常规互感器接入合并单元的方案。不管是模拟输入还是数字输入合并单元，均支持多组量的同时采集和转换。

根据合并单元采集对象和用途的差异，可分为电压合并单元、间隔合并单元。电压合并单元包括母线电压合并单元和线路电压合并单元。母线合并单元可接收至少 2 组电压互感器数据，并支持向其他合并单元提供级联母线电压数据，在需要电压并列时可实现各段

母线电压的并列功能。线路电压合并单元多用于 3/2 接线方式下的线路和主变压器间隔，作为单独采集该间隔电压使用。间隔合并单元用于单间隔内模拟量的采集，典型的配置方式有线路间隔的电压电流量采集、3/2 接线方式下中断路器和边断路器电流的采集。

合并单元的输入数据可以是异步的，但经合并单元输出数据处理后输出的 SV 数据则是 IEC 61850-9-2 或 FT3 的标准格式，而且 SV 中的电流、电压数据必须是同步的。

在低电压等级的一些特殊应用情况下，合并单元除了组合各电流和电压外，还可能同时组合了相应的开关设备状态量和控制量。

4.2.1.1 合并单元接口

（1）输入接口。合并单元与互感器之间的输入接口可以是常规的 100V（57.74V）、1A（5A）形式的模拟量接口，也可以是与电子式互感器或其他串接合并单元之间通过通信协议进行采样的数字接口。合并单元输入接口示意如图 4-5 所示。

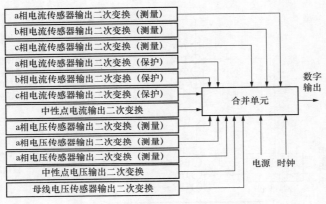

图 4-5 合并单元输入接口示意图

（2）输出接口。合并单元支持 IEC 60044-8（FT3）和 IEC 61850-9-2 规约输出。FT3 数据格式如图 4-6 所示，每个通道的值用两个字节表示，最后的状态字 1 和状态字 2 用

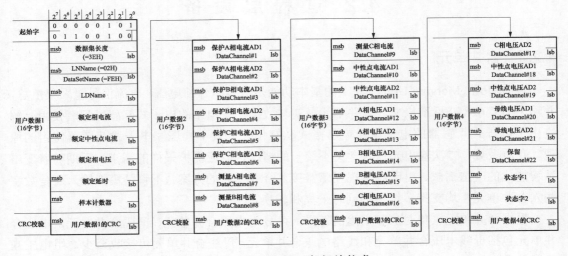

图 4-6 通用 FT3 数据帧格式

于集中表示各电压/电流通道数据的有效性。

IEC 61850−9−2 规约格式如图 4−7 所示，数据按照 ASN.1 规则进行编码，采用 T−L−V（类型−长度−值，Type−Length−Value 或者标记−长度−值，Tag−Length−Value）格式传输，其中 V 可以是具体的值、结构体或 T−L−V 组合本身，图 4−7 中 PDU、ASDU 序列、ASDU1 序列的值即为向下包含的 T−L−V 组合。数据集中的每个通道的数据都包含两部分：大小（i）和品质（q），i 和 q 分别用两个字节的数据表示。

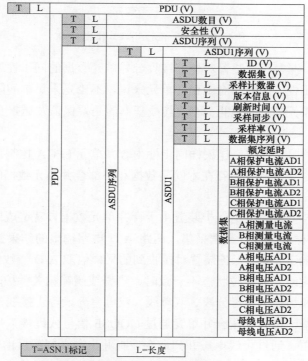

注：PDU、ASDU序列、ASDU1序列的值向下包含；
　　数据集中每个数据都包含了大小(i)和品质(q)

图 4−7　IEC 61850−9−2 规约格式

合并单元对接收的数字量采样数据应能进行同步性、有效性等品质判别，并通过合并单元输出数据的标志告知保护、测控等二次设备，以保证采样数据被有效使用。采样数据的品质标志应实时反映自检状态，不应附加任何延时或展宽。

（3）对时接口。合并单元应能接收外部公共时钟的同步信号，支持常见的 IRIG−B 码和 IEEE 1588 对时方式。

4.2.1.2　合并单元功能及原理

（1）采样处理。合并单元最重要的功能是对采集的模拟量进行规约转换，期间涉及插值同步等过程，其内部工作流程如图 4−8 所示。

图 4−8 中工作流程为：A/D 采集模块采集完数据后，FPGA 将数据送入存入 RAM 中，并由 RAM 发送到 CPU 进行数据的组包并生成 SV 报文；报文生成后，再由 FPGA 提取报

文并发送给保护装置。

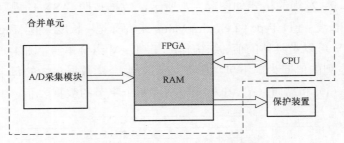

图 4-8　合并单元内部工作流程图

（2）数据同步。继电保护装置对外部接收合并单元数据的同步性要求非常高，以保证保护逻辑计算的正确性，因此，对于合并单元来说，不论是采集单间隔互感器数据，或者同时接收其他合并单元的数据后再打包，其最基本的是要保证发送报文中各通道数据间的同步性。

对于单间隔采样，各通道 AD 采样同步性由合并单元 FPGA 控制。当合并单元需要接收外部 FT3 数据一起汇总时，则存在本间隔数据和外部合并单元数据间的同步，通常采用插值同步算法。

（3）双 A/D 采样。避免继电保护装置由于合并单元数据异常造成的不正确动作，合并单元采用双 A/D 采样系统进行数据采集，两路 A/D 电路输出的结果完全独立，每个 A/D 采样值均带品质位输出，继电保护装置对接收到的采样值双 A/D 一致性进行判断，出现双 A/D 采样值偏差较大或者品质位状态不一致时，告警或闭锁相关保护功能。

（4）电压并列和切换。单母分段、双母线、双母单分段等主接线形式的母线合并单元需具备电压并列功能。母线电压合并单元通过 GOOSE 信号或硬接点形式输入母联断路器和相应隔离开关位置，通过母线电压并列命令控制并由逻辑判断后由软件实现并列功能。

当合并单元对应间隔接双母线时，间隔合并单元接收两路母线电压信号，根据隔离开关的 GOOSE 信号进行电压切换。间隔合并单元应能实现电压的无缝切换。

4.2.1.3　合并单元技术要求

合并单元对外支持多路输出，为满足工程应用要求，合并单元通常不低于 8 个采样值输出端口。影响合并单元的主要技术指标为延时与对时同步性能（具体见第 6 章）。合并单元报文中数据延时应包括所有环节的采样延时，采样值报文从接收端口输入至输出端口输出的总延时应不大于 1ms，级联合并单元采样响应延时应不大于 2ms。采样值发送的间隔的离散值应不大于 10μs（采样频率 4kHz）。合并单元的对时精度应小于 1μs，且应具有守时功能，在失去同步时钟信号 10min 以内的守时误差应小于 4μs。

为了更直观地说明系统的工作流程及合并单元造成的整体延时情况，图 4-9 给出了系统的各个部分工作时序图。

假设 A/D 采样装置采集到互感器的两个连续采样点为 $S(t_1)$ 和 $S(t_2)$。由于 SV 报文的输出频率为 4kHz，因此由 FPGA 分频生成 A/D 装置的相邻两个采样脉冲间隔为 250μs。

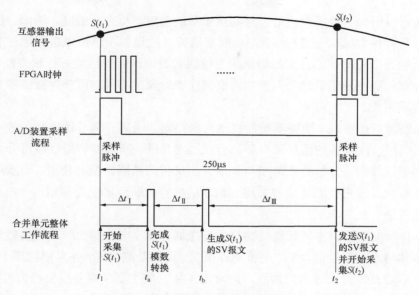

图 4-9 系统的各个部分工作时序

合并单元的工作时序流程如下：

（1）在 t_1 时刻，A/D 装置的采样脉冲到达，合并单元开始采集 $S(t_1)$ 的信号值；

（2）由于 A/D 装置转换需要一定的时间，目前主流 A/D 转换芯片的转换速度可达上百千赫兹至兆赫兹，按照 16 位串行 A/D 转换芯片来计算，其转换时间可控制在十几微秒的量级，因此经过 Δt_I（约为十几微秒）后，在 t_a 时刻完成 $S(t_1)$ 的模数转换；

（3）完成 $S(t_1)$ 的模数转换后，FPGA 将数据通过 RAM 发送给 CPU，并由 CPU 组包生成 SV 报文，此过程需要消耗 Δt_{II}（约为十几微秒）的时间，在 t_b 时刻生成 $S(t_1)$ 的 SV 报文；

（4）由于 CPU 内部受中断、数据排队等不确定因素的影响，导致报文生成会存在一定的延迟，即生成的报文到达 FPGA 的时间是不确定的；为了保证在整点报文输出，系统将会等待 Δt_{III}，在下一个 A/D 的采样脉冲到来时，即 t_2 时刻发送 $S(t_1)$ 的 SV 报文给保护装置，并开始采集 $S(t_2)$ 信号。

可以看出，理论上合并单元输出报文的延时可以在 250μs 内。但由于可能需要接收其他合并单元的报文并汇总打包，实际工程中设置的延时会大于 250μs，根据实际情况会选取 500μs 或者 750μs。

4.2.2 智能终端

为实现智能变电站保护测控装置与一次断路器之间通信，一次设备需支持 IEC 61850 协议，即断路器的智能化。智能断路器有两种实现方式：一种是直接将智能接口与断路器融合，作为一个不可分割的整体，可直接提供网络通信的能力；另一种方式是将智能控制模块形成一个独立装置——智能操作箱，安装在传统断路器附近，实现 IEC 61850 通信转换。现阶段，国内智能化变电站建设基本采用常规断路器＋智能终端的方案。常规断路器等一次设备通过附加智能组件，可以对高压设备的温度、压力、密度、绝缘、机械特性以及工作状态等各种数据信息进行采集，使断路器等一次设备不但可以根据运行的实际情况进行操作上的智能控制，而且支持根据状态检测和故障诊断的结果进行状态检修。

智能终端一般安装于就地控制柜内，根据控制对象的不同，可分为断路器智能终端和本体智能终端两类。

（1）断路器智能终端。断路器智能终端与断路器、隔离开关及接地开关等一次设备就近安装，完成对一次设备的信息采集和分合控制等功能。断路器智能终端可分为分相智能终端和三相智能终端。分相智能终端与采用分相机构的断路器配合使用，一般用于 220kV 及以上电压等级；三相智能终端与采用三相联动机构的断路器配合使用，一般用于 110kV 及以下电压等级。

（2）本体智能终端。本体智能终端与主变压器、高压电抗器等一次设备就近安装，包含完整的本体信息交互功能，如非电量动作报文、调挡及测温等，并可提供用于闭锁调压、启动风冷、启动充氮灭火等出口接点，同时还具备完成主变压器分接头挡位测量与调节、中性点接地开关控制、本体非电量保护等功能。所有非电量保护启动信号均应经大功率继电器重动，非电量保护跳闸通过控制电缆以直跳的方式实现。

4.2.2.1 智能终端接口

智能终端主要由 CPU 模块、开入开出模块、操作回路模块等构成。CPU 模块一方面负责 GOOSE 通信，另一方面完成动作逻辑，开放出口继电器的正电源；开入模块负责采集断路器、隔离开关等一次设备的开关量信息，再通过 CPU 模块传送给保护和测控装置；开出模块负责驱动隔离开关、接地开关分合控制的出口继电器；操作回路模块负责驱动断路器跳合闸出口继电器。智能终端硬件结构如图 4－10 所示。

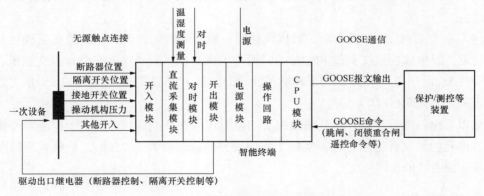

图 4－10　智能终端硬件架构

智能终端一般具备 3 个以上过程层光纤以太网接口，实现过程层信号上传、跳闸命令接收等通信功能，同时应具备 IEC 61588 和 IRIG－B 对时通信接口，实现组网方式下的 1588 对时功能。

4.2.2.2 智能终端功能及原理

智能终端作为常规断路器与保护、自动化设备的联系媒介，应能实现基本的保护动作及控制命令执行、开关量及测量量接入、外部对时、辅助监测，以及实现联锁、闭锁结果输出等功能。

（1）保护动作及控制命令执行。智能终端操作功能替代了传统断路器操作箱的功能，包含分合闸回路、合后监视、重合闸、操作电源监视和控制回路断线监视等功能。智能终端接收保护的跳闸（不分相或分相、三跳）、重合闸等 GOOSE 命令实现保护跳闸，替代了原有保护装置硬电缆出口回路，同时保留了三跳无源触点输入接口。断路器三跳无源触点输入需要经过大功率抗干扰重动继电器重动，具有抗 AC 220V 工频电压干扰的能力，提供一组或两组断路器跳闸回路，一组断路器合闸回路。智能终端一般还包括若干数量的用于控制隔离开关和接地开关的分合出口。

智能终端接收测控装置的五防联锁结果 GOOSE 信号，转换为无源触点串在机构五防内实现隔离开关联锁、闭锁功能。

（2）开关量及测量量接入。智能终端具有多路外部开关量输入功能，能够采集包括断路器位置、隔离开关位置、断路器本体信号、非电量信号、挡位，以及中性点隔离开关位置在内的开关量信号。具有多路直流量输入接口，可接入 4～20mA 或 0～5V 的直流变送器量，用于测量装置所处环境的温、湿度等。

（3）对时功能。智能终端的开入量转换为 GOOSE 报文均存在一定延时，因此保护装置接收到 GOOSE 报文的时间，并不能真实反映外部开关量的精确变位时刻。因此，在 GOOSE 报文的每个通道均包含变位时标，反映该开关量最近一次变位时刻，用作精确 SOE 参考，因此需要对智能终端进行准确对时。由于智能终端布置于就地，通常采用光纤传输对时信息，包括 IRIG-B 码或者 1588 对时。

4.2.2.3　智能终端技术要求

智能终端接收保护跳合闸、测控的手合/手分命令 GOOSE 信号，具备跳合闸自保持功能；接入断路器位置、隔离开关及接地开关位置、断路器本体信号（含压力低闭锁重合闸等）；智能终端应具备控制回路断线监视、跳合闸压力监视与闭锁功能；能灵活配置点对点（最大考虑 10 个）和 GOOSE 网络输出接口。智能终端开入动作电压应在额定直流电压的 55%～70%范围内，外部采集开关量分辨率应不大于 1ms，消抖时间不小于 5ms，动作时间 10ms。智能终端动作时间不大于 7ms。

应具有闭锁告警功能，包括电源中断、通信中断、通信异常、GOOSE 断链、装置内部异常等；应具有自诊断功能，并能输出装置本身的自检信息，自检项目包括开入光耦自检、控制回路断线自检、断路器位置不对应自检、定值自检、程序 CRC 自检等；装置的 SOE 分辨率应不大于 1ms，支持装置失电 SOE 自保持功能。

220kV 及以上电压等级智能终端按断路器双重化配置，每套智能终端应包含完整的断路器信息交互功能，两套智能终端应与各自的保护装置一一对应，双重化智能终端跳闸线圈应保持完全独立。

每台变压器、高压并联电抗器配置一套本体智能终端，本体智能终端包含完整的变压器、高压并联电抗器本体信息交互功能（非电量动作报文、调挡及测温等），并可提供用于闭锁调压、启动风冷、启动充氮灭火等出口触点，同时还宜具备就地非电量保护功能，所有非电量保护启动信号均应经大功率继电器重动，非电量保护跳闸通过控制电缆以直跳方式实现。

4.2.3　过程层交换机

智能变电站间隔层设备与过程层设备之间的交互报文，其传输方式可采用点对点直连方式，或者网络传输方式。除了保护装置的采样值和跳闸信号采用点对点传输外，其余的包括测控、故障录波、网络分析仪等数据均采用网络传输。

过程层交换机按传输报文区分包括 SV 交换机和 GOOSE 交换机，通常 500kV 及以上电压等级的过程层交换机按业务报文区别配置，220kV 及以下电压等级的过程层交换机按 SV 和 GOOSE 业务报文共同配置。

过程层 GOOSE 跳闸用交换机应采用 100M 及以上的工业光纤交换机，具备如下功能的支持：

（1）支持 IEEE 802.3x 全双工以太网协议；

（2）支持服务质量 Quality of Service（QoS）IEEE 802.1p 优先级排队协议；

（3）支持虚拟局域网 VLAN（802.1q）以及支持交叠（overlapping）技术；

（4）支持 IEEE 802.1w RSTP（快速生成树协议）；

（5）支持基于端口的网络访问控制（802.1x）；

（6）支持组播过滤、报文时序控制、端口速率限制和广播风暴限制；

（7）支持 SNTP 时钟同步；

（8）支持光纤口链路故障管理；

（9）网络交换设备应采用冗余的直流供电方式，额定工作电压波动 20%范围内均可正常工作，并能实现无缝的切换；

（10）无风扇设计。

4.3　过程层通信服务

4.3.1　过程层报文结构

IEC 61850 采用以太网作为变电站通信网络，以太网属于 LAN 协议体系（IEEE 802系列）。同大多数通信协议一样，LAN 协议建立在 OSI 标准模型的基础上，但是作为底层协议，它只对应了 OSI 模型中的物理层和数据链路层，同时它又将数据链路层划分为逻辑链路控制（Logic Link Control，LLC）和介质访问控制（Media Access Control，MAC）2个子层。LLC 层接近网络层，负责向上层协议提供标准的 OSI 数据链路层服务，通过服务访问点建立 1 个或多个与上层协议间的逻辑接口，使上层协议（如 TCP/IP）能够运行于以太网上；MAC 层则靠近物理层，负责以太网帧的封装（发送时将 LLC 层的数据封装成帧，接收时将帧拆封后给 LLC 层），包括帧前同步信号的产生，源/目的地址的编码及对物理介质传输差错进行检测等，并实现以太网介质访问控制方法和冲突退避机制。划分 LLC 和

MAC 子层的目的在于：如果要改变网络传输介质或访问控制方法，只需要改动与介质相关的 MAC 层协议，而无需改动与介质无关的 LLC 层协议，从而使 LAN 协议具有广泛的适用性。以太网帧格式如图 4-11 所示。

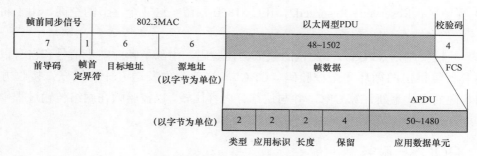

图 4-11 以太网帧格式

以太网帧格式可以分为帧前同步信号、MAC 层的地址用户数据及校验序列。其中，帧前同步信号属于物理层的信息，其余都是链路层中 MAC 子层的数据。帧中各部分内容具体如下：

（1）前导码（PR）：用于收发双方的时钟同步，56 位 1 和 0 交替的二进制数 1010101010。

（2）帧首定界符（SD）：8 位固定二进制数 10101011，与前导码不同的是最后两位是 11 而不是 10，表示跟随的是真正的数据。

（3）目的地址（DA）：数据接收方的 MAC 地址，用 6 个字节表示。若由全部"1"组成，则表示广播地址，以太网帧会发给网络中所有的设备；若第一个字节为"01"，则表示组播地址，可以使以太网帧发送给特定的设备组；若第一个字节为"00"，则表示单播地址，将使以太网帧发给某一个特定的设备。

（4）源地址（SA），自己的 MAC 地址，也用 6 个字节表示。SA 可以自己定义，当使用交换机时必须使用唯一的以太网源地址；不使用交换机时，数据包以广播或点对点形式传输，并不要求这一地址具有唯一性。

（5）帧数据（PDU）：以太网型协议数据单元，是以太网帧的数据区，它又可分解为类型（Ethertype）、应用标识（APPID）、长度（Length）、应用协议数据单元（APDU）和保留区 5 部分。

1）Ether type：2 个字节的以太网帧类型标识，不同的以太网类型都有唯一的标识码。基于 ISO/IEC 8802-3 的 MAC 子层以太网类型由 IEEE 著作权注册机构进行注册，对于 SV，所注册的以太网类型为 0x88-BA（16 进制）；对于 GOOSE，所注册的以太网类型为 0x88-B8（16 进制）。

2）APPID（Application ID）：2 个字节的应用信息标识码，用于选择包含模拟量采样值的信息和用于区别应用关联，IEC 61850 标准为采样值保留的值范围是 0x4000~0x7FFF（16 进制）。

3）Length：协议数据单元的长度，包括从 APPID 开始的以太网型 PDU 的 8 位位组数目，用 2 个字节表示，其值为 $8+m$（$m<1480$，m 位 APDU 的字节数）。

4）APDU（Application Protocol Data Unit）：应用数据，由应用协议控制信息（APCI）和应用服务数据单元（ASDU）组成，长度根据应用服务数据的长度而改变，这部分内容具体包含 SV 采样值信息或 GOOSE 信息。

5）保留区：Reserved1/Reserved2，IEC 61850 预留了这 4 个字节的空间，用于将来标准化应用。

（6）帧校验序列（FCS）：32 位的帧数据校验码，由除了帧前同步信号和自身以外的所有内容计算得出的循环冗余校验码（CRC）。这部分由发送方计算填充，接收方收到帧后用相同的方式重新计算 CRC，并与这部分内容比较，以校验帧在网络传输过程中是否出错。

4.3.2 GOOSE 服务

IEC 61850 中定义了通用变电站事件 GSE（Generic Substation Event）模型，该模型提供了在全系统范围内快速可靠地输入、输出数据值的功能。GSE 分为两种不同的控制类和报文结构：面向通用对象的变电站事件 GOOSE，支持由数据集 DataSet 组织的公共数据交换；通用变电站状态事件 GSSE（Generic Substation State Event），用于传输状态变位信息（双比特）。两者对抽象通信服务模型控制块的属性和服务定义较类似，主要区别在于报文传输内容和实现机制的不同。GSSE 基于传统的以太网实现，其报文不含有 VLAN 优先级和虚拟局域网标签。GSSE 传输服务映射于 OSI 全部 7 层协议堆栈中，存在协议堆栈传输延时。GOOSE 采用以太网虚拟局域网和流量优先级技术，其服务仅映射 OSI 中的 4 层，可实现对可靠性和实时性要求严格的报文传输。

GOOSE 报文的网络传输过程与普通网络报文不同，它是从应用层经过表示层 ASN.1 编码后，直接映射到底层的数据链路层和物理层而不经 TCP/IP 协议，即不经网络层和传输层。GOOSE 报文传输的协议堆栈如图 4-12 所示。这种映射方式避免了通信堆栈造成的传输延时，从而保证了报文传输的实时性。

	GOOSE
应用层	IEC 61850-8-1
表示层	ASN.1/BER
会话层	
传输层	
网络层	
链路层	以太网/IEC 802.1Q
物理层	光纤/双绞线

图 4-12 GOOSE 报文传输的协议堆栈

TCP 传输层协议具有按序交付、差错检查、重发等可靠性机制。过程层 GOOSE 传输由于缺少了传输层，因此在应用层采取措施保证其可靠性。

（1）重发机制。虽然 GOOSE 报文传输是触发机制，但出于可靠性考虑，即使外部状态不再变化，也应重发，只是重发间隔逐渐拉长。

（2）报文中应携带"报文存活时间"（TAL）和数据品质等参数。如果接收端在 2× TAL 时间内未收到任何报文（网络中 2 个连续帧丢失），此时接收端认为后续报文均是错误的。

4.3.2.1 GOOSE 发送机制

GOOSE 报文的发送采用心跳报文和变位报文快速重发相结合的机制，以数据集的形式按照如图 4−13 所示的 GOOSE 报文传输时间规律执行。在 GOOSE 数据集中的数据无变化的情况下，装置平均每隔 T_0 时间发送一次当前状态，即心跳报文，其中 T_0 称为心跳时间，当装置中有事件发生（如断路器状态变位时），GOOSE 数据集中的数据发生变化，装置立刻发送一次该数据集的所有数据，然后以最短时间间隔 T_1 发送第 2 帧及第 3 帧，再以间隔 T_2、T_3 发送第 4、5 帧，T_2 为 $2T_1$，T_3 为 $4T_1$。

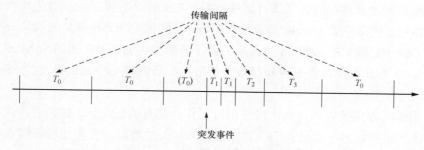

图 4−13　GOOSE 报文传输时间

T_0—稳定条件下，心跳报文传输间隔；(T_0)—稳定条件下，心跳报文传输可能被事件打断；

T_1—事件发生后，最短的重传间隔；T_2、T_3—获得稳定条件的重传间隔

在工程应用中，T_0 一般设为 5s，T_1 一般设为 2ms，根据 GOOSE 报文的发送机制，GOOSE 数据变位前始终以 5s 时间间隔发送心跳报文，一旦变化时立刻以 2ms—2ms—4ms—8ms 的时间间隔重发 5 帧 GOOSE 报文，结束后再以 5s 时间间隔发送心跳报文。

在 GOOSE 报文中有两个重要的参数，状态序号 StNum（State Number）和顺序号 SqNum（Sequence Number）。StNum 用于记录 GOOSE 数据发生变位的总次数，SqNum 用于记录稳态情况下报文发出的帧个数。当数据变位时第 1 帧报文中 StNum 增加 1，SqNum 从零开始，随后报文中 StNum 不变，SqNum 递增。

如图 4−14 所示，对 StNum 和 SqNum 的变化规律进行了示例。初始上电，StNum=1，SqNum=1；假定时刻 2 的 StNum=15，SqNum=7；经过 5s 心跳时间至时刻 3，StNum 不变，SqNum=8；至时刻 4（下一帧心跳报文之前），发生保护动作跳 A 相事件，此时发送跳闸变位报文，StNum 增加 1，SqNum 清零，即 StNum=16，SqNum=0，随后时刻 5、6、7，SqNum 递增。至时刻 8，"保护动作信号返回"发生，此时 StNum=17，SqNum=0；

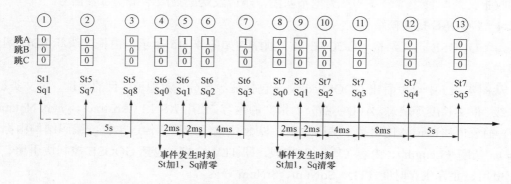

图 4−14　GOOSE 报文传输中 sqNum、stNum 变化过程

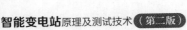
接下来按照 2ms—2ms—4ms—8ms 的时间间隔依次发送 4 帧 GOOSE 报文。第 13 时刻恢复为发送心跳报文，此时 StNum=17，SqNum=5。

4.3.2.2　GOOSE 接收机制

装置接收 GOOSE 报文时严格检查 AppID、GOID、GOCBRef、DataSet、ConfRev 等参数是否匹配，具体 GOOSE 接收机制根据单网或者双网连接方式有所差异。

装置采用单网方式接收的，其缓冲区接收到新的 GOOSE 报文时，首先比较新接收帧和上一帧 GOOSE 报文中的 StNum 参数是否相等，若两帧 GOOSE 报文的 StNum 相等，继续比较两帧 GOOSE 报文的 SqNum 的大小关系，若新接收 GOOSE 帧的 SqNum 大于上一帧的 SqNum，丢弃此报文，否则更新接收方的数据。若两帧 GOOSE 报文的 StNum 不相等，更新接收方的数据。

装置采用双网方式接收的，两个网络同时工作，装置的 GOOSE 接收缓冲区接收到新的 GOOSE 报文，接收方严格检查 GOOSE 报文的相关参数后，首先比较新接收帧和上一帧 GOOSE 报文中的 StNum。若 StNum 大于上一帧报文，则判断为新数据，更新老数据。若 StNum 等于上一帧报文，再将 SqNum 与上一帧进行比较，如果 SqNum 大于等于上一帧，则判断是重传报文而丢弃，如果 SqNum 小于上一帧，则判断发送方是否重启装置，是则更新数据，否则丢弃数据。若 StNum 小于上一帧报文，则判断发送方是否重启装置，是则更新数据，否则丢弃报文。在丢弃报文的情况下，判断该网络故障，通过网络切换装置切换到备用网络进行传输。这种方法采用双网同时工作的模式，保证了传输的快速性，由接收方判别是否通信中断并决定是否更新数据，当接收到重传或因某一网络故障而传输的错误信息时，并不会更新数据，从而保证了数据的可靠性。

目前，国内智能变电站工程实施中通常采用 GOOSE 单网接收方式，以保证信息交互的一一对应，即单装置接单网，过程层双网之间不进行信息交互。

4.3.2.3　GOOSE 告警机制

GOOSE 通信中断发送网络断链告警信号，链路的通断依据报文允许生存时间 TTL（Time Allowed to Live）参数判断，定义在接收报文的允许生存时间的 2 倍时间内没有收到下一帧 GOOSE 报文时判断为中断，一般将允许生存时间设定为 2 倍的心跳时间，即 $2T_0$。通过 GOOSE 通信告警机制也实现了装置间二次回路状态在线监测。此外，GOOSE 通信时接收报文的配置版本号及 DA 类型不匹配，也应发送配置版本错误告警信号。

4.3.2.4　GOOSE 报文帧结构

（1）GOOSE 报文结构。GOOSE 报文帧结构如图 4-15 所示，由报文头和 PDU 两部分组成。

从图 4-15 中可以看出 GOOSE 报文头包括前导部分、源地址、目的地址、报文类型、优先级、报文长度等信息。APDU 部分为报文的内容，使用 ASN.1（Abstract Syntax Notation One）抽象语法标记，使用基本编码规则，以 8 位位组为基本传送单位，编码结构由标记（Tag）、长度（Length）、内容（Value）构成，即 TLV 结构，包括 GOOSE 控制块引用、数据集引用、允许生存时间 TTL、SqNum、StNum 等内容。

（2）GOOSE 报文分析。GOOSE 报文头部分如图 4-16 所示。

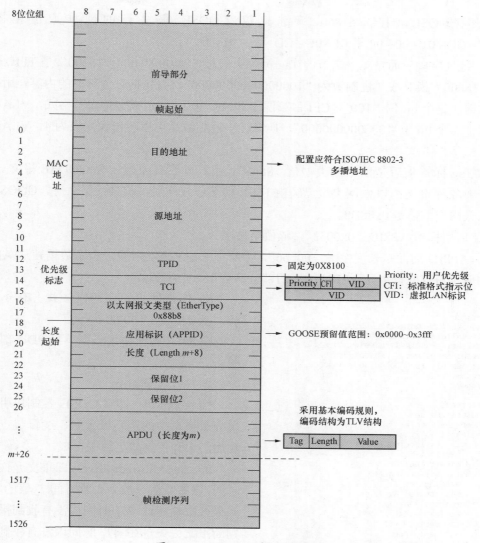

图 4-15 GOOSE 报文帧结构

```
⊟ Ethernet II (VLAN tagged), Src: CableTel_00:00:33 (00:10:00:00:00:33), Dst: Iec-Tc57_01:00:33 (01:0c:cd:01:00:33)
  ⊞ Destination: Iec-Tc57_01:00:33 (01:0c:cd:01:00:33)
  ⊞ Source: CableTel_00:00:33 (00:10:00:00:00:33)
  ⊞ VLAN tag: VLAN=0, Priority=Controlled Load
    Type: IEC 61850/GOOSE (0x88b8)
⊟ GOOSE
    APPID: 0x0033 (51)
    Length: 182
    Reserved 1: 0x0000 (0)
    Reserved 2: 0x0000 (0)
  ⊞ goosePdu
```

图 4-16 GOOSE 报文头部分

图 4-16 中各参数含义如下:

1) 6 个字节的目的地址 "01:0c:cd:01:00:33" 和 6 个字节的源地址 "00:10:00:00:00:33"。对于 GOOSE 报文的目的地址, 前三个字节固定为 "01-0C-CD", 第四个字节为 "01"

时代表 GOOSE。IEC 61850 标准建议 GOOSE 报文目的地址取值范围为 01-0C-CD-01-00-00 至 01-0C-CD-01-01-ff。

2）地址字段后面是 4 个字节的 Tag 标签头信息“81 00 80 00”。“8100”是 TPID 的固定值；“8000”换算成二进制数为“1000000000000000”，它包括三个部分的内容，用户优先级占据前三个 bit 位“100”，CFI 占第四个 bit 位“0”，表示报文是规范格式，VLAN ID 占最后十二个 bit 位“000000000000”，换算成十进制数后可以看出优先级为 4，VLAN ID 为 0。

3）Tag 标签头后是以太网类型值“88b8”，代表该数据帧是一个 GOOSE 报文。IEC 61850 中各种报文的以太网类型已经由 IEEE 的著作权注册机构进行了注册，GOOSE 报文的以太网类型值是 0x88B8。

4）应用标识 APPID“0x0033”，该值全站唯一。

5）APPID 后面是长度字段“00 b6”，换算成十进制数为 182，表示数据帧从 APPID 开始到应用协议数据单元 APDU 结束的部分共有 182 个字节。

6）保留位 1 和保留位 2 共占有 4 个字节，默认值为“00 00 00 00”。

GOOSE 报文协议数据单元 PDU 部分如图 4-17 所示。

```
⊟ goosePdu
    gocbRef: IM5001RPIT/LLN0$GO$gocb1
    timeAllowedtoLive: 10000
    datSet: IM5001RPIT/LLN0$dsGOOSE1
    goID: IM5001RPIT/LLN0$GO$gocb1
    t: Jan  1, 1970 00:00:00.000000000 UTC
    stNum: 1
    sqNum: 28
    test: False
    confRev: 1
    ndsCom: False
    numDatSetEntries: 45
  ⊟ allData: 45 items
    ⊟ Data: bit-string (4)
        Padding: 6
        bit-string: 80
    ⊟ Data: bit-string (4)
        Padding: 6
        bit-string: 80
    ⊟ Data: boolean (3)
        boolean: True
    ⊟ Data: boolean (3)
        boolean: True
    ⊟ Data: floating-point (7)
        floating-point: 083f800000
    ⊟ Data: floating-point (7)
        floating-point: 0840000000
```

图 4-17　GOOSE 报文协议数据单元 PDU 部分

各参数含义如下：

1）gocbRef：即 GOOSE 控制块引用，由分层模型中的逻辑设备名、逻辑节点名、功能约束和控制块名级联而成。

2）timeAllowedtoLive：即报文允许生存时间，该参数值一般为心跳时间 T_0 值的 2 倍，如果接收端超过 $2T_0$ 时间内没有收到报文则判断报文丢失，在 $4T_0$ 时间内没有收到下一帧报文即判断为 GOOSE 通信中断，判出中断后装置会发出 GOOSE 断链报警。

3）dataset：即 GOOSE 控制块所对应的 GOOSE 数据集引用名，由逻辑设备名、逻辑节点名和数据集名级联而成。报文中 Data 部分传输的就是该数据集的成员值。

4）goID：该参数是每个 GOOSE 报文的唯一性标识，该参数的作用和目的地址、APPID 的作用类似。接收方通过对目的地址、APPID 和 goID 等参数进行检查，判断是否是其所订阅的报文。

5）t：即 Event TimeStamp，事件时标，其值为 GOOSE 数据发生变位的时间，即状态号 stNum 加 1 的时间。

6）StNum：即 State Number，状态序号，用于记录 GOOSE 数据发生变位的总次数。

7）SqNum：即 Sequence Number，顺序号，用于记录稳态情况下报文发出的帧数，装

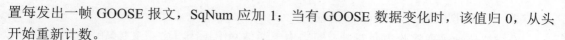

置每发出一帧 GOOSE 报文，SqNum 应加 1；当有 GOOSE 数据变化时，该值归 0，从头开始重新计数。

8）test：检修标识，用于表示发出该 GOOSE 报文的装置是否处于检修状态。当检修压板投入时，test 标识应为 True。

9）confRev：配置版本号，Config Revision 是一个计数器，代表 GOOSE 数据集配置被改变的次数。当对 GOOSE 数据集成员进行重新排序、删除等操作时，GOOSE 数据集配置被改变。配置每改变一次，版本号应加 1。

10）ndsCom：即 Needs Commissioning，该参数是一个布尔型变量，用于指示 GOOSE 是否需要进一步配置。

11）NumDataSetEntries：即数据集条目数，图 4-17 中其值为"19"，代表该 GOOSE 数据集中含有 19 个成员，相应地报文 Data 部分含有 19 个数据条目。

12）Data：该部分是 GOOSE 报文所传输的数据当前值。Data 部分各个条目的含义、先后次序和所属的数据类型都是由配置文件中的 GOOSE 数据集定义的。

4.3.3 SV 服务

IEC 61850 中定义了抽象的采样值传输模型和服务 SV，与 GOOSE 服务类似，采用发布者/订阅者通信结构，其采样值协议数据单元 PDU 在经过表示层 ASN.1 基本编码规则 BER 编码后，生成的数据包不经 TCP/IP 协议，直接映射到数据链路层，以保证数据传输满足实时性要求。

由于采样对象以及通信技术变化发展，关于采样值 SV 的相关标准较多，主要有 IEC 60044-8（FT3）、IEC 61850-9-1、IEC 61850-9-2、IEC 61850-9-2LE。

（1）IEC 60044-8（FT3）是专为电子式互感器制定的标准，采用点对点串行数据接口，因为采用的 IEC 60870-5-1 的 FT3 格式，所以常称之为 FT3 格式。

（2）IEC 61850-9-1 标准用于通过单向多路点对点串行通信链路的采样值，属于中间过渡标准，已经废止并在工程中不再应用。

（3）IEC 61850-9-2 标准用于通过 ISO/IEC 8802-3 的采样值，数据模型配置灵活，能够提供采样值发送及数据模型访问服务多种服务，对软件和硬件要求高。

（4）IEC 61850-9-2LE 是 IEC 61850-9-2 的简化版，通过固化数据模型，简化服务，降低配置难度减少工作量。

4.3.3.1 SV 发送机制

合并单元发送给保护、测控的采样值频率为 4kHz，SV 报文中每个应用协议数据单元 APDU 部分配置 1 个应用服务数据单元 ASDU，发送频率应固定不变；电压采样值为 32 位整型，1LSB=10mV，电流采样值为 32 位整型，1LSB=1mA，其中 LSB（Least Significant Bit）表示最低有效位；采用直接采样方式的所有 SV 网口或 SV、GOOSE 共用网口同一组报文应同时发送，除源 MAC 地址外，报文内容应完全一致，系统配置时不必体现物理网口差异。

4.3.3.2 SV 接收机制

采样值传输采取接收方负责制，即当由于通信网络原因导致报文传输丢失时，发布者并不重发，因为此时采集最新的电流、电压信息更为必要，一旦发生漏包情况，接收方（如保护设备）必须能够检测出来。接收方应严格检查 AppID、SMVID、ConfRev 等参数是否匹配；SV 采样值报文接收方应根据收到的报文和采样值接收控制块的配置信息，判断报文配置不一致、丢帧、编码错误等异常出错情况，并给出相应报警信号；SV 采样值报文接收方应根据采样值数据对应的品质中的 validity、test 位，来判断采样数据是否有效，以及是否为检修状态下的采样数据；SV 采样值报文接收方根据报文中采样计数器参数 SmpCnt 判断是否漏包；SV 中断后，该通道采样数据清零。

4.3.3.3 SV 告警机制

保护装置的接收采样值异常应发送告警信号，包括对应合并单元的采样值无效和采样值报文丢帧告警。SV 通信时对报文的配置版本号、ASDU 数目及采样值数目不一致时应发送配置不一致告警信号。保护装置的接收采样值异常应送出告警信号，设置对应合并单元的采样值无效和采样值报文丢帧告警；SV 通信时对接收报文的配置不一致信息应送出告警信号，判断条件为配置版本号、ASDU 数目及采样值数目不匹配；ICD 文件中，应配置逻辑节点 SVAlmGGIO，其中配置足够多的 Alm 用于 SV 告警，SV 告警模型应按 inputs 输入顺序自动排列，系统组态配置 SCD 时添加与 SV 配置相关的 Alm 的 desc 描述和 dU 赋值。

4.3.3.4 SV 报文帧结构

根据 IEC 61850−9−2，SV 报文在数据链路层上采用 ISO/IEC 8802−3 版本的以太网协议，SV 报文在帧结构上和 GOOSE 报文相同，只是数据帧的取值有差异。SV 报文同样由报文头和协议数据单元 PDU 两部分组成，报文头部分如图 4−18 所示，协议数据单元 PDU 部分如图 4−19 所示。

```
⊞ Frame 1: 317 bytes on wire (2536 bits), 317 bytes captured (2536 bits)
⊟ Ethernet II (VLAN tagged), Src: Iec-Tc57_01:00:16 (00:0c:cd:01:00:16), Dst: Iec-Tc57_04:00:30 (01:0c:cd:04:00:30)
  ⊞ Destination: Iec-Tc57_04:00:30 (01:0c:cd:04:00:30)
  ⊞ Source: Iec-Tc57_01:00:16 (00:0c:cd:01:00:16)
  ⊟ VLAN tag: VLAN=518, Priority=Controlled Load
      Identifier: 802.1Q Virtual LAN (0x8100)
      100. .... .... .... = Priority: Controlled Load (4)
      ...0 .... .... .... = CFI: Canonical (0)
      .... 0010 0000 0110 = VLAN: 518
    Type: IEC 61850/SV (Sampled Value Transmission (0x88ba)
⊟ IEC61850 Sampled Values
    APPID: 0x4030
    Length: 299
    Reserved 1: 0x0000 (0)
    Reserved 2: 0x0000 (0)
  ⊞ savPdu
```

图 4−18 SV 报文头部分

SV 报文头各参数含义如下：

（1）6 个字节的目的地址"01 0c cd 04 00 30"和 6 个字节的源地址"00 0c cd 01 00 16"。IEC 61850−9−2 SV 报文的目的地址，前三个字节固定为"01−0C−CD"，第四个字节为 04。IEC 61850 标准中推荐 SV 报文目的地址取值范围为 01−0C−CD−04−00−00 至 01−0C−CD−04−01−ff。

```
☐ savPdu
    noASDU: 1
  ☐ seqASDU: 1 item
    ☐ ASDU
        SVID: MT3301A030MUSV/LLN0.smvcb1
        smpCnt: 430
        confRef: 1
        smpSynch: none (0)
      ☐ PhsMeas1
          value: 1308
        ☐ quality: 0x00000000, validity: good, source: process
            .... .... .... .... .... .... ..00 = validity: good (0x00000000)
            .... .... .... .... .... .... .0.. = overflow: False
            .... .... .... .... .... .... 0... = out of range: False
            .... .... .... .... .... ...0 .... = bad reference: False
            .... .... .... .... .... ..0. .... = oscillatory: False
            .... .... .... .... .... .0.. .... = failure: False
            .... .... .... .... .... 0... .... = old data: False
            .... .... .... .... ...0 .... .... = inconsistent: False
            .... .... .... .... ..0. .... .... = inaccurate: False
            .... .... .... .... .0.. .... .... = source: process (0x00000000)
            .... .... .... .... 0... .... .... = test: False
            .... .... .... ...0 .... .... .... = operator blocked: False
            .... .... .... ..0. .... .... .... = derived: False
        value: 5367
```

图 4-19 协议数据单元 PDU 部分

（2）地址字段后面是 4 个字节的 Tag 标签头信息"81 00 80 01"。该字段的含义同 GOOSE 报文编解码。

（3）Tag 标签头后是以太网类型值"88 ba"，代表该数据帧是一个采样值报文。IEC 61850 中各种报文的以太网类型已经由 IEEE 的著作权注册机构进行了注册，其中 IEC 61850-9-2 采样值报文的以太网类型值被注册为 0x88BA。

（4）应用标识 APPID "40 30"，该值全站唯一。

（5）APPID 后面是长度字段 Length：299，表示数据帧从 APPID 开始到 APDU 结束的部分共有 299 个字节。

（6）保留位 1 和保留位 2 共占有 4 个字节，默认值为"00 00 00 00"。

SV 协议数据单元 PDU 各参数含义如下：

（1）SVID：即采样值控制块标识，由合并单元模型中的逻辑设备名、逻辑节点名和控制块名级联组成。

（2）smpCnt：采样计数器用于检查数据内容是否被连续刷新，合并单元每发出一个新的数据 smpCnt 应加 1。

（3）confRef：配置版本号含义与 GOOSE 报文中的 ConfigRevision 类似。配置每改变一次，配置版本号应加 1。

（4）smpSynch：同步标识位用于反映合并单元的同步状态。当同步脉冲丢失后，合并单元先利用内部晶振进行守时。当守时精度能够满足同步要求时，应为 TRUE；当不能够满足同步要求时，应变为 FALSE。

（5）PhsMeas1。"PhsMeas1"中各个通道的含义、先后次序和所属的数据类型都是由配置文件中的采样数据集定义的。

（6）品质值 quality。品质值包含 4 个字节，前 2 个字节暂时保留，后 2 个字节共 16 位，其中有效位为 14 位，具体见表 4-1。

表 4-1   品质值有效位释义表

bit0	bit1	bit2	bit3	bit4	bit5
validity（有效） 00：good（好）； 01：invalid（无效）； 10：reserved（保留）； 11：questionable（可疑）		overflow（溢出） 0：无溢出； 1：溢出	outofrange（超值域） 0：正常； 1：超值域	badreference（坏基准值） 0：正常； 1：坏基准值	oscillatory（抖动） 0：无抖动； 1：抖动
bit6	bit7	bit8	bit9	bit10	bit11
failure（故障） 0：无故障； 1：有故障	olddata（旧数据） 0：无超时； 1：数据超时	inconsistent（不一致） 0：一致； 1：不一致	inaccurate（不精确） 0：精确； 1：不精确	source（源） 0：process 过程； 1：substituted 被取代	test（测试） 0：运行； 1：测试
bit12	bit13	bit14	bit15		
opb（操作员闭锁） 0：不闭锁； 1：闭锁	derived（连接互感器） 0：已连接； 1：未连接	保留	保留		

在 SV 采样报文中主要注意 3 个标志位，即状态有效标志 validity、检修标志位 test、互感器连接标志位 derived。结合表 4-1，在上述报文中 3 个标志位的具体含义如下：

（1）状态有效标志 validity。如果一个电子式互感器内部发生故障（例如传感元件损坏），那么相应通道的状态有效标志位应置为无效。此时保护装置需要有针对性地增加相应的处理内容，例如线路保护装置，当保护电压通道无效时，应闭锁与电压相关的保护（如距离保护），退出方向元件等。

（2）检修标志位 test。检修标志位用于表示发出该采样值报文的合并单元是否处于检修状态。当检修压板投入时，合并单元发出的采样值报文中的检修位应为 TRUE。接收端装置应将接收的采样值报文的 test 位与自身的检修压板状态进行比对，只有当两者一致时才将信号作为有效处理或动作。

（3）互感器连接标志位 derived。derived 标志用于反映该通道的电压电流是否为合成量。报文中为 0 表示数据为从互感器直接采样所得，而非合成计算。

4.3.4 优先级和虚拟局域网技术

以太网基于载波多路访问和冲突检测（CSMA/CD）机制，任何网络中的通信设备都会在发送数据之前侦听网络是否空闲，如果网络上有数据传输，则欲发送数据的设备会退回向网络发送的数据，等待一定延时后再侦听网络是否空闲，直至网络空闲才发送数据。这样，实时数据和非实时数据在同一个网络中传输时，容易发生竞争服务资源的情况。优先级技术通过 IEEE 802.1Q 优先级标签使网络中具有高优先级的数据帧获得更快的响应速度。智能变电站过程总网络中负载的种类较多，且不同信息的实时性要求也不相同，为了区分 SV 报文、GOOSE 报文和总线上的低优先级负载，IEC 61850 采用了符合 IEEE 802.1Q 的优先级标签，使过程层能够实现实时数据的快速可靠传输。

虚拟局域网（VLAN）是一种利用现代交换技术，将局域网内的设备逻辑地、而非物理地划分成多个网段的技术。这样，智能变电站过程层的设备可以在物理上组成一个庞大的网络，但是从逻辑上将需要交互信息的设备划分在同一个 VLAN 中，一个物理网络可以划分成多个 VLAN，从而可靠控制了网络信息的传输途径，有效保证了重要网段的安全性。网络中的信息通过报文中 VLAN 标识符（VID）来决定处于哪个虚拟局域网内。交换机接收到带有 VID 的报文后，只会将该报文转发到属于该 VLAN 的端口上，而不是所有的端口上，因此可有效限制广播报文，节省带宽。

IEEE 802.1Q 中将优先级标签和 VLAN 标号定义都在一个 VLAN 标签字段中，其结构如图 4-20 所示。

前两个字节是 IEEE 802.1Q 的标签类型，该值应为 0x8100。后两个字节为标签控制信息，其中前 3bit 是用户优先级字段，可标记 8 种不同优先级的报文（0 至 7 每个数字表示一个优先级）；最后的 12bit 是 VLAN 的标识符（VID），它唯一的标识了该以太网帧属于哪个 VLAN。

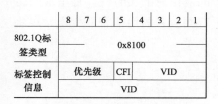

图 4-20 IEEE 802.1Q 定义的
VLAN 标签格式

具有优先级和 VLAN 功能的以太网数据帧比普通的以太网帧多了 4 个字节的标记，如图 4-21 所示，标记在源地址之后，用以标识数据优先权以及虚拟局域网的网络号。

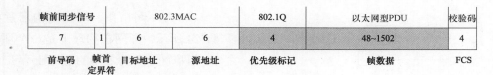

图 4-21 具有优先级标记的以太网帧

4.4 过程层网络

经历多年的试点和发展，智能变电站网络传输方式目前已经基本应用成熟。考虑继电保护速动性的要求，相关技术标准中对 220kV 及以上变电站中重要回路采用直接采样直接跳闸方式，跨间隔之间保护的联锁、闭锁信号可采用网络传输方式；110kV 及以下变电站可采用网络采样网络跳闸方式。

4.4.1 网络拓扑结构

（1）点对点拓扑。点对点通信也是一种典型可靠的网络拓扑结构，该拓扑不需要交换机，直接通过光纤连接智能设备，没有交换机的通信延时；对网络设备的要求较低，不存在网络风暴隐患；任意网络故障只影响最少连接设备，具有较高的安全性和可靠性。该拓扑的缺点在于设备通信需要较多网口，也需要较多的光纤，无法实现数据最大化共享。但从继电保护的角度考虑，本间隔的保护跳闸命令实际上只是和本间隔的智能终端有关系，与其他间隔关联度不大，也无信息交换。点对点通信即可实现过程层信息的数字化，也满足继电保护快速性、可靠性的要求。点对点结构示意如图4-22所示。

（2）星形网。星形网结构示意如图4-23所示，星形网的优点在于网络架构清晰简单，任意两点之间通信最多经过三级交换机，延时较少，没有网络重构问题；缺点在于冗余度比环网稍差，任意一点故障都会造成该点通信中断但不会影响其他点通信。星形网结构简单，且对交换机没有特殊要求，一般可以通过双网来增加冗余，其冗余度要高于单网。星形网络通过双网的冗余，完全可以满足变电站站控层的可靠性要求，且也能满足过程层跨间隔信息的实时性，且星形网络不会产生网络风暴，不存在全网瘫痪的隐患，因此，星形双网较多的用于智能变电站过程层跨间隔网络和站控层网络。

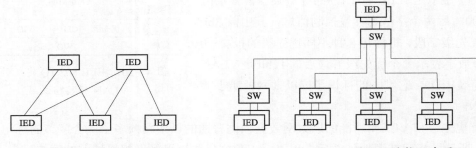

图4-22　点对点结构示意图　　　　图4-23　星形网结构示意图

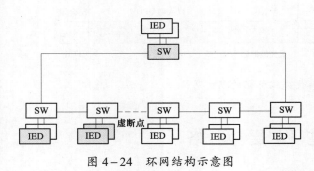

图4-24　环网结构示意图

（3）环网拓扑。环网结构示意如图4-24所示。环网在物理上是一个环，但在某两个交换机之间的链路上存在一个虚断点，图4-24中SW为交换机，虚线为环网的虚断点。因此，环网链路上却是一条总线。环网的虚断点由交换机之间的生成树协议决定，且这一虚断点可随着网络链路的变化而变化，环网中同一时刻只存在唯一一个链路上的虚断点。环网的优点在于冗余度较高，环中任意一点故障不会引起通信中断；其缺点在于通信经过多级交换机延时增加，因故障引起的网络重构时间较长；每台交换机均通过全站所有数据，每台交换机均需要强大的交换处理功能；如果虚断点不能可靠将链路断开，容易形成网络风暴而导致全网瘫痪；不同厂家的交换机可能采用不同的生成树协议，不便于组网。环网可以减少站控层交换机的投资，但需要注意网络风暴的抑制。

4.4.2　过程层网络实时性分析

通信网络的实时性能是由网络带宽、访问仲裁/传输控制方法、优先级、组网方式等诸多因素共同决定的。

4.4.2.1　以太网的延迟不确定性

以太网采用的是载波侦听多路访问/冲突检测 CSMA/CD（Carrier Sense Multiple Access with Collision Detection）的介质控制方法，网络上的一个通信设备视为一个节点，各节点采用二进制指数退避算法（BEB）处理报文冲突：节点在访问网络之前，首先侦听网络是否空闲，如空闲则发送数据，如繁忙则等待；节点发送完一帧报文之后等待一个帧间隔时间，以留给其他节点访问网络的机会；当 2 个或多个节点同时访问网络时，就会产生数据冲突，所有冲突的节点会按照一定的退避算法随机延迟一定时间，然后重新侦听网络，试图获得网络的访问权，只有当侦听到网络是空闲的才访问网络。因其时间滞后是随机的，实质上以太网是一种通信延迟不确定性的网络系统。

4.4.2.2　延时估算

网络传输延时由以下四部分组成：

（1）交换机存储转发延时 T_{SF}。现代交换机都是基于存储转发原理的，因此单台交换机的存储转发延时等于帧长除以传输速率。以 100Mbps 光口为例，以太网最大帧长是 1522B，加上同步帧头 8B，交换机存储转发最长延时为 122μs。

（2）交换机交换延时 T_{SW}。交换机交换延时为固定值，取决于交换机芯片处理 MAC 地址表、VLAN、优先级等功能的速度。一般工业以太网交换机的交换延时不超过 10μs。

（3）光缆传输延时 T_{WL}。光缆传输延时为光缆长度除以光缆光速（约 2/3 倍光速），以 1km 为例，光缆传输延时约 5μs。

（4）交换机帧排队延时 T_Q。交换机发生帧冲突时均采用排队方式顺序传送，这给交换机延时带来不确定性。考虑最不利的情况，即交换机（共 K 个端口）所有其他 $K-1$ 个端口同时向另一端口发送报文。忽略帧间隔时间，最长帧排队延时约为 $(K-1)T_{SF}$，最短排队延时则为 0，平均排队延时为 $(K-1)T_{SF}/2$。

根据以上分析，可估算最不利情况下经过 N 台交换机的最长报文网络传输延时 T_{ALL} 为：

$$T_{ALL} = N(T_{SF} + T_{SW} + T_Q) + T_{WLA}$$

式中：T_{WLA} 为报文经过 N 台交换机的光缆传输总延时；T_Q 用平均排队延时评估，最不利情况下，所有交换机其他端口均同时向目的端口或交换机级联端口发送最长报文。

按星形结构计算，以 2 台交换机级联，每台交换机 18 个 100Mbit/s 光口、光缆总长 1km 为例，最不利情况下网络传输延时为：

$$T_{ALL} = 2 \times [122μs + 10μs + (18-1) \times 122μs/2] + 5μs \approx 2.343ms$$

因此，普通以太网的访问仲裁/传输控制方法使实时性能只能满足站控层的要求，网络传输延时的不确定性不能确保满足采样值和保护跳闸传输小于 3ms 的时间要求以及保护事件传输 2～10ms 之间的时间要求。

4.4.3　过程层网络可靠性分析

4.4.3.1　网络风暴影响

以太网介质中，当网络数据量迅速膨胀，远远大于正常时的使用量，直到交换机端口过于繁忙或链路无法承受数据包丢失而失去稳定，这种导致网络无法正常通信的情况称为网络风暴。网络风暴的数据中多数为各种广播包，它们会同时扩展到整个以太网环境中，导致了整个网络瘫痪，网络风暴也称为广播风暴。导致网络风暴的原因主要有以下三方面。

（1）局域网内广播节点太多。在 ISO/OSI 模型下，以太网络链路层通信的寻址主要由地址解析协议（ARP）完成，寻址请求是通过发送链路层广播数据包完成的。这是大型交换环境中的主要广播数据来源。其他的还有 DHCP 协议等。在交换环境中，寻址工作由交换机完成。交换机中保留链路层地址（MAC Address）与端口的映射关系，类似于三层环境中路由器和路由表的作用。正常通信时，交换机只在必要的端口间传输数据，但广播包例外，它会发送到所有的物理端口，以保证所有主机都能够收到，这是由广播包在交换式以太网中的特殊作用决定的。因此，在节点大于 300 的交换环境中，如果不隔离广播域，导致在一个广播域中节点数太多，就容易出现广播流量大，产生网络风暴。

对策：通过 VLAN 等技术，隔离广播域。VLAN 基于交换技术，可以把原来一个广播域的局域网逻辑地划分为若干个子广播域。在子广播域的广播包只能在该子广播域传送，而不会传送到其他广播域中，有效起到分割广播域的作用，从而有助于抑制网络风暴，提高管理效率。不同 VLAN 之间根据安全等级和权限等级进行 VLAN 优先级区分，并通过访问控制列表控制 VLAN 之间的安全，实现虚拟工作组的同时增强了网络的安全性。

（2）网卡损坏。网卡物理损坏也会引起网络风暴。损坏的网卡，会不停向交换机发送大量的数据包，产生大量无用的数据包，导致网络风暴。因为损坏的网卡一般还能通信交互信息，故障比较难排除，所以要借用局域网管理软件，查看网络数据流量，确定故障点的位置。

对策：加强网络监控，通过网管软件捕获网络流量进行详细分析和系统诊断，及时发现故障隐患。

（3）链路环路（loop）。当物理链路中出现环路，并稳定存在时，广播数据包会沿着环路不断传播而且会无限地循环下去。类似的情况，工作在三层的 IP 协议数据包会因其生存时间（TTL）不断减小而逐渐消亡。但智能变电站过程层网络交互环境中，数据直接工作在以太网的链路层，这些数据不但不会消失，而且环路沿途的交换机中其他的广播包也会不断地加入这个无限循环中来。只要环路不拆除，循环的工作模式会一直持续下去，形成网络风暴。

对策：智能变电站过程层网络应采用星形网络拓扑，不适宜采用环形结构。同时星形结构一般不会出现环路，但在系统实施、维护期间，应正确接线，避免网络中出现环路，同时要保证交换机版本的定期升级，减少其自身性能所造成的隐性故障。

4.4.3.2　网卡溢出影响

网络带宽和 IED 的 CPU 处理能力是 SV 和 GOOSE 报文传输性能的最大约束。

SV 和 GOOSE 报文为多播报文，多播报文在交换机中如果不进行任何处理，就是广播转发。SV 报文在网络中流量非常大，若采样率为 4kHz，则单个合并单元每秒向网络发送 4000 个 SV 报文，网络负载将在 5～8Mbps 左右。因此，SV 网络中存在多个合并单元时，若不采取措施，接收 IED 的缓冲区很有可能溢出。单个 IED 的 GOOSE 流量不大，但当大量 GOOSE 报文同时发生时，可能引起接收装置网卡的缓冲区溢出而丢失报文，也可能引起网络负载瞬时过重而丢失报文。GOOSE 采用顺序重发机制，即使没有事件发生，网络上也有大量"心跳"多播报文存在。如果不进行合理的多播报文过滤，网络上所有 IED 发出的多播报文都会被接收，这将会对 IED 的应用程序造成严重影响。当电力系统发生故障时，很可能多 IED 同时发出大量间隔时间很短的 GOOSE 报文，可能引起 IED 网卡接收缓冲区溢出丢失报文并严重占用 CPU 资源。

（1）设置 IED 网卡多播 MAC 地址过滤报文。IEC 61850 的 9-2 部分附录 C 中规定："为了增强多播报文接收的整体性能，最好采用 MAC 硬件过滤。不同的集成电路哈希算法也不一样，推荐由系统集成商在分配目的多播地址时评估这些算法的冲突。"标准中建议了 GOOSE、GSSE、SV 的多播地址结构和取值范围，网卡多播 MAC 地址过滤虽然未能减少网络 GOOSE 报文泛滥，但可以解决 IED CPU 资源的不必要占用。网卡多播 MAC 地址过滤的缺点是难以了解或统一各厂商 IED 网卡的多播 MAC 地址过滤算法，因此，难以评估各网卡的算法冲突，可能存在过滤"漏洞"。此外，变电站改、扩建时系统集成可能会重新考虑多播地址分配，需要修改运行设备的配置。

（2）交换机多播过滤。交换机多播过滤可通过静态多播配置和动态多播分配两种方式实现。

静态多播配置，即通过配置交换机静态多播地址表实现多播报文过滤，这种方式原理简单，主要依赖交换机功能实现，但是交换机配置较复杂，IED 连接的交换机端口必须固定不变。当变电站自动化系统扩建或交换机故障更换时必然要修改或设置交换机多播配置，存在一定的安全风险。

动态多播分配方式，由交换机根据实际情况分配多播报文的路径，这种方式由交换机和 IED 设备共同完成，交换机和 IED 之间需要信息交互。动态多播分配方式实现灵活，无需过多配置，但目前动态多播管理协议还没有很好的运行经验。交换机多播过滤不仅可以解决 IED CPU 资源的不必要占用，而且可以减少网络 GOOSE 报文泛滥。

4.4.4　交换机 VLAN 配置

4.4.4.1　交换机配置 VLAN 的必要性

（1）减轻交换机和装置的负载。过程层 GOOSE 和 SV 报文都是组播报文，在没有任何处理的情况下，交换机将组播报文广播到每个端口。单个合并单元发送 SV 报文的流量约 4~7Mbps，当多个合并单元接入同一个交换机，大量 SV 报文在网络中广播，交换机实时性将受影响，接入交换机的装置端口也将被阻塞，极大影响了过程层网络的实时性、可靠性。对于 IEEE 1588 主钟，若有大量的 SV 报文涌入主钟端口，将阻塞 1588 报文的正常发送，甚至使主钟瘫痪。结合 SV 网络实时性要求高、数据流量大、数据流向单一等特点，SV 网络采用 VLAN 技术，有效隔离网络流量，将减轻交换机和装置的负载，有效提高网络的可靠性、实时性。

（2）安全隔离。GOOSE 报文相对 SV 报文，其流量小、数据流向复杂，且保护装置的配置变动较多（考虑扩建）。GOOSE 网络使用 VLAN 进行划分，有效限定 GOOSE 的传输范围，最大程度上做到每个保护端口只收所需的 GOOSE 信号，避免无关 GOOSE 信号的干扰，提高 GOOSE 网络的安全性、可靠性。

101

4.4.4.2 交换机的 VLAN 规则

交换机的具体 VLAN 传入传出规则分为正逻辑和反逻辑两种。

（1）反逻辑是指针对本台交换机传输的不同 VID 的报文，都需要填写一个禁止逻辑。如交换机传输的报文有四种 VID：301、302、303、304，就需要 4 条禁止逻辑：

Vid301　Forbidden 1 – 5，7：vid 为 301 的报文不允许通过端口 1、2、3、4、5、7；

Vid302　Forbidden 2，3 – 5：vid 为 302 的报文不允许通过端口 2、3、4、5；

Vid303　Forbidden 1，3 – 5：vid 为 301 的报文不允许通过端口 1、3、4、5；

Vid304　Forbidden 1：vid 为 301 的报文不允许通过端口 1。

（2）正逻辑是指针对本台交换机的每个端口，都需要填写一个允许逻辑。如交换机传输的报文有 12 个端口，就需要 12 条允许逻辑：

Port1　Fix 301、302：端口 1 允许通过 Vid301、Vid302；

Port2　Fix 303、304：端口 2 允许通过 Vid303、Vid304；

Port12　Fix 301、302、303、304：端口 12 允许通过 Vid301、Vid302、Vid303、Vid304。

4.4.4.3 GOOSE 交换机 VLAN 划分案例

理论上不同的数据包都可以配置不同的 VID，兼顾性能和复杂度，工程上要对不同的应用选用不同的 VLAN 划分方法。交换机静态 VLAN 有两种配置方式：一种是装置发送的报文中带有 802.1Q 帧，交换机根据 VLAN Table 规则决定数据流向；另一种是基于端口的 VLAN，即装置发送的报文中没有 802.1Q 帧，交换机将报文打上 PVID，再根据 VLAN TABLE 规则决定数据流向。第一种方法可以一定程度上简化交换机的配置，交换机只需将端口 PVID 都设为默认值 1 即可；第二种方法需要对交换机端口配置 VLAN，需要非常熟悉交换机业务流，并考虑交换机更换、改扩建所带来的影响。

交换机 VLAN 配置抽象信息流，实现高度的相似性；按远景划分，保证扩建不停机；尽量减轻保护设备的流量，空余端口作为本机全景接收端口。以 500kV 智能变电站 GOOSE 交换机方 VLAN 划分方案为例，综合对比该串交换机上涉及保护装置的通信负载情况，得到 VLAN 方案负载对比见表 4 – 2。

表 4 – 2　　　　　　　　　　VLAN 方案负载对比表

方案号	VLAN 方案	线路保护负载	断路器保护负载	母差保护负载
1	VLAN1 = 智能终端 + 电压 MU VLAN2 = 线路保护 + 断路器保测	3 × PB + 1 × PL = 7MAC	3 × IB + 2 × ML + 2 × PL + 2 × PB + PM = 30MAC	2 × PL + 3 × PB = 8MAC
2	VLAN1 = 智能终端 VLAN2 = 线路保护 + 断路器保测 + 电压 MU	2 × ML + 3 × PB + 1 × PL = 9MAC	2 × ML + 2 × PL + 2 × PB + PM = 9MAC	2 × ML + 2 × PL + 3 × PB = 10MAC
3	VLAN1 = 智能终端 + 电压 MU + 线路保护 VLAN2 = 断路器保测	2 × ML + 3 × IB + 1 × PL + 3 × PB = 30MAC	2 × ML + 2 × PL + 3 × IB + 2 × PB + PM = 36MAC	3 × PB = 6MAC
4	VLAN1 = 智能终端 VLAN2 = 电压 MU + 线路保护 VLAN3 = 断路器保测	3 × PB + 1 × PL + 2 × ML = 9MAC	2 × ML + 2 × PL + 2 × PB + PM = 9MAC	3 × PB = 6MAC

从表 4-2 可以看出：由于每台智能终端 7 个数据集，因此不宜引入保护 VLAN，应将其独立分出，排除方案 1 和方案 3。方案 4 比方案 2 多了 1 个 VLAN，但母差每串少接收 4 个 MAC，累计少接收 24 个 MAC，方案较优。方案 4 VLAN 划分如图 4-25 所示。

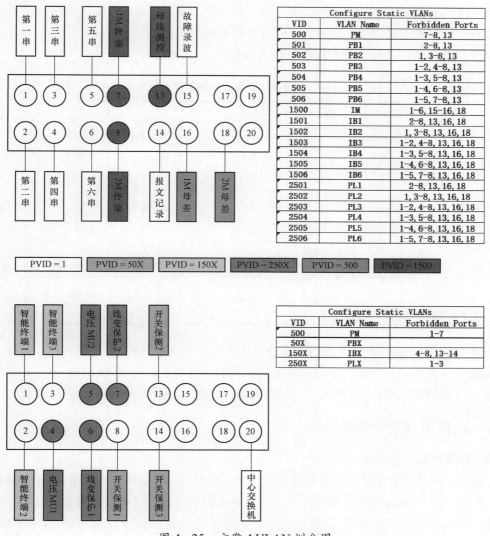

图 4-25　方案 4 VLAN 划分图

4.5　过程层测试技术

智能变电站过程层的正确性与整个继电保护系统的行为息息相关，除了常规的外部二次回路及装置基本功能外，还需要开展包括虚端子连接正确性测试、IEC 61850 报文一致性测试以及二次关键设备的性能测试。

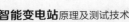

4.5.1 虚端子测试

GOOSE、SV 输入输出信号与传统屏柜的端子存在着对应的关系，将这些信号称为虚端子。进行过程层 GOOSE 和 SV 测试前应解析虚端子表并检查其正确性。配置文件是根据 IEC 61850 标准建立的一种 XML 格式的文本文件，通常需借助配置工具的自动校验功能，检查配置文件语法中存在的错误，同时将相关虚端子信息进行可视化展示。以开入虚端子信息检查为例，其发送方和接收方对应关系见表 4-3。

表 4-3 　　　　　　　　　　　×× 线第一套保护装置 GOOSE 开入量

类别	开入量名称	信号传输方向	来源装置	对应名称	开出数据集	MAC	APPID
保护	G_断路器 TWJA	<----		断路器 A 相位置			
保护	G_断路器 TWJB	<----	利港 1 线智能终端 B	断路器 B 相位置	dsGOOSE1	01-0C-CD-01-21-06	2106
保护	G_断路器 TWJC	<----		断路器 C 相位置			
保护	G_压力低禁止重合闸	<----		压力低闭锁重合闸			
保护	远方跳闸 1	<----	220kV 母线保护 B	支路 6 跳闸	dsGOOSE1	01-0C-CD-01-21-74	2174
保护	闭锁重合闸 1	<----					

表 4-3 中为线路保护测控装置的 GOOSE 开入量虚端子列表，列出了其接收外部不同数据集的关联关系，外部输入装置包括智能终端和母线保护。通过 GOOSE 开入开出虚端子列表，使得装置间开入开出的对应关系如同传统保护信号回路一样清晰明了。

4.5.2 过程层报文一致性测试

4.5.2.1 GOOSE 收发测试

GOOSE 报文中包含了过程层最重要的信息，实时性、可靠性要求非常高。GOOSE 报文解析可以使用 Ethereal 通用软件，也可使用专业的网络报文分析仪进行分析。报文分析仪具有分析、报错等功能，在集成测试时可采用报文分析进行过程层测试，以提高测试效率。

图 4-26 为报文分析仪捕获的智能终端某时刻的 GOOSE 发送测试情况。正常情况下，GOOSE 的心跳报文时间间隔为 5s，见图 4-26 中第 18～22 条 GOOSE 报文，报文分析仪在收到第 23 条 GOOSE 报文的时候报错 "stNum 错序"，从具体的报文解析可知，第 22 条 GOOSE 的 stNum 为 25，而第 23 条报文 stNum 变化为 1，stNum 没有连续变化，且第 23 条报文与第 22 条报文的时间间隔为 18s，判断此处装置发生了异常重启。

图 4-27 为 GOOSE 报文状态变位，显示了报文分析仪捕获的 GOOSE 状态变位过程，正常情况下，GOOSE 心跳报文间隔为 5s；状态变位立刻发送 GOOSE 报文，此时 stNum

由 1 增加至 2，sqNum 复归从 0 开始计数；紧接着发送 4 条 GOOSE 报文，时间间隔分别为 2.5、2.5、5、9ms；最后 GOOSE 发送间隔恢复到 5s 心跳报文间隔。图 4-27 中状态变位过程的 GOOSE 发送与 IEC 61850 标准中定义的 GOOSE 发送机制一致。

序号	时间	时间差	信息	AppID	StNum	SqNum	大小
18	2010-11-25 10:48:06.225499	5002443		0x0301	25	61	308
19	2010-11-25 10:48:11.227849	5002350		0x0301	25	62	308
20	2010-11-25 10:48:16.230186	5002337		0x0301	25	63	308
21	2010-11-25 10:48:21.232476	5002290		0x0301	25	64	308
22	2010-11-25 10:48:26.234893	5002417		0x0301	25	65	308
23	2010-11-25 10:48:44.289810	18054917	stNum错序	0x0301	1	0	308
24	2010-11-25 10:48:44.292714	2904		0x0301	1	1	308
25	2010-11-25 10:48:44.295626	2912		0x0301	1	2	308
26	2010-11-25 10:48:44.300895	5269		0x0301	1	3	308
27	2010-11-25 10:48:44.310130	9235		0x0301	1	4	308
28	2010-11-25 10:48:49.312166	5002036		0x0301	1	5	308
29	2010-11-25 10:48:54.314517	5002351		0x0301			308

属性	值		属性	值
+ Ethernet			+ Ethernet	
- IEC-GOOSE			- IEC-GOOSE	
AppID:	0x0301		AppID:	0x0301
Length:	291		Length:	291
Reserved1:	0x0000		Reserved1:	0x0000
Reserved2:	0x0000		Reserved2:	0x0000
- PDU			- PDU	
PDU Length:	279		PDU Length:	279
GOOSE Control Reference (gcRef):	IL2231ARPIT1/LLN0GOgocb0		GOOSE Control Reference (gcRef):	IL2231ARPIT1/LLN0GOgocb0
Time Allowed To Live (TTL):	10000		Time Allowed To Live (TTL):	10000
DataSet Reference (datSet):	IL2231ARPIT1/LLN0$dsGOOSE0		DataSet Reference (datSet):	IL2231ARPIT1/LLN0$dsGOOSE0
Application ID (gcID):	IL2231ARPIT1/LLN0GOgocb0		Application ID (gcID):	IL2231ARPIT1/LLN0GOgocb0
Event Timestamp (time):	2010-11-25 18:43:15.1910···		Event Timestamp (time):	1970-01-01 08:00:02.3931···
State Change Number (stNum):	25	stNum不连续	State Change Number (stNum):	1
Sequence Number (sqNum):	65		Sequence Number (sqNum):	
Test Mode (test):	FALSE		Test Mode (test):	FALSE
Configure Rev (confRev):	1		Configure Rev (confRev):	1
Needs Commissioning (ndsCom):	FALSE		Needs Commissioning (ndsCom):	FALSE
Num Data Entries (entriesNum):	24		Num Data Entries (entriesNum):	24
- DataSet			- DataSet	
- 001			- 001	
BitStr	0000-0001: 0 0		BitStr	0000-0001: 0 0

图 4-26　GOOSE 报文发送测试情况

序号	时间	时间差	信息	AppID	StNum	SqNum	大小
70	2010-11-25 10:52:54.428778	5002455		0x0302	1	54	1032
71	2010-11-25 10:52:59.431039	5002261		0x0302	1	55	1032
72	2010-11-25 10:53:04.433471	5002432		0x0302	1	56	1032
73	2010-11-25 10:53:09.435738	5002267		0x0302	1	57	1032
74	2010-11-25 10:53:14.438166	5002428		0x0302	1	58	1032
75	2010-11-25 10:53:19.440517	5002351		0x0302	1	59	1032
76	2010-11-25 10:53:21.366205	1925688	状态改变	0x0302	2	0	1032
77	2010-11-25 10:53:21.368766	2561		0x0302	2	1	1032
78	2010-11-25 10:53:21.371297	2531		0x0302	2	2	1032
79	2010-11-25 10:53:21.376217	4920		0x0302	2	3	1032
80	2010-11-25 10:53:21.385353	9136		0x0302	2	4	1032
81	2010-11-25 10:53:26.387738	5002385		0x0302	2	5	1032
82	2010-11-25 10:53:31.390157	5002419		0x0302	2	6	1032

图 4-27　GOOSE 报文状态变位

　　GOOSE 接收测试可以采用测试仪或 PC 机模拟软件进行相应的 GOOSE 变位模拟发送给被测装置，通过被测装置的响应判断 GOOSE 接收的正确性，也可通过装置实际 GOOSE 的发生来测试被测装置 GOOSE 接收的性能。

4.5.2.2　SV 收发测试

　　目前采样值 SV 主要有 IEEE 60044-8 的 FT3 格式和 9-2 的网络报文两种格式。前者是点对点的串口方式；后者是网络方式，既可以点对点传输，也可以组网传输。9-2 格式

的 SV 报文也是具有 IEEE 802.3Q 优先级的以太网帧，其报文结构与 GOOSE 类似，所不同的是应用数据 APDU。

SV 报文的解析可以使用 Wireshark 通用软件或专业的报文分析仪。报文分析仪可以实时监测网络中 SV 的发生情况，具有分析、报错等功能，在测试过程中可方便地发现问题，有助于提高测试效率。

图 4-28 所示为 SV 报文发生测试，即为报文分析仪捕获的 SV 报文，由图可以看出，SV 报文中含有 20 个通道的数据，其中前 16 个数据的品质 q 为 00000000，说明数据是有效的，且无检修标志，而后 4 个数据的品质 q 为 00000001，说明数据无效；SV 的同步标志 smpSynch 为 1，说明采样值是同步的；SV 报文之间的时间间隔为 250μs 左右。

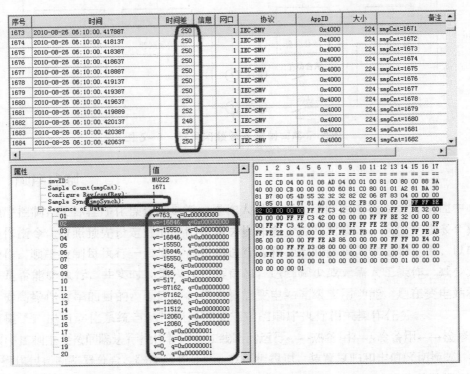

图 4-28　SV 报文发生测试

图 4-29 为 SV 丢失同步时报文分析仪捕获的 SV 报文，报文分析仪会报"丢失同步信号"，此时丢失同步后，报文中的同步标志 smpSynch 变为 0，说明 SV 已经失步。丢失同步后，SV 报文的发送间隔还是保持在 250μs 左右，对于不依赖外同步的装置而言，此时的 SV 还是可用的。

4.5.3　合并单元延时测试

与保护装置直接模拟量采样不同，数字量采样的保护装置需要依靠外部合并单元进行模数转换，而整个转换过程需要一定的时间，该时间会标注在 9-2 报文的首通道内。为

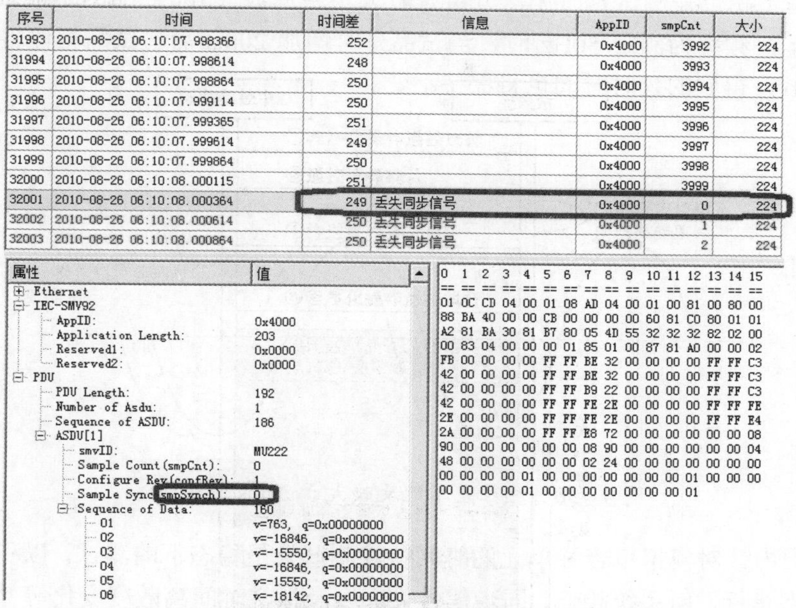

序号	时间	时间差	信息	AppID	smpCnt	大小
31993	2010-08-26 06:10:07.998366	252		0x4000	3992	224
31994	2010-08-26 06:10:07.998614	248		0x4000	3993	224
31995	2010-08-26 06:10:07.998864	250		0x4000	3994	224
31996	2010-08-26 06:10:07.999114	250		0x4000	3995	224
31997	2010-08-26 06:10:07.999365	251		0x4000	3996	224
31998	2010-08-26 06:10:07.999614	249		0x4000	3997	224
31999	2010-08-26 06:10:07.999864	250		0x4000	3998	224
32000	2010-08-26 06:10:08.000115	251		0x4000	3999	224
32001	2010-08-26 06:10:08.000364	249	丢失同步信号	0x4000	0	224
32002	2010-08-26 06:10:08.000614	250	丢失同步信号	0x4000	1	224
32003	2010-08-26 06:10:08.000864	250	丢失同步信号	0x4000	2	224

属性	值
⊞ Ethernet	
⊟ IEC-SMV92	
AppID:	0x4000
Application Length:	203
Reserved1:	0x0000
Reserved2:	0x0000
⊟ PDU	
PDU Length:	192
Number of Asdu:	1
Sequence of ASDU:	186
⊟ ASDU[1]	
smvID:	MV222
Sample Count (smpCnt):	0
Configure Rev(confRev):	1
Sample Sync(smpSynch):	0
⊟ Sequence of Data:	160
01	v=763, q=0x00000000
02	v=-16846, q=0x00000000
03	v=-15550, q=0x00000000
04	v=-16846, q=0x00000000
05	v=-15550, q=0x00000000
06	v=-18142, q=0x00000000

```
 0  1  2  3  4  5  6  7  8  9 10 11 12 13 14 15
== == == == == == == == == == == == == == == ==
01 0C CD 04 00 01 08 AD 04 00 01 00 81 00 80 00
88 BA 40 00 00 08 00 00 00 00 60 81 C0 80 01 01
A2 81 BA 30 81 B7 80 05 4D 55 32 32 32 82 02 00
00 83 04 00 00 00 01 85 01 00 87 81 A0 00 00 02
FB 00 00 00 00 FF FF BE 32 00 00 00 00 FF FF C3
42 00 00 00 00 FF FF BE 32 00 00 00 00 FF FF C3
42 00 00 00 00 FF FF BE 32 00 00 00 00 FF FF C3
42 00 00 00 00 FF FF 2E 00 00 00 00 FF FF FE
2E 00 00 00 00 FF FF 2E 00 00 00 00 FF FF E4
2A 00 00 00 00 FF FF E8 72 00 00 00 00 00 08
90 00 00 00 00 00 00 90 00 00 00 00 00 00 04
48 00 00 00 00 02 24 00 00 00 00 00 00 00 00
00 00 00 00 01 00 00 00 00 00 00 01 00 00 00
00 00 00 00 01 00 00 00 00 00 00 00 00 00 01
```

图 4-29 SV 丢失同步时报文分析仪捕获的 SV 报文

确保合并单元实际的延时和报文中标称时间的一致性，从而保证继电保护装置动作行为的正确性，在对合并单元测试时需要重点对合并单元的实际延时进行测试。

以模拟量采样的合并单元为例，延时是指模拟量输入合并单元接收传统互感器二次侧工频模拟量出现某一量值的时刻，到模拟量输入合并单元输出口将该模拟量对应的数字采样值送出的时刻，这两个时刻之间的间隔时间。目前合并单元规定的传输延时时间不大于2ms。

模拟量输入合并单元的额定延时是合并单元发送报文时的理论时间值，本质上来说就是合并单元接收到同步信号的时刻与所发出的零号报文之间的时间对应关系。这个值直接影响跨间隔采样同步时的相位角关系，应该在所发送报文中体现，保护装置将利用该值进行跨间隔同步时的相位补偿。

目前国内针对模拟量合并单元的额定延时一般是在稳态下进行测试的，是在合并单元二次侧施加额定电流一定比率（一般不大于 1.2 倍）的稳定电流，同步检测合并单元输出的基波相位和一次侧电流基波相位，结合当前实测频率，由相位差换算出绝对延时时间为：

$$\Delta t = (\varphi_{试品} - \varphi_{标准})/2\pi f \tag{4-1}$$

而暂态时，二次侧电流幅值远大于稳态时电流，并且除基波外往往包含了衰减直流分量（含量大小和合闸角相关）和谐波分量，合并单元在暂态下的幅值误差，相位误差，噪声和零漂抑制，抗电磁干扰等条件都和稳态不同，造成合并单元暂态传变特性和稳态相比存在差异性，因而稳态的指标在暂态下并不完全适用。

另外，基于相位差测试延时无法分辨延时大于整周波（360°）的极端异常情况，如图 4−30 所示，频率为额定 50Hz 时，当试品延时增加 20ms 后，试品相位将保持不变，$\varphi(t) = \varphi(t+20)$，得到的延时时间也将保持不变。

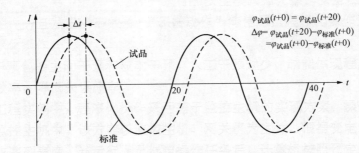

图 4−30 相位差不能反映大于 20ms 的延时

目前，国内针对模拟量合并单元的时间特性测试只是稳态下的测试，以稳态时间特性指标代替暂态指标，而系统故障、同步信号丢失以及报文时间离散度变化等暂态过程却没有任何测试指标，这为模拟量输入合并单元的工程应用带来很大的安全隐患。

因此，需要利用暂态法对合并单元暂态传变时间特性进行测试，考核合并单元在不同输入情况下的额定延时情况。测试过程中，给模拟量合并单元施加暂态变化量，记录并解析合并单元输出的 SV 数据，当发现突变量 Δi 大于定值并持续 1ms 即认为突变量发生。记录标准源突变时刻 t_1，经过加 Hanning 窗的傅氏滤波，获取信号 t_1 时刻的基波相位 φ_1，同时计算系统当前频率 f。同样的算法检测出被测量的突变时刻 t_2，并提取此时的基波相位 φ_2，得到时间的补偿量 $\Delta t = (\varphi_2 - \varphi_1)/2\pi f$，最终合并单元的暂态传输延时为 $T_d = t_2 - t_1 - \Delta t$。

4.5.4 检修机制测试

IEC 61850 报文中设置专门数据检修位，该位为"1"时代表装置处于检修状态。对 GOOSE 报文和 SV 报文的检修处理机制进行了要求，包括：

（1）GOOSE 接收端装置应将接收的 GOOSE 报文中的 test 位与装置自身的检修压板状态进行比较，只有两者一致时才对信号进行有效处理或动作；

（2）SV 接收端装置应将接收的 SV 报文中的 test 位与装置自身的检修压板状态进行比较，只有两者一致时才将该信号用于保护逻辑，否则应不参加保护逻辑的计算。对于状态不一致的信号，接收端装置仍应计算和显示其幅值；

（3）对于间隔层的保护测控装置处于检修状态时，除了其发送的过程层 GOOSE 报文处于检修状态，上送的 MMS 报文也应置检修位。

不带检修标志的 GOOSE 报文和带检修标志的 SV 报文分别如图 4−31 和图 4−32 所示。

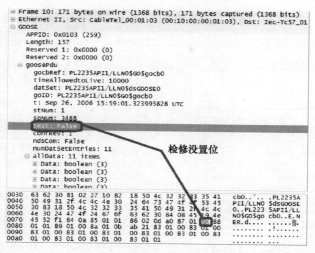

图 4-31　不带检修标志的 GOOSE 报文

4.5.4.1　GOOSE 检修机制测试

GOOSE 检修机制需要验证通信双方检修位一致（双方都置检修或都处于正常运行）、检修位不一致（一方置检修，另一方正常运行）时接收方对 GOOSE 的处理，可以通过查看接收方的显示或动作行为来验证。

检修机制测试内容包括：发送置检修，接收方正常运行；发送方正常运行，接收方置检修；发送方、接收方都置检修三种情况。由于同一装置的同一功能（保护或测控）对同一类型 GOOSE 信号（断路器位置或闭锁信号或告警信号）的检修机制处理是相同的，验证检修机制时，装置不同功能只需选取每个 GOOSE 数据集每类信号中代表性的信号进行验证。以××线间隔 A 套设备为例，其 GOOSE 检修机制测试结果见表 4-4。

表 4－4　　　　　　　　　　　××线间隔 A 套设备 GOOSE 检修机制测试结果

开出装置	GOOSE 信号量	信号传输方向	开入装置	结果（装置结果/后台显示）		
				发送方检修接收方正常	发送方正常接收方检修	发送方检修接收方检修
线路智能终端	断路器位置	-->	线路保护测控	强制分/无变化	强制分/无变化	正常/正常
	闭锁重合闸	-->		强制分/无变化	强制分/无变化	正常/正常
	隔离开关 1 位置	-->		强制分/无变化	强制分/无变化	正常/正常
	闭锁重合闸	-->		强制分/无变化	强制分/无变化	正常/正常
	控回断线	-->		强制分/无变化	强制分/无变化	正常/正常
	控制电源消失	-->		强制分/无变化	强制分/无变化	正常/正常
	断路器低电压报警	-->		强制分/无变化	强制分/无变化	正常/正常
	断路器就地控制	-->		强制分/无变化	强制分/无变化	正常/正常
	事故总	-->		强制分/无变化	强制分/无变化	正常/正常
线路间隔合并单元	取 I 母电压成功	-->		强制分/无变化	强制分/无变化	正常/正常
	II 母 TV 隔离开关位置异常	-->		强制分/无变化	强制分/无变化	正常/正常
	GOOSE 网 1 网中断	-->		强制分/无变化	强制分/无变化	正常/正常
	装置告警	-->		强制分/无变化	强制分/无变化	正常/正常
	A 相保护电流 1 无效	-->		强制分/无变化	强制分/无变化	正常/正常
	电气单元 1 链路异常	-->		强制分/无变化	强制分/无变化	正常/正常
线路保护测控	G_保护跳闸出口	-->	线路智能终端	无动作	无动作	正常
	G_重合闸出口	-->		无动作	无动作	正常
	断路器分	-->		无动作	无动作	正常
	隔离开关 1 合	-->		无动作	无动作	正常
	测控远方复归智能终端	-->		无动作	无动作	正常
	隔离开关 1 允许操作	-->		无动作	无动作	正常
智能终端	隔离开关 1 位置	-->	间隔合并单元	保持原状态	保持原状态	正常
	隔离开关 2 位置	-->		保持原状态	保持原状态	正常

4.5.4.2　SV 检修机制测试

对于 SV 检修机制，首先要通过 SV 报文查看相应电流电压数据的品质 q 中 Test 位是否置位；然后验证合并单元与保护测控装置检修位不一致以及检修位一致时，保护测控装置的显示以及动作行为。合并单元与保护测控装置都处于正常运行时，保护测控装置对 SV 的显示以及动作行为在"采样值测试"以及"保护功能测试"中验证。以××线间隔 A 套设备为例，其 SV 检修机制测试结果见表 4－5。

表 4-5　　　　　　　　　××线间隔 A 套设备 SV 检修机制测试结果

合并单元	SV 中 Test 位		保护测控正常		保护测控检修	
	电压	电流	面板显示	保护行为	面板显示	保护行为
间隔 MU 正常/PTMU 正常	0	0	正常	正常	正常	闭锁
间隔 MU 检修/PTMU 正常	0	1	正常	闭锁	正常	闭锁
间隔 MU 正常 PTMU 检修	1	0	正常	闭锁	正常	闭锁
间隔 MU 检修/PTMU 检修	1	1	正常	闭锁	正常	正常

5.3.4　读服务（Read）

Read 服务是 MMS 报文中比较常见的服务报文，主要用来读取对应设备内部的信息。以 A、B 两地址为 172.20.0.1，服务器 IP 地址为 172.20.50.153 的测试环境为例，其 Read 服务报文如图 4-16 所示。

```
172.20.0.1          MMS        Conf ...V/Read Response P...U...
172.20.0.1          MMS        ...
172.20.50.153       MMS        ...
172.20.0.1          MMS        Conf Respon... P... Read ...
```

（1）Read 服务的...

（2）Read 报文...的值，Read 服务...如图 4-17 所示。

5.3.5　写服务（Write）

写服务包括...

第 5 章

智能变电站站控层原理及测试技术

 智能变电站站控层对上纵向贯通调控主站系统，向下连接变电站间隔层设备，处于体系结构的核心部分，主要包括监控主机、数据通信网关机、数据服务器、保护信息子站等。站控层采用统一采集、统一存储及统一建模，实现了变电站实时数据的全景监测、自动运行控制、高级应用互动等功能。本章介绍了智能变电站的站控层组成及特点、服务实现原理，结合现场工程案例说明了站控层相关报文的构成，并阐述了站控层的测试内容。

5.1 站 控 层 特 点

 Q/GDW 383—2009《智能变电站技术导则》中对智能变电站站控层的定义为：智能变电站站控层包括自动化站级监视控制系统、站域控制、通信系统、对时系统等，实现面向全站设备的监视、控制、告警及信息交互功能，完成数据采集和监视控制（SCADA）、操作闭锁以及同步相量采集、电能质量采集、保护信息管理等相关功能。

 站控层负责变电站的数据处理、集中监控和数据通信，包括监控主机、数据通信网关机、数据服务器、综合应用服务器、操作员站、工程师工作站、PMU 数据集中器、计划管理终端、二次安全防护设备、工业以太网交换机及打印机等，提供站内运行的人机界面，形成全站监控、管理中心，并实现与调度控制中心通信，如图 5—1 所示。

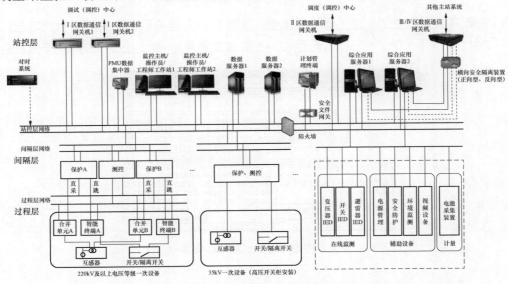

图 5—1 智能变电站站控层典型设备及网络结构

在常规变电站的站控层功能基础之上，智能变电站站控层采用 IEC 61850 规约实现统一采集、统一存储、统一建模及统一配置实现智能设备互操作，采用一体化信息平台技术，支持电网实时自动控制、智能调节、在线分析决策、协同互动等高级功能。常规变电站站控层设备及网络结构如图 5－2 所示。

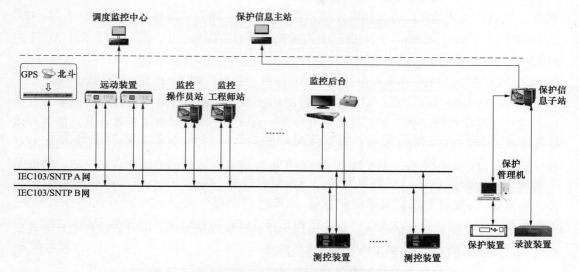

图 5－2　常规变电站站控层典型设备及网络结构

对比图 5－1 和图 5－2 可以直观地看出常规站与智能站站控层典型设备及网络结构存在的差异，它们的主要区别是：

（1）常规站保护装置站控层规约多为私有规约，保护装置难以与监控主机通信实现互操作，保护装置通常只与自家的保护管理机通过私有规约通信。

（2）常规站站控层多采用 IEC 60870－5－103 规约，而保护装置站控层通信采用私有规约，难以实现远方切换定值区、远方修改定值、远方投退功能软压板、程序化控制等功能。

（3）常规变电站没有应用一体化信息平台技术，难以实现高级应用功能。

（4）智能变电站站控层基于 IEC 61850 统一建模，能够实现监控主机、保护信息子站与间隔层设备之间的互操作，可以实现远方切换定值区、远方修改定值、远方投退功能软压板、程序化控制等功能。

（5）智能变电站采用一体化信息平台技术对各种新系统进行集成和数据整合，满足调控一体化的高级应用需求。

（6）智能变电站站控层采用功能一体化，监控主机负责站内各类数据的采集、处理，实现站内设备的运行监视、操作与控制、信息综合分析及智能告警，集成防误闭锁操作工作站和保护信息子站等功能。

5.2 站控层原理

智能变电站站控层在通信规约层面上主要遵循 IEC 61850-8-1（特定通信服务映射对 MMS 的映射）。IEC 61850-8-1 为使用 GB/T 16720—2005《工业自动化系统制造报文规范》、SNTP 及其他应用协议提供详细的指示和规范，作为实现在 IEC 61850-7-2、IEC 61850-7-3 和 IEC 61850-7-4 中规定的抽象通道服务接口（ACSI），实现了从 ACSI 到 MMS 的映射，使得不同生产厂商实现功能之间的互操作。IEC 61850 只使用了基础规范，IEC 61850 映射到 MMS 对象和服务是 MMS 标准一部分，即 MMS 的一个协议子集。

MMS 是由国际标准化组织 ISO 工业自动化技术委员会 TC184 制定的一套用于开发和维护工业自动化系统的独立国际标准报文规范。MMS 是通过对真实设备及其功能进行建模的方法，实现网络环境下计算机应用程序或智能电子设备之间数据和监控信息的实时交换。国际标准化组织出台 MMS 是为了规范工业领域具有通信能力的智能传感器、智能电子设备、智能控制设备的通信行为，使出自不同厂商的设备之间具有互操作性，使系统集成变得简单、方便。MMS 主要特点为：

（1）定义了交换报文的格式；结构化层次化的数据表示方法；可以表示任意复杂的数据结构；ASN.1 编码可以适用于任意计算机环境；

（2）定义了针对数据对象的服务和行为；

（3）为用户提供了一个独立于所完成功能的通用通信环境。

5.2.1 MMS 对象和服务模型

5.2.1.1 MMS 对象和服务

对象和服务是 MMS 协议中两类最主要的概念。其中对象是静态的概念，以一定的数据结构关系间接体现了实际设备各个部分的状态、工况以及功能等方面的属性。属性代表了对象所对应的实际设备本身固有的某种可见或不可见的特性，它既可以是简单的数值，也可以是复杂的结构，甚至可以是其他对象。实际设备的物理参数映射到对象的相应属性上，对实际设备的监控就是通过对对象属性的读取和修改来完成的。对象类的实例称为对象，它是实际物理实体在计算机中的抽象表示，是 MMS 中可以操作的、具有完整含义的最小单元，所有的 MMS 服务都是基于对象完成的。

MMS 位于 OSI 参考模型的应用层，它的服务定义针对制造环境下的实际设备，描述了它们之间的信息交换。MMS 成功地运用抽象建模的方法提取出了实际设备的各种资源和行为，定义了虚拟制造设备 VMD 及其内部的各种抽象对象，详细规定了每一种对象应具有的各种属性和相关的服务执行过程。MMS 标准共定义了 80 多种服务，按照操作对象将它们分成十大类：环境和通用管理、VMD 支持、域管理、程序调用、变量管理、信号量管理、事件管理、日志管理、操作员通信、文件管理。表 5-1 给出了 IEC 61850 中使用的 MMS 对象和服务。

表 5－1   IEC 61850 中使用的 MMS 对象和服务

MMS 对象和服务	IEC 61850 对象	MMS 服务
虚拟制造设备（VMD）	服务器（Sever）	GetNameList、GetCapabilities
环境和通用管理服务	应用关联（Application Association）	Initiate、Conclude、Abort、Reject、Cancle
域（Domain）	逻辑设备（LD）	GetNameList
命名变量（Named Variable）	逻辑节点（LN） 数据对象（DO） 数据属性（DA）	Read、Write、InformationReport、GetNameList、GetVariableAccessAttribute
命名变量列表（Named Variable List）	数据集（DataSet）	GetNameVariableListAttributes、GetNameList、DefinedNameVariableList、DeleteNameVariableList
日志（Joural）	日志（Log）	ReadJoural、InitializeJoural、GetNameList
文件（File）	文件（File）	FileOpen、FileRead、ObtainFile、FileClose、FileDirectory、FileDelete

下面就读、写服务类型进行介绍。

5.2.1.2 读数据值服务

ACSI 读数据值服务应映射到 MMS 读服务。ACSI 读数据值服务参数映射到 MMS 服务或参数见表 5－2，ACSI 读数据值服务错误原因见表 5－3。

表 5－2   读数据值服务参数映射到 MMS 服务或参数

读数据值参数	MMS 服务或参数	约 束
请求（Request）	读请求服务（Read Request Service）	
索引（Reference）	变量访问规范（Variable Access Specification）	映射到一个 IEC 61850－8－1 的变量规范
响应＋（Response＋）	读响应服务（Read Response Service）	
数据属性值［1…n］	访问结果列（list Of AccessResult）	
响应－（Response－）	读响应服务	
服务错误（Service Error）	访问结果列（list Of AccessResult）	

表 5－3   ACSI 读数据服务错误原因

ACSI 服务错误	访问结果代码（数据访问错误）
实例不可访问（instance－not－available）	对象不存在（object－non－existent）
访问违反（access－violation）	对象访问拒绝（object－access－denied）
参数值不一致（parameter－value－inconsistent）	不正确的地址（invalid－address）
实例被另一个客户锁定（instance－locked－by－other－client）	暂时不可访问（temporarily－unavailable）
类型冲突（type－conflict）	类型不一致（type－inconsistent）
由于服务器限制导致失败（failed－due－to－sever－constraint）	硬件错误（hardware－failure）

5.2.1.3 写数据值服务

ACSI 写数据值服务应该映射到 MMS 写服务。ACSI 写数据值服务参数映射到 MMS 服务或参数见表 5-4。

表 5-4　　　ACSI 写数据值服务参数映射到 MMS 服务或参数

写数据值服务参数	MMS 服务或参数	约　　束
请求服务（Request）	写请求服务（Write Request Service）	
索引（Reference）	变量访问规范（VariableAccessSpecification）	映射到一个 IEC 61850-8-1 的变量规范
数据属性值［1…n］	数据列表（list Of Data）	
响应＋（Response＋）	写响应服务成功（Write Response Service success）	
响应－（Response－）	写响应服务	
服务错误（ServiceError）	失败（failure）	

5.2.2　报告和日志

5.2.2.1　报告和日志模型

IEC 61850 对变电站自动化系统中的数据对象统一建模，IED 自上往下分为 LD、LN、DO 和 DA，其中 LN 是数据、数据集（DataSet）以及各种控制块的合成物，包括报告控制块（Report Control Block，RCB）和日志控制块（Log Control Block，LCB）。通过 RCB 特定报告的发送，某些服务可以用于远程管理 IED。信息模型（逻辑节点和数据类）和服务模型（例如报告和日志）提供了对信息模型的综合信息检索和操作的服务。内部事件（过程值、引起事件的相应触发值、时标和品质信息）是报告和日志的触发基础。信息由数据集分组构成，数据集包含数据和数据属性引用，是报告和日志的内容基础。图 5-3 对报告与日志模型进行了简单说明。

报告和日志可以满足许多时间紧迫的由事件驱动的信息交换要求。当确定了哪些数据要被监测和报告后，就需要确定报告和记录日志的时间和方式，这就需要使用控制块。RCB 提供了在已定义条件下从逻辑节点到客户传输数据值的机能，LCB 将数据存储在服务器中以备查询。

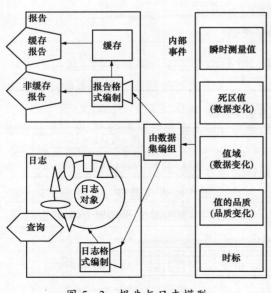

图 5-3　报告与日志模型

5.2.2.2　IEC 61850 报告控制块

IEC 61850 提供的报告机制发送的是数据集，可以立即报告，也可以在若干缓存时间后将组合的数据集报告。RCB 控制一个或多个 LN 向客户端报告数据值的过程，而客户端可以通过 RCB 对报告行为进行配置。IEC 61850－7－2 规定了缓存报告控制块（Buffered Report Control Block，BRCB）和非缓存报告控制块（Unbuffered Report Control Block，URCB）两类 RCB。

（1）BRCB 与 URCB 的区别。在内部事件发生后，BRCB 缓存后发送报告，也可立即发送。特征是在通信中断时继续缓存事件数据，当通信可用时继续发送报告。BRCB 在某些实际限制下（例如缓存大小和最大中断时间），保证事件顺序 SOE（Sequence－of－Events）传送。URCB 在内部事件发生后立即发送报告，可能丢失事件，在通信中断时不支持 SOE。因此，缓存报告比较可靠，常用于不允许丢失数据的情况，一般用于遥信数据传送。另外，使用 BRCB，若在缓存时间内连续发生几个事件，缓存时间结束时报告在此时间内发生变化的所有事件，服务器可减少报告次数。

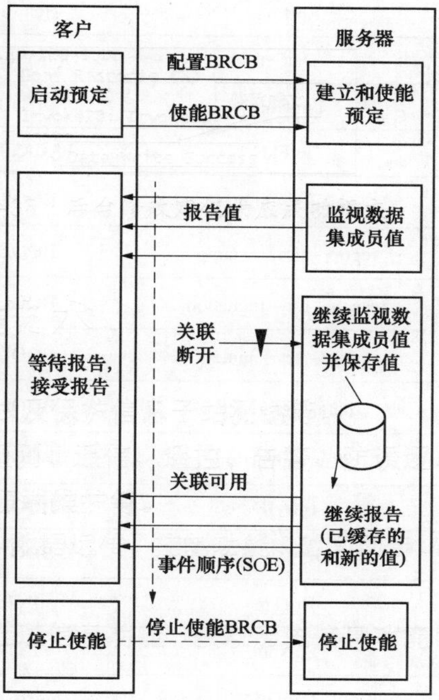

（2）RCB 的使用过程。在发送报告操作之前，先要配置 RCB，IEC 61850－7－2 中提供四种操作来获取和设置 RCB 的配置：对于 BRCB 为 GetBRCBValues（获取配置）和 SetBRCBValues（设置配置），对于 URCB 为 GetURCBValues 和 SetURCBValues。以图 5－4 所示 BRCB 为例，对基本缓存报告机制进行说明。

图 5－4 缓存报告控制块

每个 RCB 都需要客户端与服务器之间的连接，而服务器资源有限，因此提供的连接数有限，进而影响 RCB 个数。但为了允许多个客户接受同一个数据，服务器又应允许多个 RCB 实例可用。当某个 RCB 被一个客户使能后，其他客户不能对其访问，当不需要时释放，从而允许其他客户端订阅事件。客户端从配置或命名约定中得知 BRCB 和 URCB 实例的路径名。

智能变电站中，开关量事件（开入、事件、报警等遥信信号）上送功能通过 BRCB 映射到 MMS 的读写和报告服务来实现。借助缓存报告控制块，可以实现遥信和开入的变化上送、周期上送、总召、事件缓存。由于采用了多可视的实现方案，事件可以同时送到多个客户端。缓存报告控制块定义见表 5－5。

表 5－5　　　　　　　　　　　　　缓存报告控制块定义

属性名	属性类型	FC	TrgOp	值/值域/解释
BRCB 类				
BRCBName	ObjectName	—	—	BRCB 实例的实例名
BRCBRef	ObjectReference	—	—	BRCB 实例的路径名

属性名	属性类型	FC	TrgOp	值/值域/解释
RptID	VISIBLE STRING65	BR	—	
RptEna	BOOLEAN	BR	dchg	
DatSet	ObjectReference	BR	dchg	
ConfRev	INT32U	BR	dchg	
OptFlds	PACKED LIST	BR	dchg	
sequence－number	BOOLEAN			
report－time－stamp	BOOLEAN			
reason－for－inclusion	BOOLEAN			
data－set－name	BOOLEAN			
data－reference	BOOLEAN			
buffer－overflow	BOOLEAN			
entryID	BOOLEAN			
Conf－revision	BOOLEAN			
BufTm	INT32U	BR	dchg	
SqNum	INT16U	BR	—	
TrgOp	TriggerConditions	BR	dchg	
IntgPd	INT32U	BR	dchg	0～MAX；0 隐含无完整性报告
GI	BOOLEAN	BR	—	
PurgeBuf	BOOLEAN	BR	—	
EntryID	EntryID	BR		
TimeOfEntry	EntryTime	BR	—	

表 5－5 中，缓存报告控制块功能如下。

（1）RptID：报告控制块的 ID 号，由客户端提供的关键词识别缓存报告控制块。

（2）RptEna：报告控制块使能，当客户端访问服务器时，首先要将报告控制块使能置 true 才能进行将数据集内容上送。

（3）DateSet：报告控制块所对应的数据集。

（4）CofRev：配置版本号，包含配置版本号以指明删除数据集成员或重新排序成员的版本号。

（5）OptFlds：包含在报告中的选项域，即所发报告中所含的选项参数，具体参数见表 5－6。

（6）BufTm：缓存时间，数据集内发生第 1 个事件后等待的时间。

（7）Sqnum：报告的当前顺序号。

（8）TrgOpt：触发选项，包含引起控制块将值写入报告中的原因。表 5-7 给出了缓冲报告触发选项的五个变化条件：值变化、质量更新、值更新上送、周期性上送、总召唤。

（9）IntgPd：周期上送时间，按照给定周期由服务器启动报告所有值。

（10）GI：总召唤，由客户启动报告所有值。

（11）PurgeBuf：清除缓冲区，当为 1 时，舍弃缓存报告。

（12）EntryID：条目标识符。

（13）TimeofEntry：条目时间属性。

表 5-6   **缓存报告选项域（Option Fields）**

MMS 的 bit 位	BRC 状态的 ACSI 值	MMS 的 bit 位	BRC 状态的 ACSI 值
0	保留（Reserved）	5	数据引用（data-reference）
1	序列号（sequence-number）	6	缓冲区溢出（buffer-overflow）
2	报告时间戳（report-time-stamp）	7	入口标识（entryID）
3	包含原因（reason-for-inclusion）	8	配置版本（conf-rev）
4	数据集名称（data-set-name）	9	分段（Segmentation）

表 5-7   **缓冲报告触发选项（Trigger Option）**

Bit 位置	触发项	Bit 位置	触发项
0	保留（与 UCA2.0 向后兼容）	3	数据刷新（data-update）
1	数据变化（data-change）	4	完整性周期（integrity period）
2	品质变化（quality-change）	5	总召唤（general-Interrogation）

缓存报告中数据引用（data-reference）的内容除了数据值外还应包含数据的品质位（Q）以及时间，品质位的具体定义见表 5-8。

表 5-8   **品 质 位（Quality）**

bit 位	DL/T 860.73		位串	
	属性名称	属性值	值	缺省
0-1	合法性（Validity）	好（Good）	0 0	0 0
		非法（Invalid）	0 1	
		保留（Reserved）	1 0	
		可疑（Questionable）	1 1	
2	溢出（Overflow）		TRUE	FALSE
3	超量程（OutofRange）		TRUE	FALSE
4	坏引用（BadReference）		TRUE	FALSE
5	振荡（Oscillatory）		TRUE	FALSE
6	故障（Failure）		TRUE	FALSE
7	旧数据（OldData）		TRUE	FALSE
8	不一致（Inconsistent）		TRUE	FALSE
9	不准确（Inaccurate）		TRUE	FALSE

bit 位	DL/T 860.73		位串	
	属性名称	属性值	值	缺省
10	源（Source）	过程（Process）\取代（Substituted）	TRUE	FALSE
11	测试（Test）		TRUE	FALSE
12	操作员闭锁（OperatorBlocked）		TRUE	FALSE

模拟量事件（遥测、保护测量类信号）的上送功能通过 URCB（非缓存报告控制块）映射到 MMS 的读写和报告服务来实现。通过非缓存报告控制块，可以实现遥测的变化上送（比较死区和零漂）、周期上送、总召。由于采用了多可视的实现方案，使得事件可以同时送到多个客户端。另外，MMS 报文还支持遥控遥调等控制功能以及故障报告功能。

5.2.2.3　IEC 61850 日志控制块

日志服务是 IEC 61850 提供的一个重要服务，为以后回顾和统计而对历史数据进行内部存储。相对于报告服务模型而言，它具有一些特殊性质：数据的记录和存储相对独立，不依赖于外部客户端的连接和检索；客户端可以通过检索服务获取日志库的一个子集，用以在装置外部利用海量存储器建立大容量的历史数据库等。这就使得日志服务模型在产品研制中具有不可替代的作用。

日志模型包括日志（LOG）和日志控制块 LCB（Log Control Block）。一个 LOG 可以被多个 LCB 控制，LCB 之间相互独立，LCB 控制哪些数据值何时存入 LOG。与 LCB 对应的操作为 GetLCBValues、SetLCBValues、QueryLogByTime、QueryLogByEntry 以及 GetLogStatusValues。以图 5－5 所示的日志控制块为例，图中为一个 LOG 和三个 LCB，条目按时间顺序存储，以便将来以事件顺序表检索。

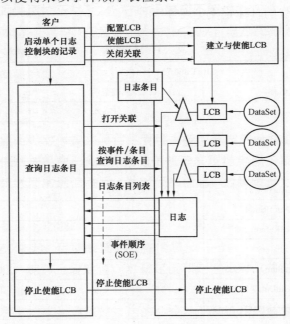

图 5－5　日志控制块

5.2.3 定值模型应用

定值远控操作需按 IEC 61850 定义的服务来操作，按 IEC 61850 定义，定值组控制模块 SGCB 提供了 SelectActiveSG（激活定值区）、SelectEditSG（选择编辑定值区）、SetSGValues（设置定值）、ConfirmEditSGValues（确认修改定值）、GetSGValues（读定值）、GetSGCBValues（读定值控制块内容），定值组控制模块 SGCB 及服务示意如图 5-6 所示。

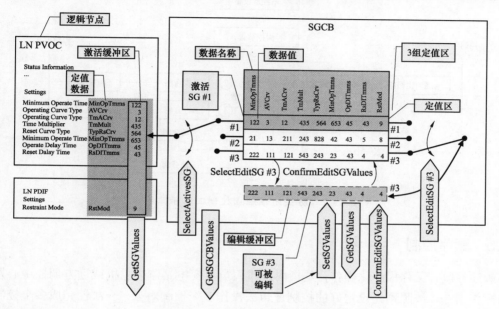

图 5-6 定值组控制模块 SGCB 及服务示意图

图 5-6 中 SG 的值由 PDIF 和 PVOC 两个不同的逻辑节点提供，在这个模型中，有 3 组定值，SelectActiveSG 服务决定选择 SG#1，#2，#3 的哪组值复制到激活缓冲区（active buffer），图中选择将 SG#1 设置成激活状态。SelectEditSG 服务切换右侧多路开关至 SG#3，用 GetSGValues 和 SetSGValues 服务读写编辑缓冲区（edit buffer）的 SG 值。SG#3 的值写入编辑缓冲区后，客户端以 ConfirmEdit-SGValues 确认存储在编辑缓冲区的新值。GetSGCBValues 服务可以检索 SGCB 的属性。而 SG 中的 DATA 可以由 GetSGValues 服务直接访问。

5.2.4 基于 GOOSE 的间隔逻辑闭锁

常规变电站测控装置本间隔断路器、隔离开关、电压互感器、空气开关等设备辅助触点通过硬接线输入测控装置，跨间隔闭锁量则通过 IEC103 规约通过站控层网络实现跨间隔设备之间联锁、闭锁。间隔层防误由测控装置实现，实现本间隔闭锁和跨间隔联锁、闭锁，测控装置进行的所有操作应满足防误闭锁条件，并上送防误判断结果至监控主机。防误闭锁触点控制回路示意如图 5-7 所示。

智能变电站间隔层五防闭锁逻辑通信机制基于 GOOSE 订阅/发布机制，测控装置本间隔内断路器、隔离开关、电压互感器、空气开关等设备辅助触点信息由过程层 GOOSE 网络获取，跨间隔闭锁量则通过站控层网 GOOSE 报文实现。智能变电站由于二次设备网络化，所以参与逻辑闭锁的条件加入了电压模拟量品质判断，电压模拟量数据断链判断等。当相关间隔的信息不能有效获取（如由于网络中断等原因）、信号具有无效品质、信号处于不确定状态（包括置检修状态）时，应判断校验不通过。

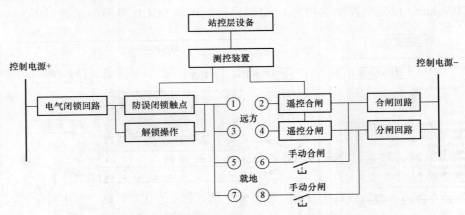

图 5-7　防误闭锁触点控制回路示意图

5.2.5　顺序控制

顺序控制，又称程序化操作，是指由操作人员从变电站监控主机或远方调控中心发出一条操作指令，按照预先设定好的控制逻辑去操作多个控制对象，一次性完成多个控制步骤的操作。顺序控制每执行一步操作前自动进行各种控制和防误闭锁逻辑判断，以确定操作任务是否能够执行，并实时反馈操作过程信息，达到减少或无需人工操作，减少人为误操作，提高操作效率的目的。顺序控制作为智能变电站高级应用功能，是在变电站标准化操作前提下，由自动化系统自动按照操作票规定的顺序执行相关操作任务。

顺序控制主要按间隔进行操作管理，如线路的运行⟷热备用⟷冷备用⟷检修的状态切换，操作包括断路器分合、隔离开关分合、软压板投退、装置复归和定值区切换等。控制要求能满足多个程序化操作的组合操作功能，或多个间隔同时操作。程序化操作的数据配置模型要求采用标准化模型。与调度互动采用标准、开放的接口。程序化操作流程如图 5-8 所示。

程序化操作功能要求：

（1）应满足无人值守及区域监控中心站管理模式的要求；

（2）程序化操作应采用站控层集中式模式；

（3）宜具备自动生成不同主接线和不同运行方式下典型操作流程的功能；

（4）应具备投、退保护软压板功能；

（5）应具备操作合理性的自动判断功能，每步操作有一定的时间间隔，具备人工干涉的功能；

（6）需经过防误逻辑校核，具备一次设备状态监测功能、保护装置及自动装置监测诊断功能、间接验电功能；

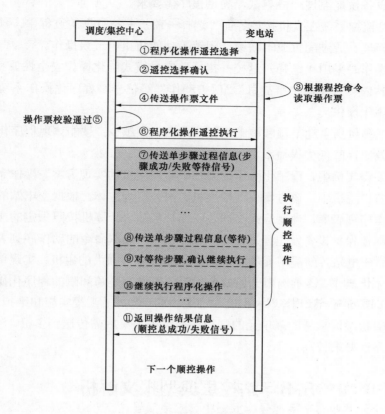

图 5−8　程序化操作流程图

（7）配备直观图形图像界面，在站内和远端实现可视化操作。

无人值班模式时，程序化操作服务模块统一部署在数据通信网关机和监控主机中，网关机可接收和执行监控中心、调度中心和本地自动化系统发出的控制指令，经安全校核正确后，自动完成符合相关运行方式变化要求的设备控制。

有人值班模式时，程序化操作服务模块同时也配置在监控主机中，就地的程序化操作通过监控后台机下发控制指令，宜具备与视频监控系统的互动功能，采集设备操作的视频分析结果作为程序化操作步骤判别的依据。

操作人员可通过置位停止指令变量来中途停止程序化操作。每完成一步操作，系统应依据典型操作票的检查项目进行逻辑与判断，只有所有条件都满足了才能进入下一步操作，特殊步骤，如负荷分配情况等应经操作员手动确认。检查的项目可冗余，以提高判断的准确性。程序执行过程中如果遇到反馈条件不满足状态判断条件的情况时，程序经延时置位执行超时告警信号，提示操作人员核对状态，然后再进行继续操作或跳出程序化操作的选择。

根据操作的输入输出信息所涉及的测控或保护装置，可将程序化操作分为间隔内的程序化操作和跨间隔的程序化操作。

为了保证程序化操作的安全性，采取下列措施：

（1）一次设备性能经过严格测试，满足程序化要求。

（2）变电站监控系统在人机接口界面"选择—监护—执行"的过程中，预先设定用户的权限和密码管理，通过配置逻辑联锁、闭锁等功能防止电气误操作。

（3）遥控操作时采用"选择—返校—执行"安全模式强化操作安全性。

（4）变电站内一旦发出"事故总""保护动作"等信号，程序化操作系统应可靠闭锁并自动终止程序化操作。

（5）人工干预包括主动干预和被动干预。人工干预越少，越能体现程序化操作的优越性，提高操作效率，降低失误概率。

在现有某工程实例中，程序化操作采用基于监控主机的实现方案，操作命令的动作序列表被预制在监控主机中。该方案以监控主机、网关机为主体，根据变电站的典型操作票编制对应的操作序列表库，当运行人员选定操作任务后，计算机按照预定的操作程序向相关电气间隔的测控保护设备发出操作指令，执行操作。操作命令的动作序列表被预制在监控主机中，依靠变电站各间隔单元的状态信息和编程能力强大的主机，实现单一间隔或跨电气间隔的程序化操作。该示例中无论单一间隔的操作还是跨间隔的程序化操作都易于实现；程序化操作票可统一管理，更大程度保证逻辑的一致性；工程实施和维护也比较方便。但是电气间隔的状态信息从间隔单元的测控保护设备采集后需传送到主机，对站内通信及远动装置的可靠性要求较高。

5.3 站控层典型报文解析

站控层典型的 MMS 服务报文主要包括初始化、读 LD 名称列表、报告服务、读服务、写服务、终止，本节将对每一种服务的报文结构以及请求、应答内容进行简要介绍。

5.3.1 初始化（Initiate）

ACSI 中的通信初始化过程映射到 MMS 中，主要包含建立 TCP 连接、释放 TCP 连接、初始化请求、读模型、读控制块、写控制块等，在 TCP 连接建立之后，客户端将向服务器端发起初始化请求，服务器端在收到请求后，将予以初始化响应，Initiate 服务报文如图 5-9 所示。

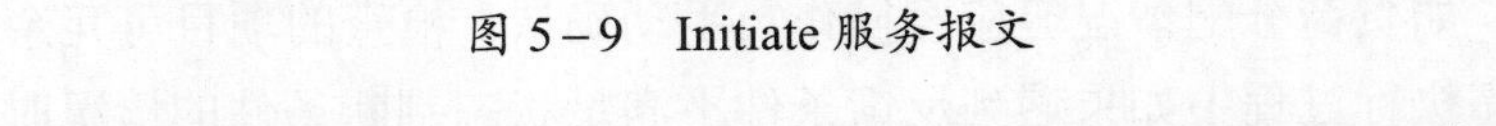

| 172.20.0.1 | 172.20.50.159 | MMS | Initiate Request |
| 172.20.50.159 | 172.20.0.1 | MMS | Initiate Response |

图 5-9 Initiate 服务报文

初始化请求主要用于通知服务器端，客户端所支持的服务类型，服务类型后括号中的数字为服务的编码，例如支持标识服务 identify（2）、文件服务 fileOpen（72）、fileRead（73）、fileClose（74）、报告服务 informationReport（79），Initiate 服务请求报文如图 5-10 所示。

初始化响应主要用于服务器端,为服务器端收到初始化请求后,通知服务器端所支持的类型,例如读服务 read(4)、写服务 write(5)、读模型服务 getVariableAccessAttributes(6)、终止服务 conclude(83)、取消服务 cancel(84)等,Initiate 服务响应报文如图 5-11 所示。

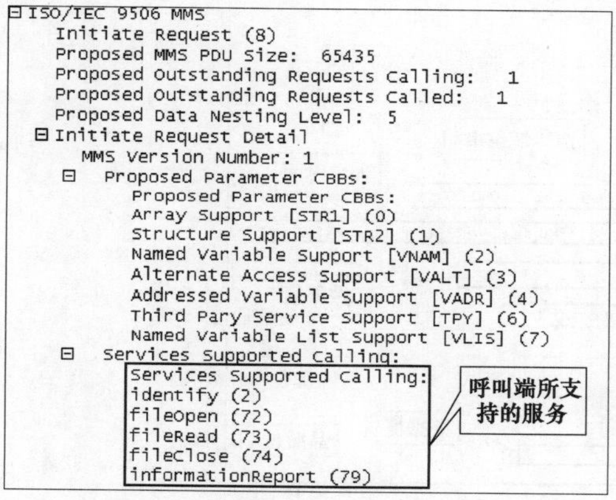

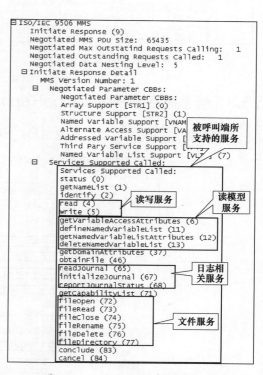

图 5-10　Initiate 服务请求报文

图 5-11　Initiate 服务响应报文

5.3.2　读 LD 名称列表(GetNameList)

当后台客户端和服务器端刚建立连接时,客户端与服务器不断收发 GetNameList 请求和响应报文,以读取 LD 名称列表;网络通信正常的情况下,客户端和服务端之间也会不断收发 GetNameList 请求和响应报文,作为应用层的心跳报文,以判断网络通信状况是否良好。GetNameList 服务报文如图 5-12 所示,IP 地址为 172.20.0.1 的客户端与 IP 地址为 172.20.50.159 的服务器之间的交互报文。

No. ▲	Time	Source	Destination	Protocol	Info
1	0.000000	172.20.0.1	172.20.50.159	MMS	GetNameList
2	0.019724	172.20.50.159	172.20.0.1	MMS	GetNameList

图 5-12　GetNameList 服务报文

GetNameList 服务请求报文如图 5-13 所示。

GetNameList 服务响应报文如图 5-14 所示,读取的 LD 名称包括 PL5072BLD0,PL5072BMEAS,PL5072BPROT,PL5072BRCD。

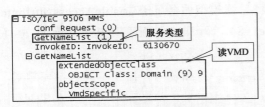

图 5-13　GetNameList 服务请求报文

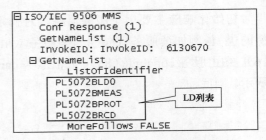

图 5-14　GetNameList 服务响应报文

5.3.3　信息报告（InformationReport）

信息报告主要上送遥信与遥测信息，服务报文如图 5-15 所示。

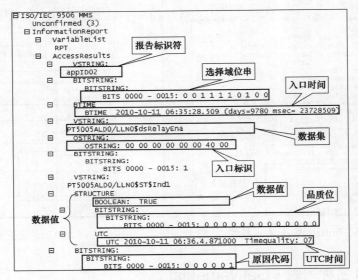

图 5-15　InformationReport 服务报文

ACSI 中的 Report 映射为 MMS 中的 informationReport，数据属性值映射为访问结果列表报告上送的访问结果见表 5-9。

表 5-9　　　　　　　　　　　　　　　报告上送的访问结果

报告参数名	条　件
报告 ID（RptID）	始终存在
选择域（OptFlds）	始终存在
顺序编号（SeqNum）	当 OptFlds.sequence-number 为 TRUE 时存在
入口时间（TimeOfEntry）	当 OptFlds.report-time-stamp 为 TRUE 时存在
数据集（DatSet）	当 OptFlds.data-set-name 为 TRUE 时存在
发生缓冲溢出（BufOvfl）	当 OptFlds.buffer-overflow 为 TRUE 时存在
入口标识（EntryID）	当 OptFlds.entryID 为 TRUE 时存在

续表

报告参数名	条 件
子序号（SubSeqNum）	当 OptFlds.segmentation 为 TRUE 时存在
有后续数据段（MoreSegmentFollow）	当 OptFlds.segmentation 为 TRUE 时存在
包含位串（Inclusion – bitstring）	应存在
数据索引（data – reference（s））	当 OptFlds.data – reference 为 TRUE 时存在
值（value（s））	见值
原因代码（ReasonCode（s））	当 OptFlds.reason – for – inclusion 为 TRUE 时存在，这位必须置上 1

5.3.4　读服务（Read）

Read 服务是 MMS 报文中比较常见的服务，主要用来读值，服务报文如图 5－16 所示，IP 地址为 172.20.0.1 的客户端读取 IP 地址为 172.20.50.158 的服务器定值，报文如图 5－16 所示。

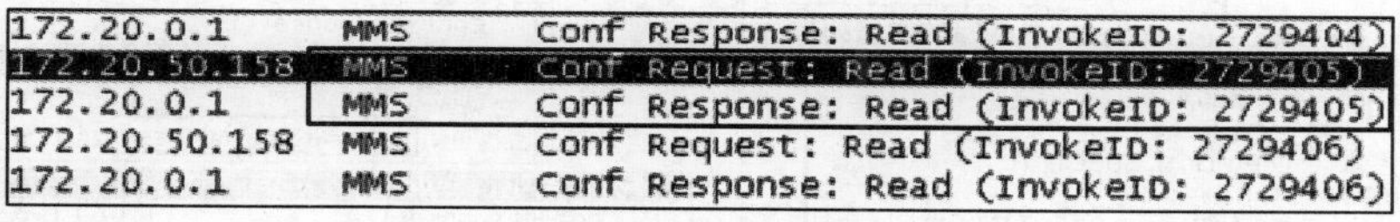

```
172.20.0.1      MMS    Conf Response: Read (InvokeID: 2729404)
172.20.50.158   MMS    Conf Request: Read (InvokeID: 2729405)
172.20.0.1      MMS    Conf Response: Read (InvokeID: 2729405)
172.20.50.158   MMS    Conf Request: Read (InvokeID: 2729406)
172.20.0.1      MMS    Conf Response: Read (InvokeID: 2729406)
```

图 5－16　Read 服务报文

（1）Read 服务请求：通过 Read 服务，客户端发出读定值请求。变量列表包括域名和条目名，从变量列表中可知，客户端要读取的是 JL5072APROT 逻辑节点中 PTOC2 的整定值。Read 服务请求报文如图 5－17 所示。

（2）Read 服务响应：服务器端响应 Read 请求，返回 JL5072APROT 逻辑节点中 PTOC2 的整定值，Read 服务响应报文如图 5－18 所示。

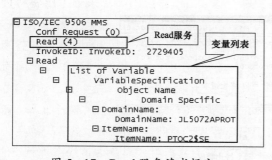

图 5－17　Read 服务请求报文

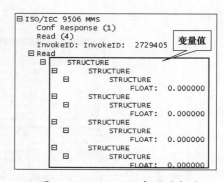

图 5－18　Read 服务响应报文

5.3.5　写服务（Write）

写服务包括保护定值修改、定值区切换、软压板投退、控制块使能以及写 RptID、

EntryID 等，下面以定值区切换为例解析 write 服务的客户端与服务器的应答情况以及报文结构，Write 服务报文如图 5-19 所示。

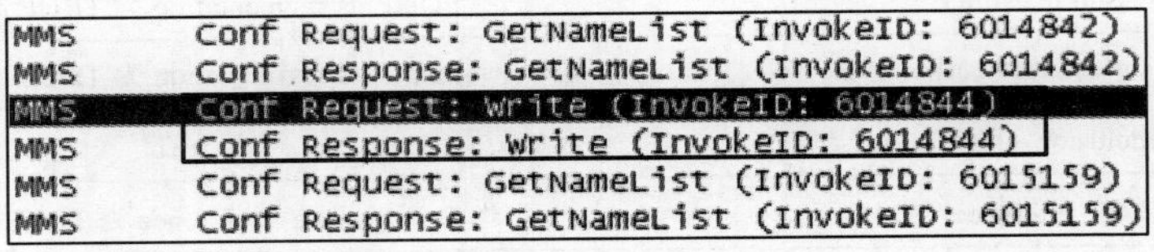

```
MMS     Conf Request: GetNameList (InvokeID: 6014842)
MMS     Conf Response: GetNameList (InvokeID: 6014842)
MMS     Conf Request: Write (InvokeID: 6014844)
MMS     Conf Response: Write (InvokeID: 6014844)
MMS     Conf Request: GetNameList (InvokeID: 6015159)
MMS     Conf Response: GetNameList (InvokeID: 6015159)
```

图 5-19　Write 服务报文

（1）Write 请求：客户端发出切换定值区的请求，write 请求写 PL5072BPROT 中 SGCB 控制块，"Data"中写入数据为"2"，即客户端要把定值区切换到 2 区。Write 服务请求报文如图 5-20 所示。

（2）Write 响应：服务器接收到 write 请求后响应客户端是否写成功，返回"写成功"或"写失败"，图 5-21 为 Write 服务响应"写成功"的报文。

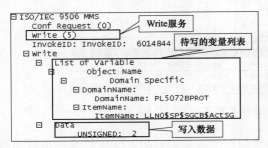

图 5-20　Write 服务请求报文

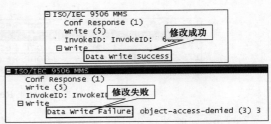

图 5-21　Write 服务响应"写成功"报文

5.3.6　终止（Conclude）

当客户端需要释放与服务器间的连接时，会向服务器发起 MMS 通信结束请求，同时服务器端予以响应，Conclude 服务报文如图 5-22 所示。

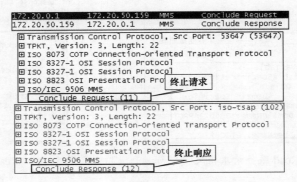

图 5-22　Conclued 服务报文

5.3.7　操作报文实例

5.3.7.1　投退软压板（以主变压器保护为例）

监控主机客户端投退软压板操作的交互报文包括操作前选择、预置成功、投退、投退成功、压板变位报文、主动上送报文 6 条报文，如图 5-23 所示。

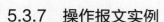

图 5-23　后台投退软压板报文

下面分别对应上述 6 条报文进行详细报文分析（以变压器主保护软压板控分为例）。

（1）操作前选择。图 5-24 为后台投退软压板请求报文，可以看出待投退装置为 PT5005APROT，"SBOw" 为 "操作前选择"，即对待操作装置进行预置；"控制值" 为 "FALSE" 表示要进行的动作为将 Ena1 软压板控分；"检修位" 为 "FALSE" 表示未投检修压板。

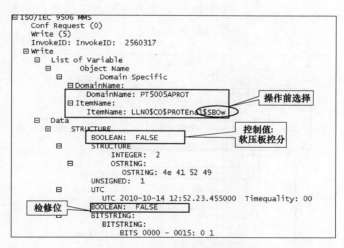

图 5-24　后台投退软压板请求报文

（2）预置成功。返回预置结果，图 5-25 为软压板投退操作预置成功报文。

（3）投退。预置后进行压板投退操作，后台投退软压板响应报文如图 5-26 所示，图中红框 "投退操作" 处的 "Oper" 表示将 PROT 的 Ena1 压板进行投退；红框 "压板退出（分为）" 处的 "FALSE" 表示将压板控分；检修位仍为退出。

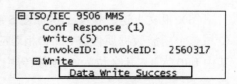

图 5-25　软压板投退操作预置成功报文

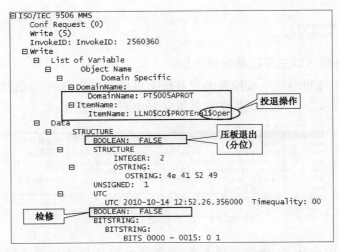

图 5-26 后台投退软压板响应报文

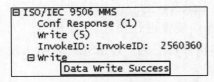

图 5-27 软压板投退成功报文

（4）返回投退结果。返回投退操作成功与否，图 5-27 为软压板投退成功报文。

（5）上送压板变位报文。与压板投退操作返回成功报文同时，服务器上送压板变位报文如图 5-28 所示。报文包括变量列表和访问结果，表明所操作的对象和压板当前分合状态。

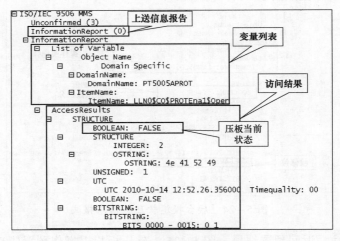

图 5-28 压板变位报文

（6）报文上送。报文上送如图 5-29 所示，包含位串（Inclusion-bitstring）表示每一位与一个功能数据属性（FCDA）相对应，例如此处共 19 位，说明 DataSet 中有 19 个 FCDA，其中 bit0 为 1，其余位为 0，则报告中只包含 bit0 所指的数据属性（主保护压板）的值（分位）。

功能约束数据属性（FCDA）包括状态、品质、UTC 时间、原因代码。

130

报文上送的具体内容在本章5.2.1.3节中有详细介绍，此处不再赘述。

ISO/IEC 9506 MMS
Unconfirmed (3)
InformationReport
VariableList
RPT
AccessResults
VSTRING:
BITSTRING:
BITSTRING:
BITS 0000 - 0015: 0 0 1 1 1 1 0 1 0 0
BTIME
VSTRING:
OSTRING:
OSTRING: 64 00 00 00 00 00 46 00
BITSTRING:
BITSTRING:
BITS 0000 - 0015: 1 0 0 0 0 0 0 0 0 0 0 0 0 0 0 0
BITS 0016 - 0031: 0 0 0
VSTRING:
STRUCTURE
BOOLEAN: FALSE
BITSTRING:
BITSTRING:
BITS 0000 - 0015: 0 0 0 0 0 0 0 0 0 0 0 0 0
UTC
UTC 2010-10-14 04:54.23.040000 Timequality: 07
BITSTRING:
BITSTRING:
BITS 0000 - 0015:
包含位串
Including-bitstring
压板状态
品质位
数据值
UTC时间

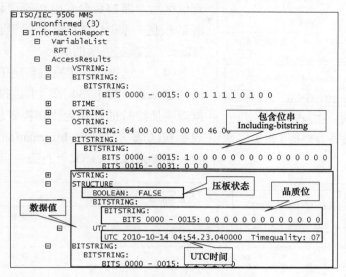

图5-29 报文上送

5.3.7.2 切换定值区（以主变压器保护为例）

本示例以监控后台切换保护装置定值区为例，简述操作过程的报文交互，以及每条报文的具体内容。后台切换定值区的完整操作报文包括5条。确认编辑定值组、返回确认结果、激活新定值区（切换到新区）、上送报文、返回操作结果。

后台切换定值区操作报文如图5-30所示。

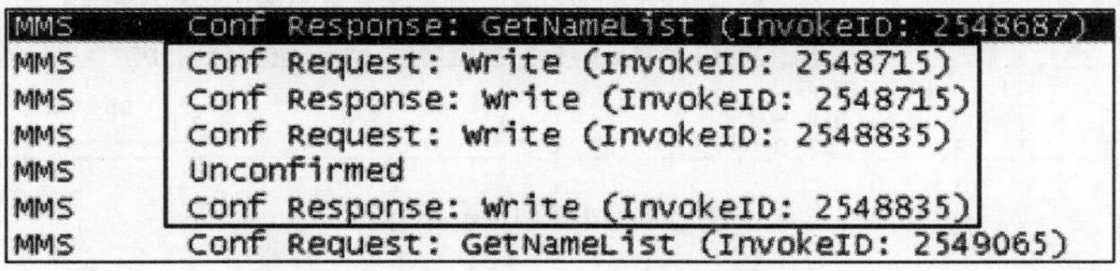

MMS Conf Response: GetNameList (InvokeID: 2548687)
MMS Conf Request: Write (InvokeID: 2548715)
MMS Conf Response: Write (InvokeID: 2548715)
MMS Conf Request: Write (InvokeID: 2548835)
MMS Unconfirmed
MMS Conf Response: Write (InvokeID: 2548835)
MMS Conf Request: GetNameList (InvokeID: 2549065)

图5-30 后台切换定值区操作报文

（1）确认编辑定值区。确认编辑定值区报文如图5-31所示，请求报文中的变量列表包括域名和条目名称，上文已作描述，此处不再赘述。

（2）返回确认结果。确认成功报文如图5-32所示。

ISO/IEC 9506 MMS
Conf Request (0)
Write (5)
InvokeID: InvokeID: 2548715
Write
List of Variable
Object Name
Domain Specific
DomainName:
DomainName: PT5005APROT
ItemName:
ItemName: LLN0SPSGCB$CnfEdit
Data
BOOLEAN: TRUE
确认编辑定值区

图5-31 确认编辑定值区报文

ISO/IEC 9506 MMS
Conf Response (1)
Write (5)
InvokeID: InvokeID: 2548715
Write
Data Write Success

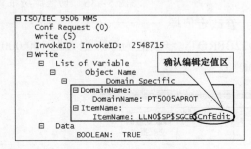

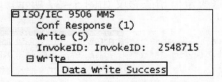

图5-32 确认成功报文

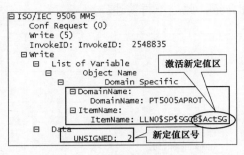

图 5-33　激活新定值区报文

（3）激活新定值区（切换到新区）。确认编辑定值区后，监控后台发出切换到新定值区的报文，激活新区，图 5-33 所示的激活定值区报文中"Data"为新定值区的区号。

（4）上送报文。切换到新定值区后，服务器上送信息报告，图 5-34 所示上送报文中标出的红色框表明所进行的操作为"切换定值区"，"TRUE"表示切区成功。对于 InformationReport 的其他内容，请参考 5.2.1.3 节。

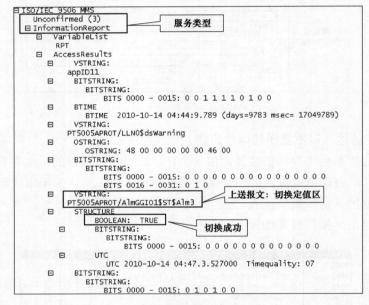

图 5-34　上送报文

（5）返回操作结果。切区成功报文如图 5-35 所示。

5.3.7.3　修改定值（线路保护为例）

以 IP 地址为 172.20.0.1 的客户端和 IP 地址为 172.20.50.159 的线路保护装置为例，监控后台修改定值的交互报文如图 5-36 所示。

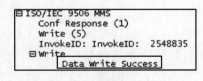

图 5-35　切区成功报文

（1）服务请求。从服务类型中可以看到，修改定值操作为 Write 服务，变量列表中的域名为 PL5072BPROT，修改值为浮点型数据 100.000 000，后台修改定值请求报文如图 5-37 所示。

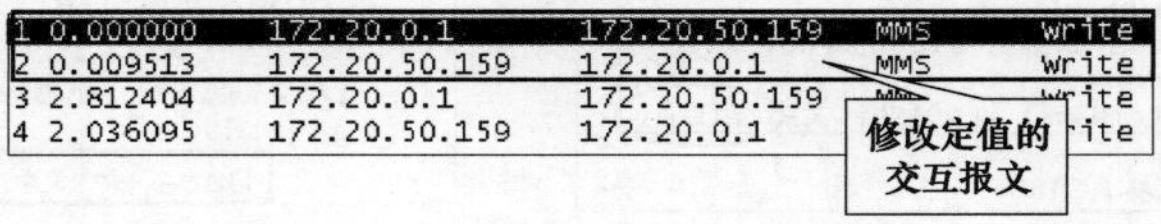

1	0.000000	172.20.0.1	172.20.50.159	MMS	write
2	0.009513	172.20.50.159	172.20.0.1	MMS	write
3	2.812404	172.20.0.1	172.20.50.159		write
4	2.036095	172.20.50.159	172.20.0.1		write

修改定值的
交互报文

图 5-36　修改定值的交互报文

（2）服务响应。回复写入成功与否。图5-38为后台修改定值响应成功报文。

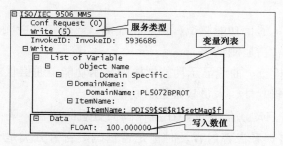

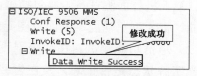

图5-37 后台修改定值请求报文　　　图5-38 后台修改定值响应成功报文

5.4 站控层测试技术

站控层测试包括监控主机测试、数据通信网关机测试及保护信息子站测试等。

监控主机测试的功能有：SCADA基本功能，包括遥测、遥信、遥控、告警、防误逻辑闭锁等；高级应用功能，包括顺序控制、智能告警及源端维护等。

数据通信网关机测试的功能有数据采集、数据处理、数据远传、控制功能、时间同步、冗余管理、告警直传、远程浏览及自诊断功能等。

保护信息子站测试的功能有初始化配置功能、自动上送信息功能、获取历史信息功能及获取运行信息功能。

5.4.1 信息对点核对测试

监控主机、数据通信网关机及保护信息子站的测试都涉及信息对点核对测试，变电站监控主机及保护信息对点核对测试的一般流程如图5-39所示。

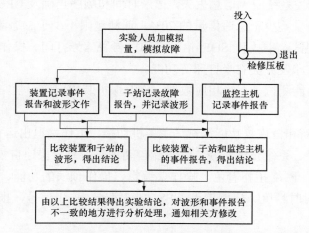

图5-39 变电站监控及保护信息对点核对测试的一般流程图

5.4.2　监控主机测试

监控主机的测试包括人机界面测试、遥信功能测试、遥测功能测试、遥控功能测试、防误闭锁功能测试、顺序控制功能测试、雪崩测试等。

（1）人机界面测试。主要包括画面检查、曲线显示功能、棒图显示功能、通信状态显示功能、报表浏览功能、画面及图元编辑功能、人员权限维护功能。

（2）遥信功能测试。在间隔层设备启动遥信变位，在监控画面查看断路器、隔离开关、光字牌状态是否正确，及在告警窗查看告警内容及时标是否正确，告警分类是否满足要求等。

（3）遥测功能测试。在间隔层设备触发遥测越限上送，在监控画面观察相应数据值的变化，依次做电压、电流、有功功率、无功功率、频率越上/下限告警功能测试和恢复上/下限告警功能测试。

（4）遥控功能测试。在监控画面对断路器、隔离开关、软压板等进行遥控操作，遥控是否满足"选择—返校—执行—确认—返回"全过程，进入控制操作时系统应有授权、密码安全设置等测试。

（5）防误闭锁功能测试。在间隔层触发断路器、隔离开关位置变化，根据预设的防误逻辑规则对站控层遥控对象进行防误闭锁逻辑验证。

（6）顺序控制功能测试。测试顺序控制是否提供操作界面，显示操作内容、步骤及操作过程等信息；测试是否支持开始、终止、暂停、继续等进度控制，并提供操作的全过程记录；对操作中出现的异常情况，是否具有急停功能；验证能否通过辅助触点状态、测量值变化等信息，实现自动完成每步操作的测试工作，包括设备操作过程、最终状态等；测试热备、冷备、运行、检修四个状态之间的顺控操作。

（7）雪崩测试。触发多个间隔设备，产生多个遥信变位和遥测越限、保护动作信号、告警信息等，测试监控系统应无信息丢失，记录时间和顺序正确及 CPU 负荷不超过 50%。雪崩数量要求：遥信量不少于总遥信量的 20%，遥测越限不少于总遥测量的 20%。

（8）打印功能测试。事故和 SOE 信号打印、告警信号打印、操作信息自动打印、定时打印、画面菜单打印及分类召唤打印等功能。

（9）保护信息功能测试。召唤相应数据、修改保护装置定值、复归操作、录波数据操作等功能。

（10）系统自诊断和自恢复功能测试。主备机切换、工作站退出运行告警、网络切换功能、通信中断上报、系统正确告警、进程能自动恢复、系统快速自恢复等功能。

（11）其他功能。网络拓扑着色、操作票编辑、操作预演的功能、挂牌功能、检修设备信息屏蔽、GPS 对时精度、应能接入 GPS 故障信号、失步信号、报文监视工具、积分电量等功能。

（12）性能指标测试。监控后台性能指标主要包括：

1）切换画面响应时间不大于 3s；

2）画面实时数据刷新周期不大于 3s，可设置；

3）遥信变位到操作员工作站显示的时间不大于 2s；

4）遥测变化到操作员工作站显示时间不大于 3s；

5）操作执行指令到现场变位信号返回总时间不大于 3s；

6）主服务器切换时间不大于 30s，可设置；

7）网络切换时间不大于 60s；

8）全站 SOE 分辨率不大于 2ms；

9）30min 内后台计算机的平均 CPU 负载率不大于 35%；

10）发生故障条件下 3s 内后台计算机的平均 CPU 负载率不大于 50%。

5.4.3　数据通信网关机测试

数据通信网关机为一种通信装置，实现变电站与调度、生产等主站系统之间的通信，为主站系统实现变电站监视控制、信息查询和远程浏览等功能提供数据、模型和图形的传输服务。数据通信网关机测试项目包括数据采集功能测试、数据处理功能测试、数据远传功能测试、控制功能测试、时间同步功能测试、告警直传功能测试、远程浏览功能测试、冗余管理功能测试、自诊断功能测试等。

（1）数据采集功能测试。数据采集功能测试主要验证数据通信网关机对间隔层设备的数据应能正确采集，通过 IEC 61850 标准进行信息交互，数据采集功能测试满足数据通信网关机技术规范要求。

（2）数据处理功能测试。数据处理功能测试包括逻辑运算功能测试、算术运算功能测试、信息合成功能测试、时标处理功能测试、事故总复归处理功能测试、网络通信中断判断功能测试等。

（3）数据远传功能测试。数据远传功能测试包括对主站的合法性校验、对多链接的正确处理、支持带时标上送、远传数据的正确性等。

（4）控制功能测试。控制功能测试包括遥控的正确性、遥控源的唯一性验证、遥控全过程的记录功能测试、遥控日志记录功能测试等。

（5）时间同步功能测试。时间同步功能测试包括对时功能及时间步状态监测功能测试。

（6）告警直传功能测试。告警直传功能测试监控系统的告警信息采用告警直传的方式上送主站，功能测试满足 Q/GDW 11207《电力系统告警直传技术规范》的要求。

（7）远程浏览功能测试。远程浏览功能测试监控系统的画面通过通信转发方式上送主站，功能测试满足 Q/GDW 11208《电力系统远程浏览技术规范》的要求。

（8）冗余管理功能测试。冗余管理功能测试数据通信网关机是否支持双主机工作模式或主备机热备工作模式，在主备机热备工作模式运行时应具备双机数据同步措施，保证上送主站数据不重发不漏发。

（9）自诊断功能测试。自诊断功能测试的内容包括当出现进程异常、通信异常、硬件异常、CPU 占用率过高、存储空间剩余容量过低、内存占用率过高等异常现象时，应能正确告警并记录日志。

（10）性能指标测试。数据通信网关机性能指标主要包括：

1）应满足接入不少于 255 台装置时的正常工作；

2）接入间隔层装置小于 255 台时初始化过程应小于 5min；

3）应具备不少于 6 个网口，单网口应支持至少同时建立 32 个对上通信链接；

4）内存≥1GB；

5）存储空间≥128GB；

6）遥测处理时间≤500ms；

7）遥信处理时间≤200ms；

8）遥控命令处理时间≤200ms；

9）控制操作正确率 100%；

10）每个通道 SOE 缓存条数≥8000 条；

11）远方遥控的报文记录条数≥1000 条；

12）运行日志、操作日志与维护日志各记录条数≥10 000 条；

13）在 200 点遥信每秒变化 1 次，连续变化 40 次的情况下，变位信息记录完整，时间顺序记录时间正确；

14）站控层网络接口 30M 的广播流量工作正常；

15）对告警直传处理时间≤1s；

16）对远程浏览处理时间≤2s；

17）支持远程浏览连接数≥16 个；

18）每个连接支持远程浏览画面数≥16 个；

19）支持远程浏览同一主站 IP 连接数≥4 个；

20）IRIG－B 同步对时精度≤1ms，SNTP 同步对时精度≤100ms；

21）在没有外部时钟源校正时，24h 守时误差应不超过 1s；

22）CPU 平均负载率：正常时（任意 30min 内）≤30%，电力系统故障时（10s 内）≤50%；

23）整机功耗≤50W；

24）平均无故障间隔时间（MTBF）≥30 000h。

5.4.4　保护信息子站功能测试

保护信息子站装置是针对保护故障信息管理系统而开发的一种通信及数据存储装置，功能可集成在数据通信网关机中，通过标准通信接口实现继电保护装置和故障录波装置与调度端或当地监控系统之间的通信联系，并对保护信息、故障波形加以保存，以供历史查询和故障分析。

保护信息子站具备以下功能：

（1）采集各种微机保护、自动装置的各种信息；

（2）定值管理功能，能够上装定值、下载定值和定值比对，并在数据库中保存所有定值信息；

（3）接收保护信息主站或当地监控发送的命令，下发给相应装置执行，这些命令包括定值区切换、更改定值、信号复位等；

（4）历史事件记录和查新，记录所有保护装置及故障录波器的自检信息、事件信息、故障信息、定值变化等信息，所有信息可以通过多种查询条件进行检索和查看。

保护信息子站测试功能、测试内容及性能指标分别见表 5-10、表 5-11。

表 5-10　　　　　　　　　　　　保护信息子站测试功能

序号	测试项目	测 试 内 容
1	初始化配置功能	召唤组标题、召唤定值配置、召唤模拟量配置、召唤定值区号配置、召唤开入状态量配置、召唤告警状态量配置、召唤事件状态量配置、召唤故障量配置
2	自动上送信息功能	录波通知、告警信息、开关量变位信息、动作信息、通信状态信息、故障量信息
3	获取历史信息功能	召唤历史动作信息、召唤历史告警信息、召唤历史开关量信息、召唤录波文件列表信息、召唤录波文件信息
4	获取运行信息功能	召唤定值、召唤模拟量、手工总召唤、召唤定值区号

表 5-11　　　　　　　　　　　保护信息子站测试内容及性能指标

序号	技术参数名称	参　　数
1	模拟量 U、I 测量误差	≤0.2%
	模拟量 P、Q 测量误差	≤0.5%
2	电网频率测量误差	≤0.01Hz
3	事件顺序记录分辨率（SOE）	同一装置 1ms，不同装置、不同间隔之间 2ms
4	遥测超越定值传送时间（至站控层）	≤2s
5	遥信变位传送时间（至站控层）	≤1s
6	遥测信息响应时间（从 I/O 输入端至远动工作站出口）	≤2s
7	遥信变化响应时间（从 I/O 输入端至远动工作站出口）	<1s
8	遥控命令执行传输时间	≤3s
9	动态画面响应时间	≤2s
10	双机系统可用率	≥99.99%
11	控制操作正确率	100%
12	系统平均无故障间隔时间（MTBF）	≥30 000h
13	I/O 单元模件 MTBF	≥50 000h
14	间隔级测控单元平均无故障间隔时间	≥40 000h
15	各工作站的 CPU 平均负载率	
	正常时（任意 30min 内）	≤20%
	电力系统故障时（10s 内）	≤40%
16	网络负载率	
	正常时（任意 30min 内）	≤20%
	电力系统故障（10s 内）	≤30%
17	模数转换分辨率	≥16 位
18	整个系统对时精度	≤1ms
19	远动工作站双机切换时间	≤10s
20	双网切换时间	≤10s
21	后台双机切换时间	≤10s

第 6 章

智能变电站对时、同步原理及测试技术

在现代电网中，统一的时间系统对电力系统的故障分析、监视控制及运行管理具有重要意义。变电站中的测控装置、故障录波器、微机保护装置、功角测量装置（PMU）、安全自动装置等都需要站内的一个统一时钟对其授时。全网维持一个统一的时间基准，通过收集分散在各个变电站的故障录波数据和事件顺序记录（SOE），有利于在全网内更好地复现故障发生发展的过程，监视系统的运行状态。

目前，常规互感器和电子式互感器均在智能变电站建设中得到应用，常规互感器与电子式互感器间以及跨间隔电子式互感器间的采样同步性问题成为电子式互感器应用的关键技术问题之一。常规互感器的一次、二次电气量的传变延时很小，可以忽略，继电保护及自动化等装置只要根据自身的采样脉冲在某一时刻对相关电流互感器、电压互感器的二次电气量进行采样就能保证数据的同步性。采用电子式互感器后，继电保护采集模块前移至合并单元，互感器一次电气量需要经前端模块采集再由合并单元处理。由于各间隔互感器的采集处理环节相互独立，没有统一协调，且一次、二次电气量的传变附加了延时环节，导致各间隔电子式互感器的输出数据不具有同时性，无法直接用于对数据同步性要求高的保护计算。

本章将重点介绍变电站智能设备的对时过程，并研究电子式互感器采样数据同步方法在保护计算中的应用。

6.1 对时方法介绍

变电站对时是指站内保护、测量、监控等设备为了统一时间的需要，采用相应的对时方法，实现与标准时钟源时间保持同步的过程。本节主要介绍几种常用的时间概念和时钟源，并对常用对时方法和智能变电站的对时系统进行阐述。

6.1.1 时间的概念

关于时间概念方面经常用到的术语有世界时、国际原子时、协调世界时、闰秒等，下面对这些术语分别进行定义和解释。

（1）世界时（UT0/UT1/UT2）。以平子夜作为 0 时开始的格林尼治（英国伦敦南郊原格林尼治天文台的所在地，是世界上地理经度的起始点）平太阳时，就称为世界时。由于地极移动和地球自转的不均匀性，最初得到的世界时，也是不均匀的，我们将其记为 UT0；人们对 UT0 加上极移改正，得到的结果记为 UT1；再加上地球自转速率季节性变化的经验改正就得到 UT2。

（2）国际原子时（TAI）。原子时间计量标准在 1967 年正式取代了天文学的秒长的定义。新秒长规定为：位于海平面上的铯 Cs133 原子基态的两个超精细能级间在零磁场中跃迁振荡 9 192 631 770 个周期所持续的时间为一个原子时秒，我们称之为国际原子时（TAI）。

（3）协调世界时（UTC）。相对于以地球自转为基础的世界时来说，原子时是均匀的计量系统，这对于测量时间间隔非常重要。而世界时时刻反映了地球在空间的位置，并对应于春夏秋冬、白天黑夜的周期，是我们熟悉且在日常生活中必不可少的时间。为兼顾这两种需要，引入了协调世界时（UTC）系统。UTC 在本质上还是一种原子时，因为它的秒长规定要和原子时秒长相等，只是在时刻上通过人工干预，尽量靠近世界时。

（4）闰秒。UTC 在秒长上使用原子时秒，它在速率上精确符合 TAI，但在时刻上会与 TAI 相差若干整数秒。UTC 时间尺度通过插入或删除若干整数秒（正闰秒或负闰秒）以保证与 UT1 时间尺度近似一致。每当 UTC 与世界时 UT1 时刻之差接近超过 0.9s 时，在当年的 6 月底或 12 月底的 UTC 时刻上增加 1s 或减少 1s。截至 2018 年 12 月 31 日，UTC 时间落后 TAI 时间 37s，计及 offset＝37s。

以上四个概念应该这样理解，世界时是人们容易接受的时间，是一种天文时间；TAI 时间由于原子钟物理性质的稳定性决定其时间是最精确的；而 UTC 时间因速率精确符合 TAI，而且通过闰秒机制使其接近天文时间，所以目前已经代替格林尼治时间成为广泛使用的一种时间系统。

6.1.2 常用时钟源

时钟源用于提供标准时钟信号，授时系统主要包括无线授时和有线授时两类。无线授时系统包括欧洲伽利略（Galileo）导航系统、中国北斗导航系统、俄罗斯全球导航卫星系统（GLONASS）等，以及长波授时系统（BPL）、短波授时系统（BPM）等；有线授时系统以网络或专线作为载体，例如通信网络授时系统。

（1）卫星授时。卫星全球定位系统是一种以人造地球卫星为载体的全球覆盖、全天候工作的无线电导航定位系统，可以实现精确导航、定位和授时。主要有美国的 GPS、俄罗斯的 GLONASS、欧洲空间局的伽利略计划、中国的北斗导航卫星系统。目前电力系统应用较为广泛的是 GPS 系统。

GPS 由专门的接收器接收卫星发射的信号，可以获得位置、时间和其他相关信息。GPS 系统每秒发送一次信号，其时间精度在 1μs 以内。其时间信息包含年、月、日、时、分、秒以及 1PPS（标准秒）信号，因而具有很高的频率精度和时间精度。在综合自动化变电站中采用 GPS 卫星同步时钟可以实现全站各系统在统一时间基准下的运行监控和故障后的故障分析，同时 GPS 可以通过扩展单元输出各种类型的对时编码信号，包括 IRIG－B（DC）时间码、脉冲码以及串口时间报文等类型时间同步信号，以满足不同接口设备的对时要求。

（2）网络授时。网络时间协议 NTP（Network Time Protocol）是使用最普遍的国际互联网时间传输协议，属于 TCP/IP 协议族，采用了复杂的时间同步算法，可提供的对时精度为 1～50ms。

网络时钟传输的是以 1900 年 1 月 1 日 0 时 0 分 0 秒算起时间戳的用户数据协议（UDP）报文，用 64 位表示，前 32 位为秒，后 32 位为秒等分数。网络中报文往返时间是可以估算的，因而采用补偿算法可以达到精确对时的目的。SNTP 是 NTP 的一个简化版，没有 NTP 复杂的算法，应用于简单的网络中。在 IEC 61850 中规定的时间同步协议就是 SNTP。

6.1.3 常用对时方式

（1）脉冲对时（硬对时）。主要有秒脉冲信号 PPS（Pulse per Second）和分脉冲信号 PPM（Pulse per Minute）。秒脉冲是利用 GPS 所输出的每秒一个脉冲方式进行时间同步校准，获得与 UTC 同步的时间，准确度较高，上升沿的时间误差不大于 1μs，这是国内外 IED 常用的对时方式；分脉冲是利用 GPS 所输出的每分钟一个脉冲方式进行时间同步校准。脉冲对时输出方式有 TTL 电平、静态空触点、RS－422、RS－485 和光纤等。应用脉冲对时方式进行对时时，装置利用时钟源所输出的时间脉冲信号进行时间同步校准，常见的秒脉冲信号如图 6－1 所示。

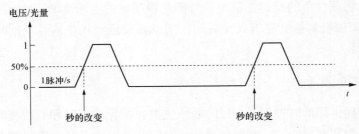

图 6－1 秒脉冲信号

（2）串口通信对时（软对时）。串口通信对时是通过通信通道将时钟信息以数据帧的形式向各个 IED 发送，IED 接收到报文后通过解帧获取当前主时钟信息，来校正自己的时间，以保持与主时钟的同步。

（3）编码对时。编码对时信号有多种形式，国内常用的是 IRIG－B，它又被分为调制 IRIG－B 对时码和非调制 IRIG－B 对时码。调制 IRIG－B 对时码，其输出的帧格式是每秒输出一帧，每帧有 100 个代码，包含了秒段、分段、小时段和日期段等信号。非调制 IRIG－B 对时码，是一种标准的 TTL 电平，主要用在传输距离不远的场合。

通过 IRIG－B 码发生器，可将 GPS 接收器输送的 RS－232 数据及 1PPS 转换成 IRIG－B 码，IRIG－B 码对时框图如图 6－2 所示。通过 IRIG－B 输出口及 RS－232/RS－422/RS－485 串行接口输出，站内的各种保护管理机及测控单元内都装有 IRIG－B 码解码器，通过它输出标准北京时间及 1PPS，该时间有年、月、日、时、分、秒，各种保护通过 RS－232 接口检测同步脉冲，以此完成继电保护的精确对时。

网络授时是一种由网络时钟服务器接收 GPS 等时钟源信息，根据网络时间协议 NTP（Network Time Protocol）协议和简单网络时间协议 SNTP（Simple Network Time Protocol），输出同步信号的方式。

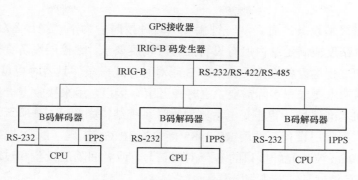

图 6-2 IRIG-B 码对时框图

常规变电站 500kV 继电保护小室配有一面独立的主时钟柜,主时钟含时间信号接收单元和输出单元,分别用于 GPS 对时信号的接收和输出。各小室内的保护、测控和故障录波装置通过电 B 码与主时钟对时,小室之间采用光纤 B 码互为备用,同时通过时间同步信号扩展装置以 SNTP 实现对保护子站,监控主机的对时。某 500kV 常规变电站对时系统示意如图 6-3 所示。

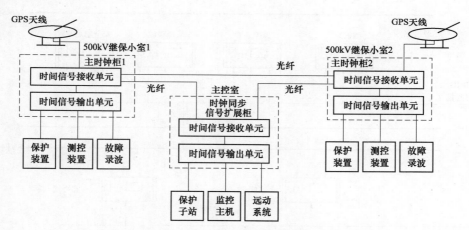

图 6-3 某 500kV 常规变电站对时系统示意图

6.1.4 智能变电站对时系统

变电站时间同步系统由主时钟、扩展时钟和时间同步信号传输通道组成,主时钟和扩展时钟均由时间信号接收单元、时间保持单元和时间同步信号输出单元组成。

智能变电站对实时数据采集时间的一致性要求较高,因此应配置一套全站公用的时间同步系统,主时钟采用双重化配置。时钟同步精度和守时精度需满足站内所有设备的对时精度要求,异常时钟信息的防误、主从时钟的传输延时补偿等需满足智能变电站同步采样要求。

智能变电站宜采用主备式时间同步系统,由两台主时钟、多台从时钟和信号传输介质组成,为被授时设备/系统对时。

主时钟采用双重化配置,支持北斗授时系统和 GPS 授时系统。主时钟可以对从时钟授时，也可以对终端设备授时，从时钟接受主时钟授时后为下一级设备/系统对时。时间同步精度和守时精度应满足站内所有设备的对时精度要求。站控层设备宜采用 SNTP 对时方式，间隔层和过程层设备宜采用 IRIG-B 码对时方式，条件具备时也可采用 IEEE 1588 网络对时。根据技术要求和实际需要，主时钟可留有接口，用来接收上一级时间同步系统下发的有线时间基准信号，智能变电站典型对时系统结构如图 6-4 所示，站控层网络采用 SNTP 对时，间隔层设备可采用 RS-485 接口的 IRIG-B 码（DC）对时信号，过程层设备可采用 1310nm 波长光纤接口的 B 码对时信号，或者间隔层设备和过程层设备均采用 IEEE 1588 实现高精度时钟同步。

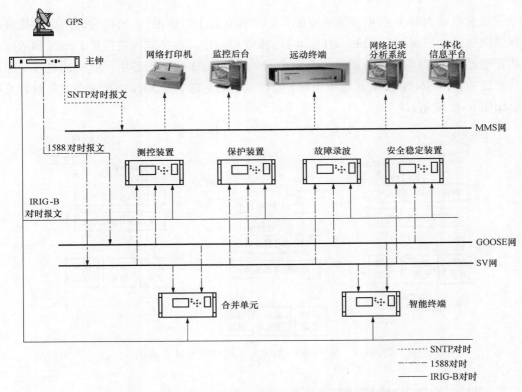

图 6-4　智能变电站典型对时系统结构图

电力系统常用设备和系统对时间同步准确度的要求见表 6-1。

表 6-1　　　　电力系统常用设备和系统对时间同步准确度的要求

电力系统常用设备或系统	时间同步准确度
合并单元	优于 1μs
同步相量测量装置	优于 1μs
故障录波器	优于 1ms
电气测控单元、远方终端、保护测控一体化装置	优于 1ms
微机保护装置	优于 1ms

续表

电力系统常用设备或系统	时间同步准确度
智能终端	优于 1ms
安全自动装置	优于 10ms
配电网终端装置、配电网自动化系统	优于 10ms
电能量采集装置	优于 1s
变电站计算机监控系统主站	优于 1s

智能变电站对时系统的技术特点及主要指标如下：

（1）多时钟信号源输入无缝切换功能。具备信号输入仲裁机制，在信号切换时 1PPS 输出稳定在 0.2μs 以内。

（2）异常输入信息防误功能。在外界输入信号受到干扰时，仍然能准确输出时间信息。

（3）高精度授时、守时性能。时间同步准确度优于 1μs，秒脉冲抖动小于 0.1μs，守时性能优于 1μs/h。

（4）从时钟延时补偿功能。弥补传输介质对秒脉冲的延迟影响。

（5）提供高精度可靠的 IEEE 1588 时钟源。

（6）支持 DL/T 860 建模及 MMS 组网。

（7）丰富的对时方式，配置灵活。支持 RS-232、RS-485、空触点、TTL、光纤、网络等多种对时方式。

6.2 IEEE 1588 精密时钟技术

6.2.1 IEEE 1588 概述

随着工业现场控制的规模越来越大，自动化程度越来越高，对测量和控制的同步性和实时性提出了越来越高的要求。由于基于以太网方式下的 NTP 对时方式的精度只有 1ms 左右，不能满足现场高精度测控装置对时间的要求。为此美国一些研究机构专门开展了测量和控制设备间的时钟同步技术的研究，其方案随后获电气与电子工程师协会的认可，形成适用于高精度对时要求的 IEEE 1588 标准。

IEEE 1588 为基于多播技术的标准以太网实时定义了一个在测量和控制网络中与网络交流、本地计算和分布式对象有关的精确时钟同步协议 PTP（Precision Time Protocol），该协议具备高精度、网络化的特点，适用于在局域网中支持组播报文发送的网络通信。IEEE 1588 为消除分布式网络测控系统中各个测控设备的时钟误差和测控数据在网络中的传输延迟提供了有效途径。按照该规范策划和设计的网络测控系统，其同步精度可以到微秒级的范围，从而有效地解决分布式网络系统的实时性问题。

智能变电站采用 IEC 61850-5《变电站通信网络和系统》通信协议分层构建，分为过程层、间隔层、站控层，采用分布式网络技术实现数据交换，适用于 IEEE 1588 对时技术的实现。

6.2.2 PTP 精密时钟协议

6.2.2.1 PTP 结构组成

PTP 体系结构的特别之处在于硬件部分和协议的分离，以及软件部分与协议的分离，因此，运行时对处理器的要求很低。PTP 的体系结构是一种完全脱离操作系统的软件结构。硬件单元由一个高精度的实时时钟和一个用来产生时间戳的时间戳单元（TSU）组成，软件部分通过与实时时钟和硬件时间戳单元的联系来实现时钟的同步。PTP 体系结构如图 6-5 所示。

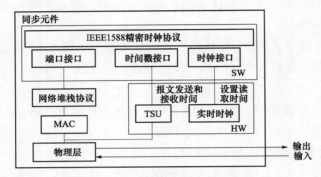

图 6-5 PTP 体系结构图

PTP 这种体系结构的目的是为了支持一种完全脱离操作系统的软件组成模型。根据抽象程度的不同，PTP 可分为协议层、OS 抽象层和 OS 层三层结构。协议层包含完成网络时钟同步的精密时钟协议，能运用在不同的通信元件中（如 PC、路由器等）。协议层与 OS 抽象层之间的通信是通过 1 个序列和 3 个精确定义的接口实现的。OS 抽象层包含了基于操作系统的功能函数，这一层包含 PTP 的时间戳接口、时钟接口和端口接口 3 个通信接口。时间戳接口通过对 sync 和 Delay Req 信号加盖时间戳来提供精密时钟协议，同时根据精度需要决定到底是硬件还是软件产生时间戳。产生"软件时间戳"的最好办法是依赖操作系统的网卡驱动，并且在传输媒介中所取位置越近越好。PTP 软件组成模型如图 6-6 所示。

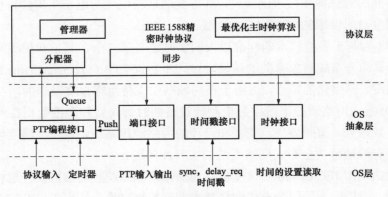

图 6-6 PTP 软件组成模型

6.2.2.2　PTP 时钟定义

PTP 包括多个节点，每一个节点都代表一个时钟，它们之间经网络连接。时钟可以分为主时钟、普通时钟、边界时钟、透明时钟等。其中主钟与普通时钟都只有一个 PTP 端口，边界时钟和透明时钟包含多个 PTP 端口。主钟一般选取原子钟、GPS 等作为整个系统内的时间基准；大部分站内需要对时的 IED 为普通时钟，通过接收主钟的对时报文与主钟之间对时；边界时钟有一个从钟端口和多个主钟端口，从钟端口保证其与上一级主钟同步，而主钟端口为下级从钟提供同步信号；透明时钟精确测量交换机/路由器中的报文驻留时间，以消除延迟和抖动对于对时的影响，普通时钟和边界时钟需要与其他时钟节点保持时间同步，而透明时钟不需要与其他节点同步。

（1）主钟（Master Clock）。主钟是 PTP 时钟域的参考时钟，只有一个 PTP 端口，其时钟基准可能来自原子钟、GPS 或者 NTP 等。

（2）普通时钟（Ordinary/Slave Clock）。普通时钟指任一个通过 IEEE 1588 协议实现其自身时钟同步的节点，只有一个 PTP 端口，大部分站内需要对时的 IED 为普通时钟。

（3）边界时钟（Boundary Clock）。边界时钟有一个从钟端口和多个主钟端口，从钟端口保证其与上一级主钟同步，而主钟端口为下级从钟提供同步信号。

（4）透明时钟（Transparent Clock）。IEEE 1588 标准 V2 提出透明时钟，对那些多端口设备，如网桥、交换机、路由器等作为执行边界时钟的替代。透明时钟包括端到端透明时钟（End to end）和点对点透明时钟（Peer to peer）两种类型。

端对端透明时钟转发 PTP 事件消息，但修改了消息从入口端到出口端的滞留时间，必须对 Sync 和 Delay_Req 消息的传播做修正。

点对点透明时钟采用同级延时机制可以测量本地环路的延时，而不用延迟请求机制测量全部链路的延时，其必须确定滞留时间并修正到 Sync 消息。此外，使用同级延时机制测量本段路径延时必须包含校正。由于在点到点 TCs 上不支持 Delay_Req 机制，Delay_Req 消息不需要特殊处理。

6.2.2.3　PTP 报文分类

IEEE 1588 协议定义了事件 PTP 报文和通用 PTP 报文。事件报文即时间报文，在传输和接收中都产生正确时间戳，通用报文不需要正确的时间戳。

1. 事件报文

事件报文包含以下类型：

Sync：Sync 报文由主时钟发送到从时钟。它同时还包含它的发送时间或在跟随的 Follow_Up 报文中包含这个时间。它可以由接收报文节点测量数据包从主时钟发送到从时钟的延时。

Delay_Req：Delay_Req 报文是一个对接收报文节点的请求，接收报文节点使用 Delay_Resp 报文，返回接收 Delay_Req 报文时刻的时间。

Pdelay_Req：Pdelay_Req 报文由一个 PTP 端口发送到另一个 PTP 端口，这是同等（peer）延时机制的一个部分，用来确定两个端口之间的链路上的延时。

Pdelay_Resp：Pdelay_Resp 报文由一个 PTP 端口响应接收到了 Pdelay_Req 报文而发送。

Pdelay_Resp 报文中有三种可选方式传送时间戳信息：

（d1）在 Pdelay_Resp 报文中传送 Pdelay_Resp 报文发送时间与对应的 Pdelay_Req 报文接收时间之间的差值；

（d2）在跟随 Pdelay_Resp 报文后面的 Pdelay_Resp_Follow_Up 报文中传送 Pdelay_Resp 报文发送时间与对应的 Pdelay_Req 报文接收时间之间的差值；

（d3）在 Pdelay_Resp 报文中传送对应的 Pdelay_Req 报文接收时间，在跟随 Pdelay_Resp 报文后面的 Pdelay_Resp_Follow_Up 报文中传送 Pdelay_Resp 报文发送时间。

2．通用报文

通用报文包含以下类型：

Announce：提供发送报文节点的状态和特征信息以及它的最高级主时钟。当接收报文节点计算最佳主时钟算法时使用这些信息；

Follow_Up：对于两步时钟和边界时钟，Follow_Up 报文为了特殊的 Sync 报文需要而进行通信；

Delay_Resp：Delay_Resp 报文向发送 Delay_Req 报文的端口通信；

Presp_Follow_Up：对于支持同等（peer）延时机制的二步时钟，Presp_Follow_Up 报文带有发送时间戳，这是 PTP 端口在发送 Pdelay_Resp 报文时产生的。

6.2.2.4 PTP 报文结构

1．报文通用字段

采用 Wireshark 抓取的 IEEE 1588 报文首先由 Winpcap 动态链接库打上包序号、时标等基本信息，报文具体内容包括以太网地址信息和 PTP 协议解析部分，如图 6-7 所示。

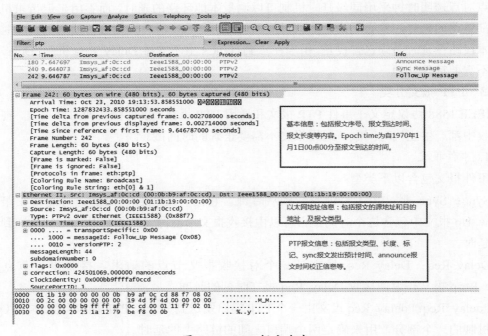

图 6-7　PTP 报文内容

其中报文头 Epoch time 指的是自 PTP 时元 1970 年 1 月 1 日 00：00：00（UTC）始流逝的时间。以太网地址信息中 PTP 报文源地址采用单播地址，如 Imsys_7f:8d:a9（00:0b:b9:7f:8d:a9）；目的地址一般采用组播地址，如 IEEE1588_00:00:00（01:1b:19:00:00:00）。Length 为报文长度（byte）。

对于 PTP 报文内容解析如下：

（1）PTP Version 字段：PTP 版本号，包括 V1 和 V2 两个版本；

（2）Message Id 字段：当前报文的类型，值从 00～0F，长度为一个字节。同时在 PTP 报文的报头还包含一个附加字段"Control Field"，用来提供与以前版本的兼容性，即兼容本标准版本 1 适用的硬件。Message Type 字段值见表 6-2。

表 6-2 Message Type 字 段 值

报文类型	消息类型	值
Sync	Event	00
Delay_Req	Event	01
Pdelay_Req	Event	02
Pdelay_Resp	Event	03
Reserved	—	04-07
Follow_Up	General	08
Delay_Resp	General	09
Pdelay_Resp_Follow_Up	General	0A
Announce	General	0B
Signaling	General	0C
Management	General	0D
Reserved	—	0E-0F

（3）Subdomain Number 字段：PTP 子域号，默认为 0。PTP 域由一个或多个 PTP 子域组成，PTP 子域由一个或者相互通信的多个时钟组成，其目的是使这些时钟得到同步。除了特定的 PTP 管理报文，子域中的节点不会为了与 PTP 相关联的目的同另一个子域中的节点进行通信。

（4）报文标记见表 6-3。

表 6-3 报 文 标 记

Octct	bit	名称	描 述
0	0	PTP_LI_61	在 PTP 系统中，若时元为 PTP 时元，timePropertiesDS.leap61 值为 TRUE 将预示着当前 UTC 日期的最后一分钟为 61s。 若时元为非 PTP，该值为 FALSE
0	1	PTP_LI_59	在 PTP 系统中，若时元为 PTP 时元，timePropertiesDS.leap59 值为 TRUE 将预示着当前 UTC 日期的最后一分钟为 59s。 若时元为非 PTP，该值为 FALSE
0	2	PTP_UTC_REASONABLE	采用 UTC 时间时值为 TRUE，由 timescale 决定

续表

Octct	bit	名称	描　　述
0	3	PTP_TIMESCALE	采用 PTP 时间标尺时值为 TRUE，采用 ARB 时间标尺时值为 FALSE
0	4	TIME_TRACEABLE	通过时间标尺和 offset 可以追踪到原主基准时钟，则值为 TRUE
0	5	FREQUENCY_TRACEABLE	若频率决定时间标尺可追踪到原主基准时钟，则值为 TRUE
1	0	PTP_ALTERNATE_MASTER	值为 TRUE 表示该报文是从非主态端口发送
1	1	PTP_TWO_STEP	值为 TRUE 表示该报文是从二步时钟发送
1	2	PTP_UNICAST	值为 TRUE 表示该报文以单播报文发送
1	5	PTP_PROFILE_SPECFIC1	由配置文件定义
1	6	PTP_PROFILE_SPECFIC2	由配置文件定义
1	7	PTP_SECURITY	PTP 安全协议

Sync 报文 flags 如图 6-8 所示，从图 6-8 中可以看出方案中 sync 报文采用两步法，即 sync 报文的确切发送时间记录在 Follow_up 报文中。

Correction Field 字段：校正数值。以纳秒为单位，乘以 2 的 16 次方。例如 2.5ns 表示为 0x0000000000028000。因此，Correction Field 最小可以表示为 0x0000000000000001，即大约 0.000 015ns。该字段主要用于透明时钟驻留时间、peer-to-peer 时钟路径延时和非对称校正。

Clock identity 字段：时钟地址。

Source port id 字段：标识时钟端口号。

Source Port Identity 字段：唯一识别网络内报文的出口端口，由于每一台时钟（包括边界时钟和透明时钟）都由唯一的 Clock identity 确定，同时每台时钟的端口由 Port Id 确定，则 Source Port Identity=Clock identity+Port Id。

报文帧序号 Sequence Id：用来指示时间戳值是处理哪个帧采样得到的。主钟上电时 Sequence Id 从 1 开始重新计数。由于各报文定义的发送时间间隔不同或者通道延时的差异，不同类型的报文间 Sequence Id 可能会存在差异，但通常配对的 Sync 和 Follow_Up、Delay_Req 和 Delay_Resp 消息拥有同样的序号。

Logmessageperiod：指每个报文间的平均发送间隔，表示为在发送报文设备的本地时钟上所测的这个间隔时间以 2 为底的对数，间隔时间以秒为单位，其字段含义如图 6-9 所示。

```
⊟ flags: 0x0200
    0... .... .... .... = PTP_SECURITY: False
    .0.. .... .... .... = PTP profile Specific 2: False
    ..0. .... .... .... = PTP profile Specific 1: False
    .... .0.. .... .... = PTP_UNICAST: False
    .... ..1. .... .... = PTP_TWO_STEP: True
    .... ...0 .... .... = PTP_ALTERNATE_MASTER: False
    .... .... ..0. .... = FREQUENCY_TRACEABLE: False
    .... .... ...0 .... = TIME_TRACEABLE: False
    .... .... .... 0... = PTP_TIMESCALE: False
    .... .... .... .0.. = PTP_UTC_REASONABLE: False
    .... .... .... ..0. = PTP_LI_59: False
    .... .... .... ...0 = PTP_LI_61: False
```

图 6-8　Sync 报文的 flags

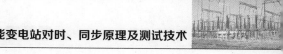

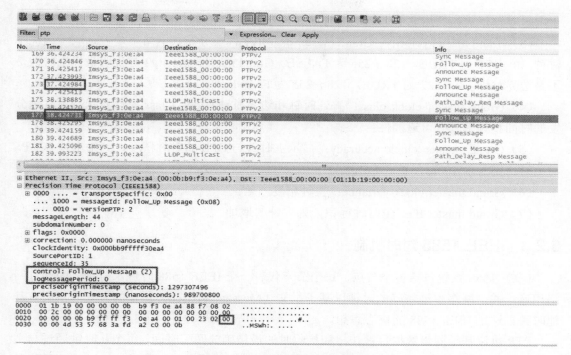

图 6-9 Logmessageperiod 字段含义

图 6-9 中 Follow_up 报文发送间隔 1s，相应 Logmessageperiod＝log2（1）＝0，通过调整该参数可以改变报文发送时间间隔。

1）Origin/ Precise/Receive Timestamp。针对不同类型的报文会有不同的时间戳，对 Sync 和 Delay_Req 事件消息，其 Origin Timestamp 是估算值，但需要打精确时间戳。对 Follow_Up 和 Delay_Resp 通用消息，其 Precise Origin Timestamp 是 Sync 消息的实际发送时间，Receive Timestamp 是 Delay_Req 消息的实际接收时间。

2）Request Receipt/ Response Origin Timestamp。在网络上的某个时钟接到传输延时测量请求的组播报文 Path_Delay_Req 后，它将首先向网络上发送响应报文 Path_Delay_Resp 报文，其中记录了 Path_Delay_Req 报文到达的时间 Request Receipt Timestamp，在随后的 Path_Delay_Resp_Followup 报文中记录了 Path_Delay_Resp 报文发出的时间，以此测量该钟与主钟之间的传输延时。

2. 报文特殊字段

上面介绍了报文通用字段。针对主钟的 Announce 报文，其提供发送报文节点的状态、特征信息及其最高级主时钟，当接收报文节点计算最佳主时钟时使用这些信息。因此有针对 Announce 报文的特定字段，如最优主时钟 grandmasterclockclass，闰秒 UTCoffset，优先级 priority，时钟源 timesource，精度 accuracy 等。

（1）Origin current UTC offset：Announce 报文中记录了 current UTC offset 属性，用于换算现在的 UTC 时间。Current UTC offset（Integer16）＝TAI－UTC；

（2）Time source：表示最高级主时钟选取的时钟源。国家电网公司要求全站应采用基于卫星时钟（优先使用北斗）与地面时钟互备方式获取精确时间；

（3）Grand master priority：Grand master priority1 代表分布式网络里是否选取了最优主时钟，0～127 为 TRUE，128～255 为 FALSE；Grand master priority2 则说明最优主时钟是不是边界时钟，0～127 为 TRUE，128～255 为 FALSE；

（4）Grand master clock class：普通时钟和边界时钟 Clock Class 属性意味着主时钟分发的时间和频率具有可追溯性；

（5）Grand master clock accuracy：显示主时钟与 GPS 的对时精度，如果主钟与 GPS 对上时，则显示 100ns，反之为 10s；

（6）Grand master clock variance：主钟精度方差；

（7）Grand master ID：主时钟标识，为主钟的地址。

6.2.3 IEEE 1588 对时机制

IEEE 1588 系统包括多个节点，每个节点代表一个 IEEE 1588 时钟，时钟之间通过网络相连，并由网络中最精确的时钟以基于报文（Message-based）传输的方式同步所有其他时钟，这是 IEEE 1588 的核心思想。

PTP 协议基于同步数据包被传播和接收时的最精确的匹配时间，每个从时钟通过与主时钟交换同步报文而与主时钟达到同步。这个同步过程分为偏移测量阶段和延迟测量阶段两个阶段。

6.2.3.1 不考虑传输延时的对时方法

目前，智能变电站中采用的大都是透明时钟两步法（IEEE 1588 标准 11.5.2.2）的对时方案，即所有的终端设备都与主钟对时，交换机需要计算 PTP 报文的驻留时间。需要精确对时的设备不仅需要计算 Offset 偏移量，还需要计算 PTP 报文的传输延时 Delay（～ns），传输延时的计算需要终端设备发送 Request 报文与主钟交互。忽略传输延时的 IEEE 1588 对时过程如图 6-10 所示。

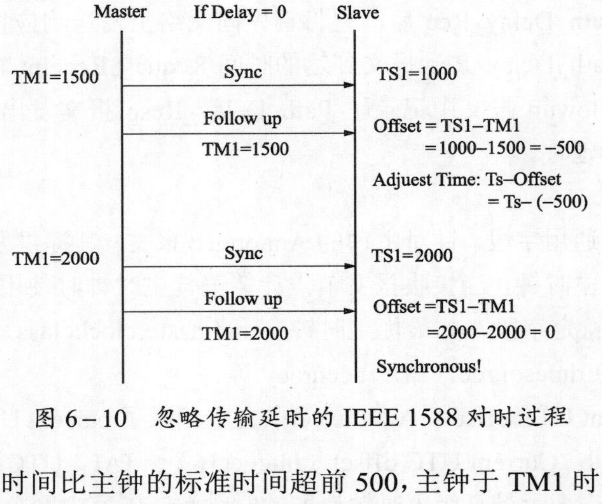

图 6-10　忽略传输延时的 IEEE 1588 对时过程

假设终端设备的时间比主钟的标准时间超前 500，主钟于 TM1 时刻发一帧 Sync 报文，终端于 TS1 时刻收到 Sync 报文，若忽略传输延时，终端设备可以根据 TM1 和 TS1 计算出与主钟的时间偏差 Offset＝TS1－TM1＝－500。由于主钟在产生 Sync 报文时无法精确预测到其发送时间 TM1，而且交换机会产生可观的驻留延时，因此在发送 Sync 之后紧接着发送一帧 Follow up 报文，TM1 时刻被记录在 Follow up 报文中，作为透明时钟的交换机会将 Sync 报文的驻留时间记录在 Follow up 报文的 correction 字段中（IEEE 1588 标准 9.5.10）。总之，终端设备只需要计算收到 Sync 包的本地时间 TS1 与 Follow up 报文中记录的精确时间 TM1 的偏差量 Offset（如果经交换机传输还应将 TM1 加上驻留时间 correction），并调整本地时间即可。

这种简化的两步法仅仅忽略了传输环节的延时，不需要受端发送数据帧，只需要对 Sync 和 Follow up 等 IEEE 1588 数据帧进行解析即可完成对时。

6.2.3.2　考虑传输延时的对时方法

对于需要高精度对时的智能设备，除需完成时钟偏差 Offset 的调整外，还需要考虑通道传输延时 Delay 的影响。目前对通道延时的算法是乒乓法，该方法基于链路传输延时对称原理。考虑延时的 PTP 同步过程如图 6－11 所示。下面介绍考虑延时情况下从钟经过交换机与主钟间的精确对时原理。

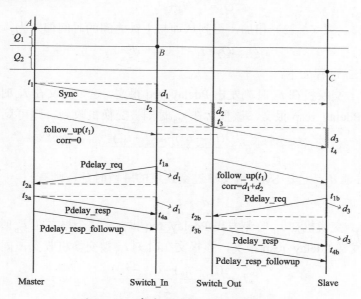

图 6－11　考虑延时的 PTP 同步过程

首先假设：

（1）假设主钟、交换机、从钟的时间原点分别为 A、B、C，主钟与交换机之间的时间偏差为 Q_1，如图 6－12 所示。交换机与合并单元从钟间的时间偏差为 Q_2，如图 6－13 所示。则主钟与从钟的时间偏差为 $Q_1＋Q_2$。

（2）主钟到交换机的链路延时为 d_1，交换机的报文存储转发时间为 d_2，交换机到合并单元从钟的链路延时为 d_3。

根据图 6-12 中时间尺度得 $t_2-d_1=t_1-Q_1$，即主钟和交换机间的时间偏差为：

$$Q_1=t_1-t_2+d_1 \tag{6-1}$$

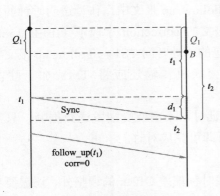

图 6-12　主钟与交换机间的时间偏差

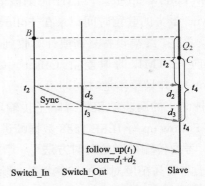

图 6-13　交换机与从钟间的时间偏差

根据图 6-13 中的时间标尺得 $t_2-Q_2=t_4-d_2-d_3$，即交换机与从钟的时间偏差为：

$$Q_2=t_2-t_4+d_2+d_3 \tag{6-2}$$

将式（6-1）、式（6-2）相加，得到从钟与主钟之间的时间偏差为：

$$Q_1+Q_2=t_1-t_4+d_1+d_2+d_3 \tag{6-3}$$

传输延时计算过程如下：

（1）时延 d_1。交换机在 t_{1a} 时刻发出 Pdelay_req 报文，这个报文在 t_{2a} 时刻被主钟收到；主钟在 t_{3a} 发送 Pdelay_resp 报文，该报文在 t_{4a} 时刻被交换机收到，则可算出：

$$d_1=\frac{(t_{4a}-t_{1a})-(t_{3a}-t_{2a})}{2} \tag{6-4}$$

（2）驻留时延 d_2。它是 Sync 报文穿过交换机的驻留时延，则有：

$$d_2=t_3-t_2 \tag{6-5}$$

（3）时延 d_3：交换机在 t_{1b} 时刻发出 Pdelay_req 报文，这个报文在 t_{2b} 时刻被从钟收到，从钟在时刻 t_{3b} 发送 Pdelay_resp 报文，该报文在时刻 t_{4b} 被交换机收到，同理计算出：

$$d_3=\frac{(t_{4b}-t_{1b})-(t_{3b}-t_{2b})}{2} \tag{6-6}$$

将式（6-4）~式（6-6）代入式（6-3），即可得出从钟与主钟之间的时间偏差。从钟接收时间调整为 $t_4+Q_1+Q_2$，即实现与主钟之间的同步。

6.3　智能终端 IEEE 1588 对时应用

6.3.1　应用背景

变电站监控系统对设备的开关量，特别是断路器、隔离开关位置及一次设备本体告警等遥信量的 SOE 时间精度要求较高，DL/T 5149—2001《220~500kV 变电站计算机监控系统设计规程标准》要求满足整个系统对时精度误差不大于 1ms。

传统变电站开关量通过电缆直接接入测控装置，电平信号的传输延时可忽略，只要测控装置对时精度满足 1ms 要求，采用测控装置的时间作为 SOE 时间，其时间精度也就满足技术指标，传统变电站监控系统 SOE 时间如图 6-14 所示。

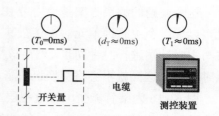

图 6-14 传统变电站监控系统 SOE 时间

T_0—开关量事件发生时刻；

d_T—开关量信号通过电缆传输延时；

T_1—测控装置收到开关量信号时刻

智能变电站的保护测控及相关自动化装置和一次设备间的开入、开出信号均下放至智能终端。智能变电站的就地开关量信号需要经智能终端设备生成 GOOSE 报文上送至测控装置，智能终端 I/O 板接收开关量变位生成 GOOSE 报文需要一定的处理延时，经交换机传输送至测控装置也需要一定的传输延时，要保证测控装置显示 SoE 时间为就地开关变位的精确时间，必须采用就地打时标的方法。智能变电站测控装置接收开关量时间延迟环节如图 6-15 所示。

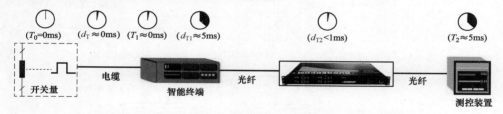

图 6-15 智能变电站测控装置接收开关量时间延迟环节

T_0—为开关量事件发生时刻；d_T—开关量信号通过电缆传输延时；T_1—智能终端收到开关量信号时刻；

d_{T1}—智能终端处理断路器变位信号并生成 GOOSE 报文的延时；d_{T2}—交换机转发报文延时；

T_2—测控装置接收到 GOOSE 变位报文时刻

图 6-15 中 d_{T1} 为智能终端处理延时，这一客观存在的延时导致测控装置感知开关量变位的时间已经迟于事件发生时间。为了保证各智能终端时间系统的一致性，必须对其进行对时。

智能终端可能采用就地布置的方式，并且对对时精度要求很高，常规的 NTP 网络对时方式精度不满足要求，而 B 码对时方式易受就地电磁干扰影响。基于以太网的 IEEE 1588 标准定义了一种用于分布式测量和控制系统中的高精度时钟同步协议，其对时精度达到微秒级。GOOSE 报文传输采用了基于以太网的网络技术，本身具备了网络环境，不需要大的改动就可以采用 IEEE 1588 方式对时。

6.3.2 智能终端 IEEE 1588 对时方案

智能变电站 IEEE 1588 对时方案通过交换机实现对分布式网络内设备的对时，由于交换机实行的是存储转发策略，在高负载情况下，交换机会给每个以太帧增加 10μs 的延迟和 0.4μs 的抖动，同时处于交换机内部等待传输队列中的帧将会增加数百微秒的延迟。智能设备的对时中如果不考虑这段延时，将给对时精度带来影响。

这个问题的解决方案是使用带 IEEE 1588 透明时钟的交换机进行网络互连。这样交换机可以像一个主时钟单元对连接在其上的从时钟端进行同步。其实现过程为：首先该交换机与主时钟端进行时钟同步，然后该交换机扮演主时钟端的角色去同步所有连接在其上的从时钟端，这样就不会将交换机的延迟带给从设备端，因此不会影响同步的精度。

图 6-16 为某智能变电站过程层 IEEE 1588 对时方案，1588 主钟接于过程层根交换机上，PTP 报文通过开放 1588 功能的级联端口转发至子交换机，连接于子交换机上的智能设备作为普通时钟实现与主钟的对时。方案中交换机采用透明时钟，主钟 PTP 报文采用 TAI 时间，GOOSE 事件报文采用 UTC 时间，MMS 报文采用 UTC 时间，监控系统和测控装置将接收到的 UTC 时间转换为 UTC+8 北京时间。

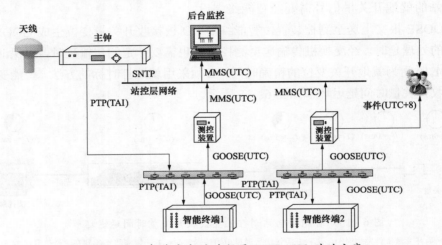

图 6-16　智能变电站过程层 IEEE 1588 对时方案

6.3.3　智能终端对时测试

智能终端的模型对开关量事件定义了状态位 stval 和变位时间 t。时间 t 属性表示该数据对象最后一次变位的 UTC 时间。Time Stamp 类型的编码规范应参照 IEC 61850-7-2 标准 5.5.3.7 和 IEC 61850-8-1 标准 8.1.3.6。此处举例对高精度时间测试方法的编码规范进行说明：

$$\underbrace{4c \quad fc \quad bf \quad 4d}_{\text{Second Since Epoch}} \underbrace{4d \quad 5f \quad ff}_{\text{Fraction Of Second}} \underbrace{0a}_{\text{Time Quality}}$$

Second Since Epoch：以秒为单位从 19700101 00:00:00 UTC 开始计时的时间，是一个 32 位的整型值。

Fraction Of Second：当前秒的小数部分，按 $\sum_{i=0}^{23} b_i \times 2^{-(i+1)}$ 计算。注意此属性应根据时间精度 Time Accuracy 计算。

Time Quality：时间品质，其中最高 3 位为三个标志位，分别表示闰秒已知、时钟故障、时钟未同步；剩余 5 位时间精度 Time Accuracy 表示 Fraction Of Second 使用最高位的数目。例子中 UTC 时间解码结果见表 6-4。

表 6－4 UTC 时间解码结果

编码	4c fc bf 4d	4d 5f ff	0a
UTC	2010－12－06 10:47:41	374ms	1ms（T1）

智能终端接收一次侧断路器变位上送的电平信号，记录断路器变位的时间，同时智能终端 I/O 板形成报文送给测控、故障录波等装置，用于监控后台事件信息实时显示或者故障分析计算。试验中可以通过比较给定时刻与被测装置记录的该开关量闭合时刻，来判断智能终端的时间同步准确度。在此过程中，同时需要考察智能终端记录的断路器变位时间和测控装置收到 GOOSE 报文的时间差，即 SOE 精度。

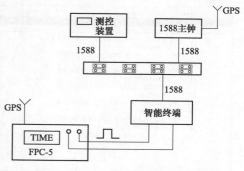

图 6－17 SOE 时间测试示意图

（1）采用智能终端就地打时标。工程使用 FPC－5 GPS 时间校验仪测试，校验仪外接 GPS 天线作为基准源，输出一对无源触点接入 PCS－222 智能终端。SOE 时间测试示意如图 6－17 所示。

无源触点闭合起始时间分别设置整分钟后延时 0、1、10、100、999ms，智能终端 SOE 时间精度测试结果见表 6－5。

表 6－5 智能终端 SOE 时间精度测试结果

延时（ms）	事件时间	GOOSE 时标	误差（ms）
0	12:48:00.000	12:48:00.000000	0
1	12:52:00.001	12:52:00.000977	0
10	12:57:00.010	12:57:00.009766	0
100	13:00:00.100	13:00:00.099609	0
999	13:03:00.999	13:03:00.998047	－1

表 6－5 的测试数据说明了经对时后的智能终端在 GOOSE 报文中的时标能正确反映事件时间。

（2）采用测控装置打时标。常规变电站的开关事件采用测控装置打时标的方式，保护装置动作输出无源触点给测控装置，测控装置记录无源触点闭合电平信号到达的时间，以 UTC 时间格式记录于 MMS 报文中上传给监控后台，MMS 报文中记录事件 UTC 时间如图 6－18 所示。

（3）两种时标生成方式的对比测试。由于 FPC－5 装置无法接收 GOOSE 报文，为直观地对比一次设备开关量事件采用智能终端就地打时标和测控装置打时标的差别，开发了一种基于 Winpcap 的 GOOSE 报文分析程序，该程序使用软件 IEEE 1588 对时方式与网络中的主钟对时。测控装置和智能终端打时标对比测试如图 6－19 所示。试验中采用一台 PC 机模拟对时稳定的测控装置，其具备毫秒级的精度。该程序在记录开关事件报文到达时刻的同时解析 GOOSE 报文中记录的断路器变位时间，以对比两种时标生成方式的差异。IEEE

1588 软件对时程序流程如图 6-20 所示。

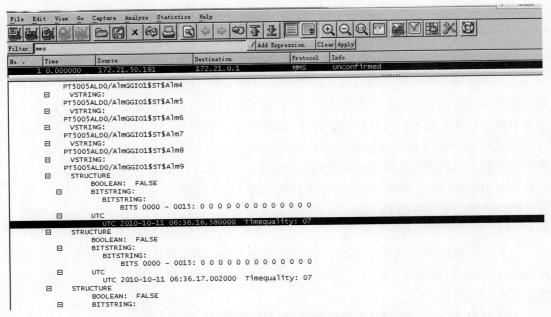

图 6-18　MMS 报文中记录事件 UTC 时间

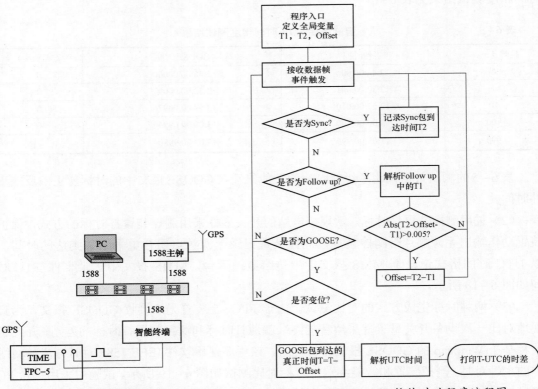

图 6-19　测控装置和智能终端打时
标对比测试图

图 6-20　IEEE 1588 软件对时程序流程图

程序精确对时后，将会准确记录 GOOSE 报文到达的时刻，模拟了测控装置打时标方式，同时软件解析出 GOOSE 报文中记录的断路器变位时间。测控装置对时和就地对时方式对比如图 6−21 所示。

由图 6−21 可以看出，测控装置收到报文的时间比实际开关事件发生的时间滞后 5～6ms，经分析该时间为智能终端生成报文和网络传输延时累积所致。研究中时间校验系统无源触点闭合起始时间设置为整分钟后延时 0、1、10、100、999ms，测控装置 SOE 时间精度测试结果见表 6−6。

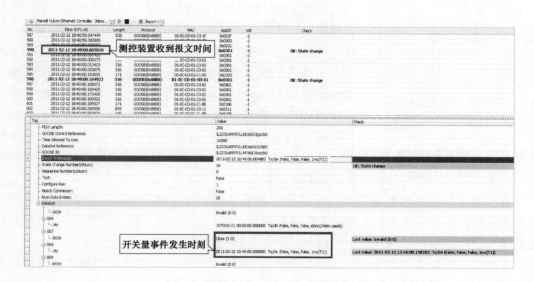

图 6−21　采用测控装置对时和就地对时方式对比

表 6−6　　　　　　　　　　　测控装置 SOE 时间精度测试结果

延时（ms）	事件时间	接收报文时间	误差（ms）
0	14:38:00.000	14:38:00.005596	+6
1	14:42:00.001	14:42:00.007149	+7
10	14:47:00.010	14:47:00.015849	+6
100	14:50:00.100	14:50:00.106240	+6
999	14:53:00.999	14:53:01.005136	+6

仿真测试结果表明，通过测控装置打时标方式的 SOE 时间精度大于 1ms，无法满足标准要求。因此，建议智能变电站开关量变位事件记录采用智能终端就地打时标的方式，测控装置采用 GOOSE 报文内的时标作为 SOE 时间。

6.4 采样值同步技术

6.4.1 同步问题的由来

电力互感器是电力系统中为电能计量、继电保护及测控等装置提供电流、电压信号的重要设备。电力互感器的数据采集有两种方式，包括集中采样和分散就地采样。常规变电站数据采集为集中采样方式，如图 6-22 所示。在不考虑一次、二次电气量传变延时的情况下，继电保护、自动化及计量等装置只需要根据自身的采样脉冲，在某一时刻对相关电流互感器、电压互感器的二次电气量进行采样，就能保证数据的同时性。

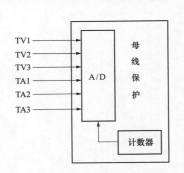

图 6-22 传统变电站数据采集

采用电子式互感器后，继电保护及自动化设备的数据采集模块前移至合并单元，互感器一次电气量需要经前端模块采集再由合并单元进行处理，由于各间隔互感器的采集处理环节相互独立，没有统一协调，且一次、二次电气量的传变附加了延时环节，导致各间隔互感器的二次数据不具有同时性，无法直接用于继电保护及自动化装置计算。

智能变电站中采样数据同步主要涉及常规互感器与电子式互感器之间的采样数据同步、变压器和母线等跨间隔之间的采样数据同步、同一间隔中三相电流和电压之间的采样数据同步、线路纵联差动保护中线路两端数据采样同步等方面。

下面以某智能变电站电子互感器数据采集为例，介绍电子式互感器分散采样过程及其对应环节数据传输延时，智能变电站数据采集过程如图 6-23 所示。

图 6-23 中电子式互感器远端模块的采样脉冲由 MU 提供，各间隔 MU 依据自身的晶振发出的采样脉冲独立采样，但由于不同的 MU 时钟晶振有偏差，并且 MU 的时钟系统也不完全相同，不能保证所有 MU 间的采样脉冲同步。这对于仅接收单台 MU 数据的保护装置来说数据是同步的，不影响保护的逻辑判断；但对于需要接收跨间隔 MU 数据的保护装置，如母线保护等，其采样数据未必完全同步，这样的采样数据用于保护计算将没有意义，并且会出现一定的计算差流，严重时将影响保护的可靠运行。

由上述分析可知，智能变电站分散数据采样方式下的数据同步是一个共性问题，必须找到一个有效的方法解决采样数据不同步问题。

6.4.2 采样数据同步问题解决方案

目前，电子式互感器的采样数据同步问题的解决方式主要有插值重采样同步、基于外部时钟同步两种：第一种解决方法的思路是放弃合并单元的协调采样，不依赖外部时钟，而严格要求其等间隔脉冲采样并具备精确的传变延时，继电保护设备根据传变延时补偿和插值计算方法，在同一时刻进行重采样，保证各电子式互感器采样值的同步性。插值重采样算法目前比较成熟，其误差主要来自算法自身的影响；第二种解决方法的思路是放弃对

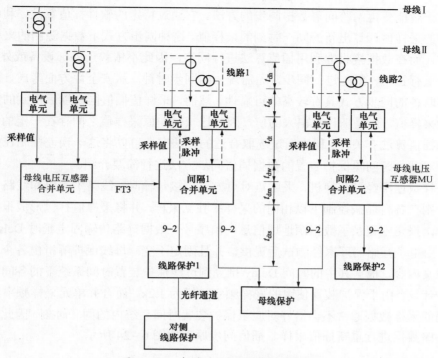

图 6—23　智能变电站数据采集过程

t_{dh}—电子互感器特性延时；t_{ds}—电子互感器的采样环节延时；t_{dt}—电气单元至合并单元的传输延时；
t_{dw}—合并单元级联等待时间；t_{dm}—合并单元的处理时间；t_{dts}—合并单元到保护装置的传输延时

处理环节延时精确性的限制，采用统一时钟协调各互感器的采样脉冲，全部互感器在同一时刻采集数据并对数据标定，带有同一标号的各互感器二次数据参与逻辑运算，同样实现了数据同时性。该方式需要铺设独立的对时链路，容易受外部干扰和衰耗的影响。IEEE 1588 是一种基于网络传输协议的外部时钟同步方法，可以在应用数据链路层传输对时脉冲，不需要 B 码方式下的专门光纤通道。目前，插值重采样和外部时钟同步的数据同步方法在相关工程中均有应用。

6.4.2.1　插值同步原理

对于跨间隔的母线保护、主变压器保护、光纤差动保护的应用，Q/GDW 441—2010《智能变电站继电保护技术规范》中规定了"模拟量应直采"，保证其保护功能不受外部时钟和数据链路传输延时的影响，其对采样值的要求：

（1）保护装置采样值采用点对点接入方式，采样同步应由保护装置实现，支持 GB/T 20840.8（IEC 60044—8）或 DL/T 860.92（IEC 61850—9—2）协议。

（2）MU 采样值发送间隔离散值应小于 $10\mu s$，保护装置应自动补偿电子式互感器的采样响应延迟。

第（1）点要求合并单元与保护装置采用点对点连接方式，不经过交换机。第（2）点规定了合并单元的发送离散度指标。

插值同步方案并不实现保护装置与合并单元系统时钟的同步，而是通过跟踪两者系统时钟，将非同步点（合并单元的系统时钟）的数据插值到同步点（保护装置的系统时钟）

的一种用于智能变电站跨间隔数据同步的方法。它通过特定的软件插值算法，利用已有的不同时刻的采样值计算出新的同一时刻的采样值。这种同步方式下数据源侧的采样数据是不同步的，而在数据接收端利用插值算法进行同步，因此不依赖于外部设备或外部信号，只要设备运行正常，就能进行同步，无需统一的同步时钟。从安全性方面考虑，这种不依赖于外部时钟的同步方式具有较高的可靠性。然而，采样值插值同步以后得到的数据已不是原来的采样值，而是新计算出来的值，因此这一值与原采样值之间存在一定的误差。这一误差与插值算法有关，工程中通过选取合适的算法完全可以将这一误差控制在允许范围内。下面对站内跨间隔保护装置的数据插值同步方法进行简要介绍。

当采样数据不经过交换机，采用点对点方式直接传输时，线路 1 间隔和线路 2 间隔合并单元分别在各自晶振控制下以相同的采样率独立采样，并将采样值打包形成报文后传给母线保护，报文中记录了数据源地址信息、帧序号、数据链路传输固定延时 Delay 等，延时 Delay 由电子互感器厂家经测试后提供，并且固定不变。母线保护解析出各个间隔合并单元的报文内容，根据其中的时间 Delay 推算到母线保护装置时间系统下的各间隔采样值用于保护计算。由于保护装置使用的采样频率一般为 1.2k，而合并单元采样频率为 4k，并且各间隔的采样数据通常不会恰好对应至保护装置时间系统内的同一时刻，因此需要对收集到的各路数据进行重新插值采样。插值同步原理如图 6-24 所示。

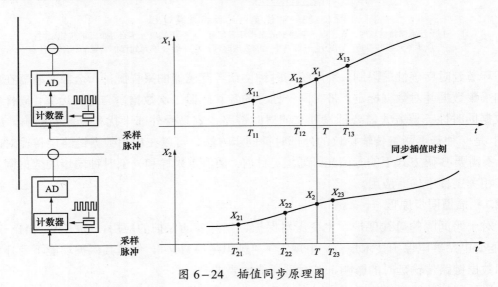

图 6-24 插值同步原理图

母线保护在自身的时间基准下，分别于 T_{11}、T_{12}、T_{13} 和 T_{21}、T_{22}、T_{23} 时刻接收到来自间隔 1 和间隔 2 合并单元发送的采样数据。由于不同间隔采样数据到达时刻存在差异，母线保护装置再根据自身的采样频率重新进行插值采样，得到一组各间隔同一时刻的采样值 X_1 和 X_2 用于保护逻辑运算。需要注意的是，为了保证插值算法的精确性，要求各间隔合并单元发送的数据有很高的等间隔性。

6.4.2.2 外部时钟同步

当采样数据经过交换机传输后，交换机的数据存储转发环节增加了传输延时，并且该延时受到报文大小和网络工况的影响，造成传输延时存在不确定性。由于电气单元的采样脉冲由合并单元控制，此时可以采用外时钟同步法，将所有间隔合并单元的采样脉冲拉至同步，保证所有间隔的电气单元在同一时刻进行采样，之后保护装置可以将接收到的相同包序号的报文用于逻辑运算。

外部时钟同步方式是一种依靠外部时钟源发出的同步信号进行同步的方式。首先将站内的所有合并单元对上时，这种信号可以是脉冲信号、IRIG-B 码信号、IEEE 1588 信号等。合并单元在接收到同步信号后稍做处理即发出采样脉冲，由于合并单元与外部时钟之间完成了同步，此时从电子式互感器采集的数据是同一时刻的。这种方式保证了采样值数据在源头是同步的，虽然数据传输过程中可能延时不一样，但同一采样序号的数据始终是同步的。

IEEE 1588 同步是一种新型的网络协议对时方案，IEEE 1588 同步原理如图 6-25 所示。这种方式同样有一个高精度的时钟源。和其他外同步信号相比，IEEE 1588 定义了最优主钟算法：当时钟源丢失以后，它会利用已有的信息通过一系列算法推算出网络中时钟最准的设备，然后以该设备作为主时钟，其他设备作为从时钟与主时钟对时，不存在时钟源丢失带来的问题。采用 IEEE 1588 对合并单元进行同步后，各合并单元与主钟间的时间误差小于 1μs，从而保证电子式互感器同时采集数据，满足采样精度的要求。这种同步方式既依靠外部的精确时钟源，同时也利用软件计算来实现同步。

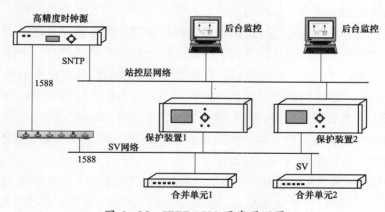

图 6-25 IEEE 1588 同步原理图

在采用外部时钟数据同步过程时，需要依赖外部统一的时钟源，万一失去时钟源或时钟源发生问题，采样数据将可能完全失去同步而影响二次保护设备的可靠运行。对于采用 IEEE 1588 的外部同步方式，由于目前支持 IEEE 1588 的交换机芯片还不完全成熟，该方法用于继电保护采样数据同步的可靠性还有待深入研究。

6.4.2.3 关联变电站间的同步方法

光纤差动保护的一个关键技术是两侧保护装置采样值的同步问题。随着智能变电站的推广，电网运行中大量存在智能变电站连接常规变电站、智能变电站连接智能变电站的情况，两侧光纤差动保护采样值同步问题较突出。常规变电站采用电磁式互感器，输出为连续的模拟量，这种方式的采样延时小、相对稳定并且两侧装置基本一致，差动保护可以忽略采样延时对同步带来的影响；智能变电站采用数字采样方式时，采样值输出为离散的数字量，经合并单元传输给间隔保护装置，数字处理、传输的过程存在比较明显的延时，一般为几百微秒，甚至超过 1ms，这种延时不能满足差动保护稳定运行的需要，因此，智能变电站时代关联变电站间的同步方法至关重要。

常规保护装置采用时刻调整法来实现两侧数据同步，通过乒乓算法同步两侧变电站采样时刻，由于电磁式互感器采样延时可以忽略，因此，只要保证两侧保护装置采样时刻同步即可保证两侧线路保护装置同步采样。智能变电站电子式互感器与合并单元不具备接收采样时刻调整控制命令的接口，无法通过站间保护装置采样同步实现合并单元同步采样，由光纤差动保护之间改进插值算法实现线路两端的数据同步。

智能变电站采用合并单元或电子式互感器作为前置采样单元，具有数据共享方便、避免重复建设的优点，是变电站的发展趋势。但智能变电站的建设不会一蹴而就，建设过程中必然出现某些线路的一侧是使用合并单元的智能化变电站、另一侧则是使用电磁式互感器的常规变电站，或者线路两侧均为使用合并单元的智能变电站。线路光纤差动保护具有原理简单可靠的特点，通过适当改进同步方法以使其适应新运行环境成为共识。本章节在原有插值同步法的基础上，充分考虑采样环节与两侧数据交换过程的延时影响，提供了一种适应于新运行环境的站间光差插值同步方法。

采用插值法实现数据同步时，两侧保护不依赖外部时钟，每侧保护都在各自晶振控制下以相同的采样率独立采样。智能站由于合并单元与电子式互感器的存在，保护装置采样模块独立于保护装置之外，无法通过同步两侧保护装置的采样脉冲实现同步采样。改进插值同步方法的实质为本侧（差流计算侧）根据接收到的对侧采样值时间坐标，确定该采样值的真实采样时刻，进一步，本侧保护装置在存储的本侧采样数据中找到紧邻该真实采样时刻前后的采样点，通过插值算法得到本侧的同步采样数据并计算差流。当线路两侧均为智能变电站或一侧为智能变电站、另一侧为常规变电站时，站间线路光纤差动保护均可基于改进插值同步方法实现两侧采样值的同步计算。本章节以线路两端一侧为智能变电站、另一侧为常规变电站的情况为例分析说明。

站间光差插值同步过程如图 6-26 所示，图中智能变电站侧一次数据在 T_1 时刻产生，经过 Δt_1 延时传递至二次侧（保护装置），二次侧记录收到采样值时间 T_2，此过程为智能变电站一次、二次的传递过程，由于 Δt_1 延时的存在，智能变电站二次侧记录的采样值时间并不表示采样值的真实发生时刻，因此，在两侧采样值采用插值算法同步过程中必须考虑该延时。

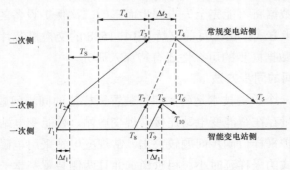

图 6-26　站间光差插值同步过程

　　智能变电站二次侧收到采样数据后开始站间数据传递，图中智能变电站二次侧在 T_2 时刻发送数据给常规变电站二次侧（保护装置）。常规变电站保护装置在 T_3 时刻收到智能变电站侧采样值，并且经过短延时 Δt_2（装置处理延时），在 T_4 时刻反送自身采样值给智能变电站侧保护装置。智能变电站侧保护装置在 T_5 时刻收到采样值即完成了站间数据传递。站间数据传递有两种作用：

　　（1）智能变电站侧根据数据传递过程中的时标 T_2、T_3、T_4、T_5，通过乒乓算法计算站间的传输延时和时钟偏差，传输延时 T_d（往返传输延时相同）表示为 $\dfrac{(T_5 - T_2) - (T_4 - T_3)}{2}$，时钟偏差 T_S 计算为 $T_5 - T_4 - T_d$；

　　（2）智能变电站侧保护装置接收对侧采样数据用于本侧差流计算。

　　站间光差插值同步法：以智能变电站侧线路光纤差动保护同步采样过程为例说明，图中智能变电站侧保护装置在 T_5 时刻完成站间数据传递，并接收到对侧采样值。站间光差差流正确计算的前提是用于差流计算的两侧采样值一次发生时刻相同，智能变电站侧 T_5 时刻收到的采样值真实发生时刻在 T_4（常规变电站二次侧采样时刻即为采样值真实发生时刻），智能变电站侧与 T_4 处于同一时间断面的时间点位 T_6，但是智能变电站侧时钟与常规变电站侧存在时钟偏差 T_S，因此，以智能变电站侧时钟为基准常规变电站侧采样值的真实发生时刻为 T_7。智能变电站侧一次、二次采样值传输存在固有延时，T_7 对应采样值的真实发生时刻为 T_8，因此，T_7 不能作为与对侧同步的采样值点。进一步分析，智能变电站一次侧 T_9 采样点与常规站二次侧 T_4 采样点对应，表征两侧一次采样值的真实发生点在同一时刻，采用与 T_8 对应的智能变电站二次采样点 T_{10}（$T_{10} = T_6 - T_S + \Delta t_2$）作为插值点可以完成两侧采样值同步。最后，智能变电站侧保护装置在本侧采样数据中找到紧邻 T_{10} 点前后的采样点，对采样点作插值计算后即得到同步采样数据。

　　常规变电站侧保护装置的处理机制推导过程与智能变电站侧类似，本质为以智能变电站一次侧采样值的真实发生时刻为基准，进一步利用自身采样值存储匹配采样值完成同步。

6.5　同步测试技术

　　本节针对智能变电站中采用插值法和基于外部时钟法的采样数据同步方案进行探讨，同时研究存在间隔级联的采样数据同步、跨间隔保护采样数据同步、常规互感器和电子式互感器混合使用的线路差动保护采样数据同步的具体测试方法。

6.5.1　基于插值法的数据同步测试

6.5.1.1　线路间隔级联电压与电流数据同步

　　对于接收电压互感器合并单元电压量的间隔合并单元，需要测试电流量和电压量之间的数据同步性，验证合并单元数据传输延时处理的正确性。试验中电压互感器合并单元与间隔合并单元采用级联形式，利用继电保护测试仪给电子式电压/电流互感器的模拟器施加相位相同的电压量和电流量，测试保护测控装置接收的电流量和电压量之间的数据同步性。

在数据同步性测试中发现，当在模拟器上施加同相位的电压量和电流量时，如图6-27所示，间隔合并单元输出的电压量和电流量之间相角差达到了8°。

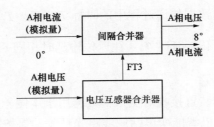

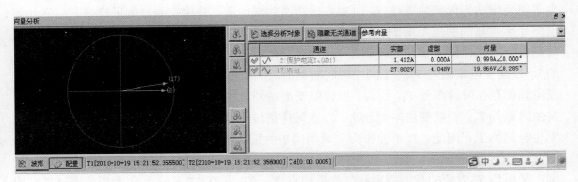

图6-27　电压、电流同步性测试图

研究表明，电压互感器合并单元给定延时不正确，在插值时少补偿两个点，是造成电压量与电流量相角差为8°的原因，经程序升级，问题得到解决。

6.5.1.2　站内跨间隔数据同步测试

对于站内需要接收跨间隔采样数据的保护，例如母线保护和主变压器保护，如采用插值法进行采样数据同步，则需要对保护接收到各间隔合并单元数据的处理情况进行验证。以母线保护为例，说明数据同步性测试过程。

母线保护各间隔电流数据同步测试如图6-28所示。升流器一次侧导线不同极性穿过两个光纤互感器的三相敏感环，前置模块的光纤接至间隔合并单元上，合并单元输出9-2数据至母线保护。以一个间隔合并单元的电流相量为参考，将另一路电流换到不同的间隔合并单元上，测试母线保护对各间隔数据的处理结果。改变一次电流值大小，记录测试结果，见表6-7。

对主变压器保护，可以采用相同的方法测试高—高、高—中、中—低压侧间的数据同步性。

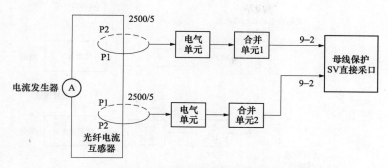

图 6－28　母线保护各间隔电流数据同步测试

表 6－7　　　　　　　　　跨间隔保护采样数据同步测试结果

标准电流（A）	I_{1-2}	I_{1-3}	I_{1-4}	I_{1-5}
50	0.09/180.56°	0.09/180.55°	0.09/180.59°	0.09/180.58°
100	0.21/180.59°	0.21/180.59°	0.21/180.60°	0.21/180.62°
150	0.29/180.64°	0.29/180.67°	0.29/180.65°	0.29/180.64°
200	0.41/180.66°	0.41/180.67°	0.41/180.66°	0.41/180.69°
300	0.59/180.71°	0.59/180.72°	0.59/180.72°	0.59/180.71°
400	0.79/180.78°	0.79/180.77°	0.79/180.79°	0.79/180.80°
500	1.0/180.83°	1.0/180.84°	1.0/180.84°	1.0/180.84°
600	1.27/180.87°	1.27/180.87°	1.27/180.88°	1.27/180.87°
700	1.39/180.91°	1.39/180.91°	1.39/180.92°	1.39/180.92°

注　以支路 1 电流为基准，测试其他支路与该支路的相角差。

由表 6－7 数据可知：采用插值算法同步的母线保护各间隔电流之间的角度偏差小于 1°，满足母线保护同步的要求。

6.5.1.3　常规保护与数字化保护间同步测试

对于线路差动保护，当一侧采用光纤电流互感器，对侧采用常规电磁型电流互感器时，需要验证差动保护在一侧采用数字量输入，另一侧采用模拟量输入时的数据同步问题。

研究中根据工程实际情况搭建了如图 6－29 所示的测试环境。升流器将工程用光纤电流互感器的一次电流逐渐升至 800A，光纤电流互感器将一次电流转换为数字量传送至间隔合并单元，提供给数字化差动保护，同时升流器的一次电流通过标准电流互感器转换为二次电流，然后直接提供给常规化差动保护，数字量输入的差动保护与常规模拟量采样的差动保护之间通过光纤通道连接，通过保护 CPU 板采样显示，可以直接比较两侧保护电流的幅值和角度以及差流情况，从而得知两侧电流的同步性。分别改变一次电流值并多次测试，记录测试结果，见表 6－8。

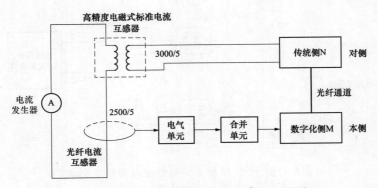

图6-29 光差保护两侧电流同步性测试图

表6-8　　　　　　　　　　与对侧常规保护数据同步测试结果

标准电流（A）	数字化侧 M（变比 2500/5）				常规侧 N（变比 3000/5）			
	I_m	I_n	角度差	电流差	I_n	I_m	角度差	电流差
50/50	0.09	0.09	176°	0.02	0.08	0.08	177°	0.02
100	0.2	0.19	178°	0.02	0.17	0.18	177°	0.01
150	0.29	0.30	179°	0.02	0.25	0.26	179°	0.02
200	0.4	0.39	179°	0.02	0.34	0.35	181°	0.01
300	0.59	0.60	181°	0.02	0.5	0.51	180°	0.01
400	0.79	0.80	181°	0.02	0.5	0.51	179°	0.02
500	1.0	0.99	181°	0.02	0.67	0.68	181°	0.02
600/640	1.27	1.26	180°	0.02	0.67	0.68	181°	0.02
700	1.39	1.39	182°	0.04	1.14	1.15	179°	0.02

由表 6-8 中的数据可知，被测的数字化光纤电流差动保护的差动电流基本不随区外负荷电流的增加而变化，满足光纤电流差动保护同步的要求。

以一次穿越电流为横坐标，画出二次差流随一次电流的变化趋势，如图 6-30 所示。

6.5.2　基于外部时钟的数据同步测试

智能变电站中，测控、计量、PMU等应用的采样值数据一般采用组网方式传输，以实现信息的共享。采样数据经过交换机传输后，存储转发环节增加了传输延时，并且该延时受到报文大小和网络工况的影响，造成

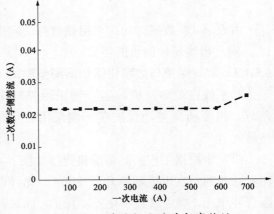

图6-30 差动电流随外部穿越性电流的增加变化趋势

传输延时存在不确定性。此类应用的数据只有在发送源头进行同步才能保证后端应用能够获得同步采样数据，也即必须保证电子互感器或合并单元的数据采样时刻保持一致，因此必须依赖外部统一的时钟源对采样时刻进行控制。目前，智能变电站应用的外部同步方式主要是

IRIG-B（B 码），也有一些试点工程应用 IEEE 1588 精确网络对时方式。基于外部时钟的数据同步性能测试主要是对不同间隔合并单元的采样脉冲进行同步性测试。对于基于 IEEE 1588 的外部同步，还需测试网络对同步性能的影响。

6.5.2.1 合并单元同步性能测试

合并单元对时同步性能测试系统如图 6-31 所示，当采用 IRIG-B 方式同步时，主时钟直接输出 B 码至合并单元；当采用 IEEE 1588 方式同步时，主时钟通过支持 1588 的交换机给合并单元同步，将主时钟和合并单元的 1pps 信号分别引入示波器的两个通道，通过对比示波器两个通道 1pps 上升延时间差即可得知合并单元与主钟之间的同步对时性能。将两个或多个合并单元的 1pps 信号同时引入示波器的不同通道可以比较合并单元之间，即电子式互感器或合并单元之间的同步性能。

表 6-9 为工程测试中两个合并单元之间同步时间差，由表中数据可以看出，不同合并单元之间同步时间差只有不到 300ns，合并单元同步性能满足变电站监控、PMU 等应用。

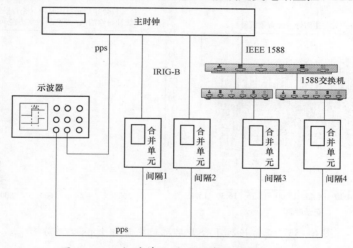

图 6-31　合并单元对时同步性能测试系统

表 6-9　　　　　　　　　　　　两个合并单元之间同步时间差

次　　数	1	2	3	4	5	6
时间差（ns）	-43	-67	-10	27	-60	-179
次　　数	7	8	9	10	11	12
时间差（ns）	-56	-81	99	-35	-154	-214

6.5.2.2 网络交换机流量对合并单元同步的影响

采用 Smart Bit 对 SV 组网交换机施加背景流量，测试不同网络负载对合并单元采样值同步的影响。试验中将背景流量加在参考电流支路所处的子交换机相应端口，记录不同负载流量下合并单元间的 1pps 偏差，测试系统如图 6-32 所示。

（1）正常流量。图 6-33 为正常流量情况下合并单元 1pps 脉冲主钟间偏差，从测试结果可以看出，正常工作情况下合并单元与主钟间秒脉冲时间差变化范围为［780，1022］ns，滞后主钟平均值为 896.4ns，方差为 36.0ns，均值满足要求。

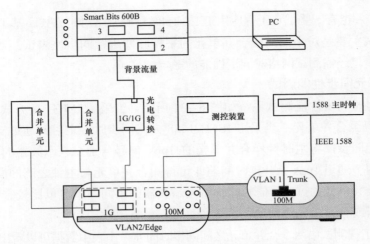

图 6-32 交换机背景流量对数据同步的影响测试

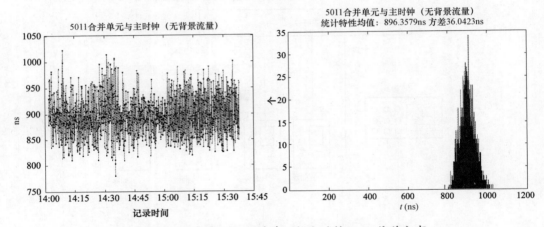

图 6-33 正常情况下合并单元与主时钟 1pps 偏差分布

（2）叠加 30% 背景流量。从图 6-34 可以看出，在交换机端口叠加 30% 背景流量的情况下，合并单元与主时钟间的脉冲延时出现锯齿波状的较大波动，变化范围为 [787, 2542] ns，滞后主时钟平均值为 1092.7ns，方差为 245.7ns，均值不再满足要求。

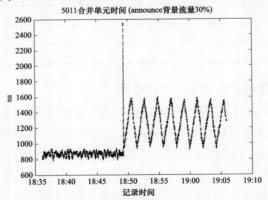

图 6-34 交换机上叠加 30% 背景流量时脉冲偏差

第 7 章
变电站智能状态监测系统

　　智能变电站作为智能电网的核心组成部分，其建设获得了越来越多的关注。根据现行的标准，智能变电站是指采用先进、可靠、集成、低碳、环保的智能设备，以全站信息数字化、通信平台网络化、信息共享标准化为基本要求，自动完成信息采集、测量、控制、保护、计量和监测等基本功能，并可根据需要支持电网实时自动控制、智能调节、在线分析决策、协同互动等高级功能，实现与相邻变电站、电网调度等互动的变电站。电力设备状态监测系统是保证电力设备正常工作并预估设备的状态以建立合理的检修计划，是实现智能变电站的基础。因此以设备的状态监测为基础的状态检修成为实现智能变电站并最终建立智能电网的核心技术之一，该技术近年来获得越来越多的重视。

　　由于技术上的局限性，电力系统长期沿用定期检修模式。该模式存在试验周期长、强度大、有效性差和经济性差等缺点，难以满足电力系统对可靠性的要求。因此状态检修逐步代替定期检修成为电力系统设备检修的必然趋势。近年来，随着智能化的一次设备、网络化的二次设备、自动化的运行管理系统的快速发展使得状态检修逐步成为可能。

7.1　变电站设备状态监测系统

　　变电站状态监测系统是指利用现代传感技术、信息技术、计算机技术以及各相关领域的成果，综合构成的辅助运行系统，利用系统分析方法，结合系统运行的历史和现状，对设备的运行状态进行评估，以便了解和掌握设备的运行状况，并且对设备状态进行显示和记录，对异常情况进行处理，并为设备的故障分析、性能评估提供基础数据。

　　状态监测基于这样的事实：设备的故障大都经过了一个渐变的发展过程。通过对能够反映设备运行状态的参量进行检测，一旦发现设备出现异常的迹象，且这种迹象仍然有发展的趋势，我们就认为该种设备有发生故障的可能。电气设备的状态通常可以分为正常状态、异常状态、故障状态三种情况。

　　正常状态指设备的整体或其局部没有缺陷，或虽有缺陷但不影响设备的正常运行。

　　异常状态是指缺陷已有一定程度的扩展，使电气设备状态信号发生一定的变化，电气设备的性能已经劣化，但仍能维持工作，此时应该注意设备性能的发展趋势，开始制定相关检修计划。

　　故障状态则指设备的性能指标已有明显的下降，设备已经不能维持正常的工作，包括故障萌生并有进一步发展趋势的早期故障；程度尚不严重，电气设备仍可勉强"带故障"运行的一般功能性故障；电气设备不能继续运行的严重故障以及已经导致灾害事故的破坏性故障等。

　　状态监测的原理就是通过传感器将能够反映设备状态的参量送入计算机，经过信号处理获得表征设备特征参数，与根据历史数据和经验确定的阈值参数进行比较以判断设备的状态情况。

7.1.1　状态监测装置的结构

　　对电力设备进行状态监测，进而达到对设备进行状态维修的目的，是基于这样一个事实：某种设备在出现故障，需要进行维护之前，总是存在一个无故障工作期间，该期间的长短符合统计规律，是一个和时间相关的函数。随着时间的推移，总会有一些表征整个设备或者某些重要部件寿命的参数发生变化，如果采集这些参数信号，并加以分析，根据其数值的大小及变化趋势，就可以对设备的可靠性作出判断，对其剩余寿命作出预测。这也是对设备进行状态监测的根据所在，本节将对智能变电站的系统构架、通信模型、数据流以及总线技术进行讲述。

　　到目前为止，状态监测系统的大小、功能范围等尚无统一的界定标准。虽然有学术界提出有必要建立统一的标准，来规范电力设备状态监测系统。但是由于面对的监测对象种类繁多、用户要求各不相同，以及技术支持平台也千差万别，所以短期内难以实施。但从功能上看，构成一个在线状态监测至少需要有数据获取和数据处理诊断两个子功能系统。

　　尽管设备种类繁多、结构各异，对设备进行状态监测的类型也千差万别，但是，不论什么类型的监测系统，都需要经过采集设备数据信号、对数据进行传输、分析处理数据及诊断三个步骤。如果仔细划分，其应包括以下基本功能单元。

　　（1）信号变送。表示设备状态的特征信号多种多样，除了电信号以外，还有温度、压力、振动、介质成分等非电量信号。目前融合了计算机技术的监测及诊断系统，其最终处理的是电信号。所以必须对非电量信号或者不适合处理的电信号进行变换。信号的转换由相应的传感器来完成，传感器从电气设备上监测出反映电气设备状态的物理量，并将其转换为合适的电信号，传送到后续单元。它对监测信号起着观测和读数的作用。

　　（2）数据采集。数字化的测量或者微机处理系统，所处理的是数字信号，一般通过数据采集系统来完成 A/D 转换。

　　（3）信号传输。对于集成式的状态监测系统，数据处理单元通常远离现场，故需配置专门的信号传输单元。而对于便携型的监测系统则相对简单，只需对信号进行适当的变换和隔离。

　　（4）数据处理。在数据处理单元受到传输单元传来的表征状态量的数据后，根据不同的设备，选择不同的方式进行处理。例如进行平均处理、数字滤波、做时域、频域的分析等读取特征值。

（5）状态诊断。对处理后的实时数据和历史数据、判据及其他信息进行比较分析后，对设备的状态或故障部位做出诊断。必要时要采取进一步措施，例如安排维修计划、是否需要退出运行等。

由上述五个单元构成的集中型监测系统框图如图 7-1 所示。

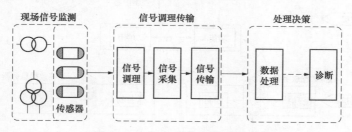

图 7-1　集中型监测系统框图

由图 7-1 可知，现场信号监测系统是通过传感器，从设备上监测出反映设备状态的物理量和化学量，并转化为电信号；数据采集系统是把电信号经过滤波、放大等电路，变换成标准信号以便传输；信号传输单元采用数字信号传输或光信号传输，使监测信号传输到主控室的数据处理单元；数据处理和诊断系统把监测信号进行处理和分析，对设备的状态作出诊断和判定。

7.1.2　状态监测系统的构架

监测系统的结构形式大致可以分为以下三类：

（1）带电检测的结构形式。带电检测的状态监测系统，将采样用的各类传感器安装于所监测的设备上，而将 A/D 转换，微计算机及其外围电路等集中于相应的便携式仪器中，用于对所采集的参量进行分析，以判断电力设备的运行状态。采用这种方式，投资少，配置方便、灵活。但不能连续监测，不能集成所有的设备和项目，无法实现远程监测和集中管理。

（2）集中式的结构形式。集中式状态监测系统，指采用不同性能的计算机，扩展其外围接口电路，集中采集不同的传感器模拟量，即通过大量的屏蔽电缆将较微弱的被测信号直接引入系统主机，然后由主机进行集中检测及数据处理。为减少电缆的用量，后期推出的监测系统采用分区集中方式，按照变电设备的分布情况将被测信号分为若干个区域，分别进行汇集及信号选通，然后通过一根特殊设计的多芯屏蔽电缆把选通的模拟信号传送到主机，由主机进行循环检测及处理。这样的方式虽然可以减少电缆的用量，但同样不能解决模拟信号在长距离传输后所导致的失真问题以及在现场工作量大、维修困难等缺点。

（3）分层（级）分布式的结构形式。为了解决模拟信号在长距离传输后所导致的失真问题，现在倾向于将微弱的模拟信号就地模拟转换，采用现场总线技术，由主机进行循环检测及处理。依据 IEC 61850 关于变电站功能、变电站通信网络以及整体系统建模的分层设定，将智能变电站分为过程层、间隔层、站控层三层结构。变电站系统架构示意如图7-2所示。

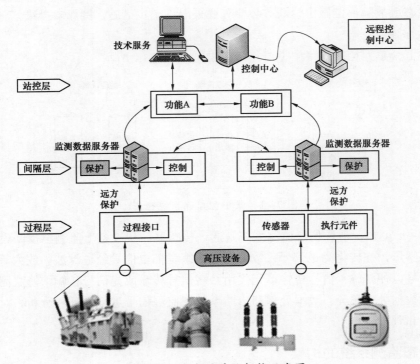

图7-2　变电站系统架构示意图

更近的分层（级）分布式的结构采用模块化设计和现场总线控制技术。它由安装在变电站内的数据采集及处理系统和安装在主控室内的数据分析和诊断系统，再通过公共网络，把若干个变电站的监测数据汇集到相关管理部门的数据管理诊断系统，实现对多个变电站的电气设备状态的实时状态监测。

分层（级）分布的结构，每一层完成不同的功能，每一层由不同的设备或不同的子系统组成。一般来说，整个系统可分为过程层、间隔层、站控层三层，在分层分布式系统中，各个模块完成各自的功能。由于采用总线式结构，增加或减少监测设备和监测项目均不需要改变系统结构，可根据需要在通信总线上挂接以不同类型及数量的智能组件，就可实现不同高压电气设备、不同项目的连续状态监测，因而系统的开放性较好。所有的数据处理在就地完成，主控计算机仅完成通信控制和故障诊断，减轻了主机的负担。所有的智能组件均具备严格的自检功能，测量数据全部采用光纤通信方式传输，克服长距离传输模拟信号所导致的波形失真问题，并且可及时反映出就地模块自身的工作状况，提高监测结果的可信度；同时，即使某个节点出现故障，也不影响整个系统的正常运行。即使通信光缆故障或主机故障，还可使用便携式设备就地进行检测。

为了共享变电站状态监测数据，解决各状态监测系统的计算机远程联网、联机问题，有全开放式联机和区域状态监测数据中心联机两种基本方式。

（1）全开放式联机。该联机方式允许被授权单位或部门用电力系统内公共网络，直接进入变电站状态监测系统获取监测数据。只要变电站内状态监测系统认可联机用户密码，监测系统就对远方用户开放。开放方式分为两个级别：一个级别为只读方式，用户无权变更监测系统参数或写入任何内容；另一级别为系统维护方式，用户不仅可得到监测数据，还可以了解监测系统运行状况，更改运行参数甚至运行程序。

（2）区域状态监测数据中心联机。区域状态监测数据中心可以设在省电力局或地区电力局，对下级变电站提供联机服务和监测数据库管理工作，还可对外联机，直接提供已处理的多年连续监测数据。状态监测系统的联网以及交换监测数据的另一个重要目的是获得远方绝缘专家的咨询与技术支持，当本区域监测到的数据变化不足以判断故障时，可以依靠该网络向远方的绝缘专家送出数据以获得咨询意见。

智能变电站系统架构如图 7-3 所示。该系统分为传感器、智能装置及监测平台软件三层架构。

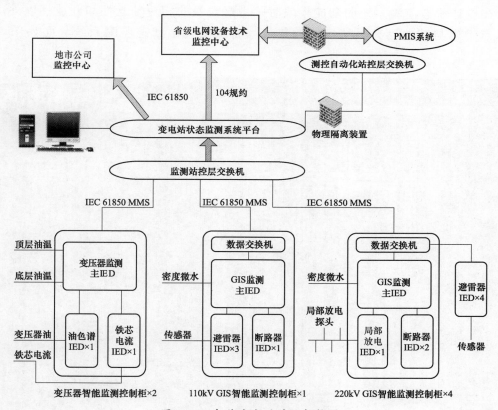

图 7-3 智能变电站系统架构图

传感器层包括简单的电压电流传感器，也包括复杂的采集装置，如油色谱、密度微水传感器。

传感器采集到监测数据后，通过模拟信号、RS-485 通信、网络通信等途径，将信息上送到智能装置 IED，这部分数据由智能装置作初步分析，然后将监测数据及分析结果通过 MMS 服务上传至监测平台软件。

监测平台软件包含底层采集软件和上层展示界面两部分：底层采集软件的功能包括对智能装置上传数据解析，对实时数据库维护，对历史数据库管理等底层任务，基于成熟测控平台开发；上层展示界面基于实时数据库，提供数据展示及系统管理功能。

7.2 智能状态监测系统设计

由于智能状态监测系统是一个跨部门、跨系统的大型综合管理信息系统，变电站状态监测系统涉及的部门有信息中心、调度、生技、安监、运行等各主要生产管理部门，涉及的系统有局 MIS、调度 MIS、调度 SCADA 系统、运行 MIS；涉及的装置有变压器综合管理平台、GIS 局放监测装置、断路器监测装置、避雷器检测装置等，所以在设计状态监测系统的功能模块时除考虑自身的相对独立性和开放性以外，还得重点考虑与其他已有系统模块的集成。智能变电站状态监测系统界面如图 7-4 所示。

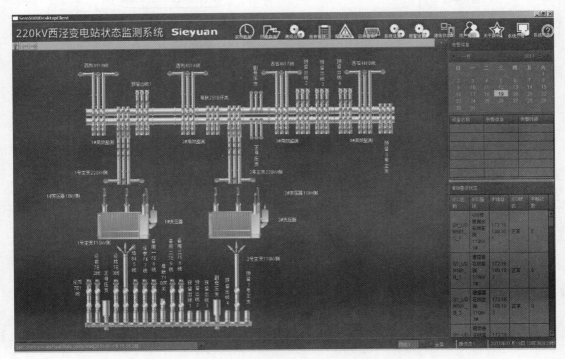

图 7-4 智能变电站状态监测系统界面图

智能变电站 SEM5000 系统框架如图 7-5 所示，该功能框图基本表达了系统的涵盖面。

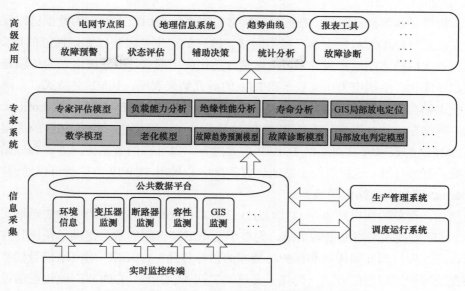

图 7-5 智能变电站 SEM5000 系统框架图

7.2.1 状态监测通信系统

7.2.1.1 状态监测系统通信框架模型

　　IEC 61850 主要强调面向对象的建模和基于客户机/服务器结构的应用数据交换的定义,应用于变电站自动化通信网络和系统,取得了成功、成熟的经验。为满足状态监测业务需求,借鉴自动化系统的成功经验,国家电网公司将 IEC 61850 引入变电设备状态监测系统中。为此,颁布了国家电网科〔2012〕1101 号文,制定了 Q/GDW 739—2012《变电设备在线监测 I1 接口网络通信规范》。图 7-6 是基于此通信规范设计的 GYB 智能变电站网络通信框架模型。

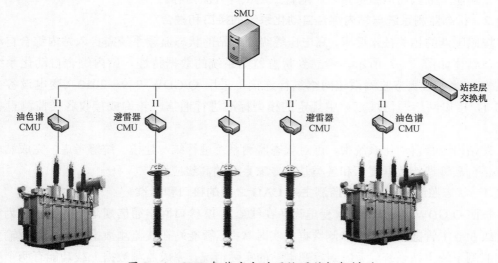

图 7-6 GYB 智能变电站网络通信框架模型

（1）物理层和数据链路层。在此层，状态监测系统采用以太网作为数据链路层。以太网是建立在 CSMA/DA 机制上的广播型网络。冲突的产生是限制以太网性能的重要因素。随着高速以太网技术的逐步成熟，对变电站自动化应用而言，由冲撞引起的传输延时随机性问题已经淡化。美国电力研究院（EPRJ）的研究结果表明，10Mb 交换式以太网完全能够满足变电站自动化系统网络通信实时性要求，并且快于 12Mb 令牌传递 Profibus 网。

（2）网络层。选择事实标准的 TCP/IP 协议作为站内智能电子设备 IED 的高层接口，使得站内 IED 的数据收发都能以 TCP/IP 方式进行，以标准的数据访问方式保证站内 IED 具有良好的互操作性。这样监控主站或远方调度中心采用 TCP/IP 协议就可以通过广域网，甚至 Internet 获得变电站内的数据。

通用面向对象的变电站事件（GOOSE）是 IEC 61850 标准定义的一种快速报文传输机制。GOOSE 以高速网络通信为基础，为整个变电站装置间的通信提供了快速且高效可靠的方法，广泛应用到间隔闭锁和保护功能间的信号传递。GOOSE 用网络信号代替了智能电子装置之间硬接线通信方式，简化了变电站二次系统接线。GOOSE 通过通信过程不断自检实现了装置间回路的智能化监测，克服了传统电缆回路故障无法自动发现的缺点，提高了变电站二次回路的可靠性。

（3）应用层。IEC 61850 在电力系统中的应用需要实时且强壮的底层通信协议支持，并且能够传输复杂的、自描述的、可扩展的数据信息。目前，制造报文规范（MMS）是唯一有能力支持 IEC 61850 的国际标准。在变电站层和间隔层的网络采用抽象通信服务接口映射到制造报文规范（MMS）上。所有 IED 中基于 IEC 61850 建立的对象和服务模型都被映射成 MMS 中通用的对象和服务，MMS 对面向对象数据定义的支持使得该数据自我描述成为可能，简化了数据管理和维护工作。

变电设备在线监测 I1 接口规定了站端监测单元接入各类综合监测单元（或符合 DL/T 860 标准的在线监测装置）的统一通信协议，包括综合监测单元建模、通信协议栈、通信模型、功能与抽象通信服务接口、配置、测试等方面内容。

7.2.1.2　状态监测系统与站内综合自动化系统的接口和融合

按照国调的相关技术要求，高电压等级变电站的状态监测系统需接入站内综合自动化系统，具体如图 7-7 所示。考虑到状态监测系统的数据特性，站内综合自动化系统可通过安全设备与状态监测系统网络进行连接，采用 Q/GDW 739—2012《变电设备在线监测 I1 接口网络通信规范》中规定的模型标准进行通信，轮询或接收各类监测设备的数据。

在站内综合自动化系统中，可对状态监测系统进行统一建模、统筹考虑，完成站内监测设备台账管理、数据展示和各类基于专家系统的高级应用。

7.2.1.3　状态监测系统与状态监测主站 CAG 之间的接口和标准

按照 Q/GDW 740—2012《变电设备在线监测 I2 接口网络通信规范》的要求，为实现网省级业务主管部门对在线监测数据的实时掌控，智能站在线监测数据应实时上载输变电状态监测系统主站系统。考虑到各变电站的实际情况，完成监测数据上载功能有两个实现方案。

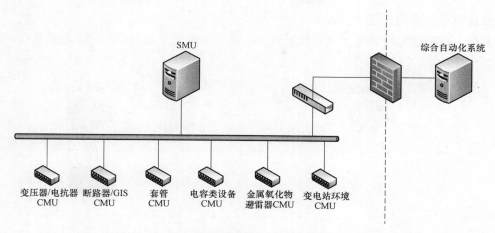

图 7-7　状态监测系统接入站内综合自动化系统

　　方案一：状态监测数据经由站内 SMU 上载至状态监测系统主站如图 7-8 所示，由站内站端监测单元（Substation Side Monitoring Unit，SMU）承担 CAC 的工作内容，收集各监测综合监测单元（Comprehensive Monitoring Unit，CMU）的数据，并转发至输变电状态监测系统主站系统（CAG）。

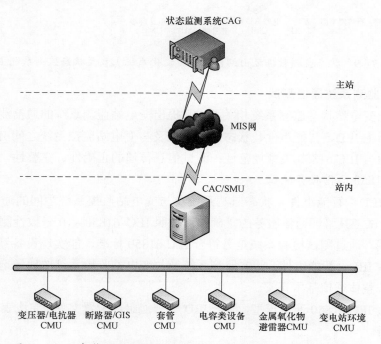

图 7-8　状态监测数据经由站内 SMU 上载至状态监测系统主站

　　方案二：状态监测数据经由站内综合自动化系统上载至状态监测系统主站，如图 7-9 所示，在站内综合自动化系统通过信息安全设备轮询/接收各在线监测设备的数据，通过 CAC（也可以是站内自动化通信网关机）将数据转发至网省级智能电网调度控制系统平台（国调中心　调监〔2014〕125 号文），最后由调控系统通过 I2 接口将数据再次转发至输变电状态监测系统主站系统（CAG）。

其中，在智能电网调度控制系统平台上，其功能框架分成数据处理、查询统计、辅助分析三个层次。

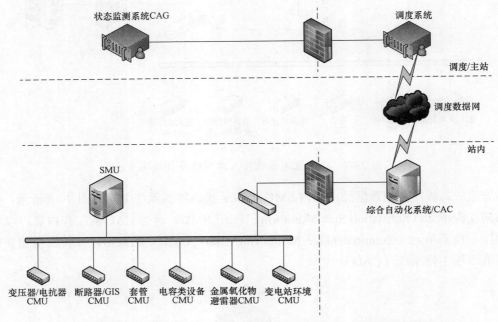

图 7-9　状态监测数据经由站内综合自动化系统上载至状态监测系统主站

7.2.1.4　状态监测系统通信测试

根据智能变电站状态监测系统相关要求，提出变电站监测系统的通信测试方案。主要测试内容包括主 IED、智能组件、状态监测系统及与变电站监控系统之间 IEC 61850 通信理解的一致性与 IEC 61850 模型规范性；测试信息传递的正确性、完整性、及时性。

1. IEC 61850 通信服务测试

针对主 IED、智能组件、状态监测系统及与变电站监控系统之间的通信，采用 IEC 61850 标准测试工具验证通信服务的正确性，按照 IEC 61850-10 一致性测试进行对设备与系统的测试。通过测试检验系统是否符合 IEC 61850 标准，能实现设备互操作。

将被测主 IED、智能组件、状态监测系统及与变电站监控系统按现场运行环境组网搭建，保证系统整体通信基本正常。

检查装置 IEC 61850 通信模型，检查 IED 与智能组件配置文件，完成表 7-1~表 7-3 所述测试项目。

表 7-1　　　　　　　　　IEC 61850 通信模型测试项目、要求及指标

序号	测试项目	要求及指标
1	数据类型规范性	符合 Q/GDW 396—2009《IEC 61850 工程继电保护应用模型》、Q/GDW 739—2012《变电设备在线监测 I1 接口网络通信规范》标准
2	逻辑节点类型规范性	
3	数据集、控制块规范性	

表 7-2　　　　　　　　　　智能装置基本测试项目、要求及指标

序号	测试项目	要求及指标
1	装置自检，键盘操作	自检正确，操作无异常
2	程序版本及校验码	版本信息及校验码正确
3	装置时钟检查	装置时钟与时钟源对时时间应一致

表 7-3　　　　　　　　IEC 61850 服务测试项目、要求及指标

序号	测试项目	要求及指标
1	连接服务	正常连接、读目录等服务
2	报告服务	报告自动上送、周期上送
3	数据集服务	可配置数据集、上传信息完整
4	文件传输服务	传输正常
5	控制服务	
6	定值服务	

2. 信息传递的正确性、完整性、及时性测试

主要测试信息上送的正确性、完整性、及时性，按实验环境可模拟的 GIS 局部放电、充以不同微水含量的 SF_6 气体等相关实验，验证监测系统是否正确接收到各类开关量、测量量、告警信息及分析信息。

（1）状态监测系统后台测试项目、要求及指标见表 7-4。

表 7-4　　　　　　　状态监测系统后台测试、要求及指标

序号	测试项目	要求及指标
1	事件报告	后台正确显示信号名和时间（验证响应速度）
2	遥测报告	后台正确显示信号名和信号值
3	装置参数	后台正确召唤装置参数
4	控制服务	后台下发控制命令
5	定值服务	后台正确召唤、修改、下装定值参数切换

（2）状态监测系统后台与监控系统之间通信测试项目、要求及指标见表 7-5。

表 7-5　　　　　状态监测系统后台与监控系统之间通信测试项目、要求及指标

序号	测试项目	要求及指标	备注
1	事件报告	监控系统向后台获取事件报告	读取或主动上送
2	遥测报告	监控系统向后台获取遥测报告	
3	控制服务	监控系统向后台发送控制命令	

（3）网络流量测试项目、要求及指标，见表 7-6。

表 7-6 网络流量测试项目、要求及指标

序号	测试项目	要求及指标
1	模拟大流量	验证通信情况（采用 SMTBIT 模拟报文发生及监视网口流量）
2	实时大数据量上送	文件传输对系统通信的影响

7.2.2 变电站状态监测系统的监测参量

变电站是多种类设备统一协调工作的整体，智能变电站状态监测的电力设备有电力变压器、断路器、电流互感器、电压互感器及避雷器等，因此需要监测的参数较多，具体有以下四方面。

（1）电力变压器：油温度、铁芯接地电流、油中溶解气体及微水含量。

（2）避雷器：全电流、阻性电流。

（3）GIS：局部放电、气体压力、SF_6 气体密度、微水。

（4）高压断路器：分/合闸线圈电流、开断次数。

以上是变电站典型电力设备的状态监测参量，从信号性质可以分为非电量监测和电量监测两大类。变电站电力设备状态监测参量如图 7-10 所示。

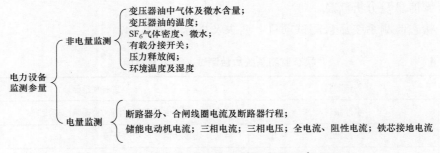

图 7-10 变电站电力设备状态监测参量图

分布式状态监测系统监测设备较多，监测的状态量种类复杂，要根据各个被监测状态参数具有的不同特性，有针对性地选择传感器类型和信号采集设备。智能变电站状态监测系统涉及的传感器主要有以下三方面。

（1）变压器状态监测传感器：零磁通电流传感器、电压传感器，信号取自电压互感器；温度传感器；气敏传感器，测量油中气体含量；聚酯薄膜电容传感器，测量油中微水含量；

（2）避雷器传感器：零磁通电流传感器。

（3）GIS 状态监测传感器：SF_6 微水传感器；SF_6 密度传感器、滑线变阻传感器或者光编码传感器、零磁通电流传感器、超高频传感器。

7.2.3　电力变压器状态监测系统

电力变压器是电力系统中重要的、昂贵的关键设备，它承担着电压变换、电能分配和转移的重任，变压器的正常运行是电力系统安全、可靠地经济运行和供用电的重要保证，因此，必须最大限度地防止和减少变压器故障或事故的发生。但由于变压器在长期运行中，故障和事故是不可能完全避免的。引发变压器故障和事故的原因繁多，如外部的破坏和影响，不可抗拒的自然灾害，安装、检修、维护中存在的问题和制造过程中留下的设备缺陷等事故隐患，特别是电力变压器长期运行后造成的绝缘老化、材质劣化等，已成为故障发生的主要因素。同时，客观上存在的部分工作人员素质不高、技术水平不够或违章作业等，也会造成变压器损坏而引发事故或导致事故范围扩大，从而危及电力系统的安全运行。

正因为电力变压器故障不可完全避免，对故障的正确诊断和及早预测，就具有更迫切的实用性和重要性。但是，变压器的故障诊断是个非常复杂的问题，许多因素如变压器容量、电压等级、绝缘性能、工作环境、运行历史，以及不同厂家的产品等均会对诊断结果产生影响。

变压器故障原因多种多样，如内部接触不良、短路、线圈损伤、绕组变形、绝缘老化等。故障类型（或故障性质）按不同的应用要求有所不同，大致可分为电晕（局部放电）和火花放电、过热（局部过热和大面积过热）、电弧等四种情况。按故障所涉及的绝缘材料可分为仅涉及绝缘油（湿式变压器 90%以上是充油变压器）和已涉及固体绝缘材料。

一般情况下，对于变压器内部故障的检测可以通过预防性试验、绝缘油色谱分析来确定，对外部故障需要依靠运行和维护人员的检查来发现和确认，突发性故障大多是由外界的原因造成，一般不能预测，只有故障发生后通过差动保护、气体保护、过电流保护、接地保护等保护装置切除故障设备。

变压器状态监测通过安装在变压器上的各种高性能传感器，连续获取变压器的动态信息。状态监测装置通过智能软件系统和软件程序实现自动监测。状态监测的判定系统并非根据所测量的参数绝对值，而是根据测量参数随时间的变化趋势来进行判定。它的工作程序是通过与计算机联网，在很高的自动化条件下，收集、存贮并现场处理所测到的数据，作出趋势预测。

智能变电站变压器状态监测的基本程序是数据采集、存贮—状态分析—故障分类—根据智能专家系统的经验判定故障位置—提出维护方案。

故障分类主要是区分故障性质。例如，电气过热故障、磁路过热故障、与油纸绝缘有关的放电、与油纸绝缘无关的放电、机械故障和其他故障。

智能专家系统的判定以数据库存储的数据为依据，根据其诊断模型进行诊断，决策系统提出维护方案。智能变电站变压器状态监测界面系统如图 7-11 所示。变压器状态监测数据库可以存储电气设备的全面信息，主要包括被监测的各种参数、运行状况和历史数据等，还可存储诊断判定结果。所有信息和资料均可通过互联网进行查询。

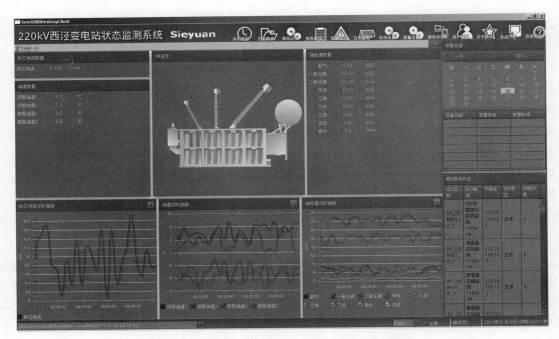

图 7-11　智能变电站变压器状态监测系统界面

目前，变压器状态监测的范围很广，主要包括：

（1）状态监测绕组顶部和底部油温；

（2）监测油中溶解气体总量，可分析 H_2、CH_4、C_2H_4、C_2H_6、C_2H_2、CO、CO_2 七种特征气体，以及油中微水的含量；

（3）状态监测铁芯接地故障和绕组缺陷；

（4）状态监测套管的功率因数和电容；

（5）状态监测冷却装置的功能（如风扇、油泵的转换状态等）；

（6）状态监测负荷电流；

（7）利用光纤传感器进行绕组热点监测；

（8）状态监测局部放电，包括电气局部放电、超高频局部放电、静态局部放电；

（9）状态监测储油柜的油位，通过安装传感器提供油渗漏信息。

智能变电站变压器状态监测主要以变压器油中溶解气体状态监测、铁芯接地电流监测为主。

7.2.3.1　变压器油中溶解气体状态监测

变压器油中溶解气体状态监测技术是实施主变压器状态监测的重要手段，其技术关键是根据气相色谱技术分析油中特征气体成分的变化，根据监测结果来分析判断电力变压器内部的异常和故障发展趋势，以保证电力变压器的安全可靠运行。变压器油中溶解气体状态监测分析判断的方法通常包括：

（1）根据气体含量的变化判断；

（2）根据气体含量比值的变化判断；

（3）根据总烃与产气速率的变化判断；

（4）根据 T（过热）D（放电）图故障发展趋势的判断；

（5）根据气体变化对故障热点温度的判断；

（6）根据气体变化的总烃安伏法对故障回路的判断等。

其中，根据电力变压器油中特征气体的变化来判断变压器的内部故障是气相色谱分析的一项基本方法和重要内容，智能变电站主变压器油中溶解气体状态监测采用三比值法、立体图示法、Dural 三角形法三种方法进行诊断。

油中特征气体产生的原因见表 7-7，故障形式产生的特征气体见表 7-8。

表 7-7　　　　　　　　　　油中特征气体产生的原因

气体	产生的原因	烃类气体	产生的原因
H_2	水分、电晕、绝缘热分解	CH_4	油和固体绝缘热分解、放电
CO	固体绝缘受热及热分解	C_2H_6	固体绝缘热分解、放电
CO_2	固体绝缘受热及热分解	C_2H_4	高温热点下绝缘热分解、放电
		C_2H_2	电弧放电、油和固体绝缘热分解

表 7-8　　　　　　　　　　故障形式产生的特征气体

故障特征	主要产生的气体
油过热	C_2H_4、CH_4 及 C_2H_6、H_2
纤维素过热	CO、CO_2、CO/CO_2 的比值越高热点温度越高
纤维素过热	CO、CO_2 温度高于 250℃时产生的 CO 高于 CO_2
油中电晕	H_2 及 C_2H_4、CH_4
油中电弧	H_2（60%～80%）、C_2H_2（10%～25%）、CH_4（1.5%～3.5%）、C_2H_6（1%～2.9%）

（1）三比值法。电力变压器中不同性质的故障所产生的油中溶解气体的组分是不同的，据此可以判断故障的类型。因热性故障产生的特征气体主要是 CH_4、C_2H_4，放电故障主要是 C_2H_2、H_2，为此可以用 CH_4/H_2 比值来区分是热性故障还是放电故障，根据故障点温度越高 C_2H_4 占总烃比例将增加的特点，C_2H_4/C_2H_6 的比值可区分温度高低；因绝缘油纸过热主要分解 CO 和 CH_4 的特点，也可用 CO/CH_4 区分，温度高低，温度越高，CO/CH_4 值越小；根据火花放电故障时有 C_2H_2 和 C_2H_4，而局部放电一般无 C_2H_2 的特征，可用 C_2H_2/C_2H_4 的比值来区分放电故障的类型，三比值法显示界面如图 7-12 所示。

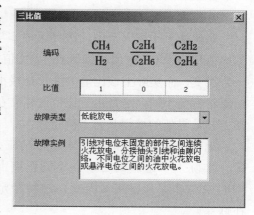

图 7-12　三比值法显示界面

表7-9给出三比值法的编码范围，表7-10给出三比值法故障类型判断方法。

表7-9   三比值法的编码范围

气体比值范围	比值编码		
	C_2H_2/C_2H_4	CH_4/H_2	C_2H_4/C_2H_6
$(-\infty, 0.1)$	0	1	0
$[0.1, 1)$	1	0	0
$[1, 3)$	1	2	1
$[3, +\infty)$	2	2	2

表7-10   三比值法故障类型判断方法

编码组合			故障类型判断	故障实例
C_2H_2/C_2H_4	CH_4/H_2	C_2H_4/C_2H_6		
0	0	1	低温过热（低于150℃）	
	2	0	低温过热（150～300℃）	
	2	1	中温过热（300～700℃）	
	0, 1, 2	2	高温过热（高于700℃）	
	1	0	局部放电	
1	0, 1	0, 1, 2	低能放电	
	2	0, 1, 2	低能放电兼过热	
2	0, 1	0, 1, 2	电弧放电	
	2	0, 1, 2	电弧放电兼过热	

变压器的故障原因、故障现象和故障机理存在随机性和模糊性的不确定现象，决定了故障分类本身的不确定性。

比值法对于编码范围的边界区分非常明确，编码的确定也是绝对的，例如 H_2/C_2H_4，当比值稍小于0.1时属于编码0，当比值等于0.1时，就属于编码1，编码从0到1中存在一个跳变，而实际上该比值的增长是极小的，甚至在一个工程误差范围内，但由此判断的结果将完全不同，这是由于比值法建立在精确数学上"非此即彼"的结果，而实际上比值在这一分界处的编码具有不确定性。

比值法的编码和故障类型的对应关系也是绝对的，一种编码严格对应于一种故障，实际上一组编码可以在不同程度上反映某几类故障，某一类故障也可以由几种不同的编码等综合反映。因此，这种稳定的对应关系不能全面联系编码和故障之间的内在联系。

由上可知，变压器故障本身因果关系的客观不确定性和测试数据主观判断不确定性，决定了比值法难于满足工程应用的要求，可以运用其他方法来补偿比值法的不足。

（2）立体图示法。立方图是以三比值法为依据建立的一个立体空间，C_2H_2/C_2H_4、CH_4/H_2 和 C_2H_4/C_2H_6 的比值作为 X、Y、Z 三条正交坐标轴，溶解气体分析解释见表 7-11。根据故障判定条件，可以确定每种故障对应的每对比值的上、下限，三对上下限在立体空间中确定六个面，这六个面围成的长方体就表示与这种故障对应的三对比值的取值范围。判定条件如表 7-11 所示。

表 7-11 溶解气体分析解释表

情况	特征故障	C_2H_2/C_2H_4	CH_4/H_2	C_2H_4/C_2H_6
PD	局部放电	NS*	<0.1	<0.2
D1	低能量局部放电	>1	0.1~0.5	>1
D2	高能量局部放电	0.6~2.5	0.1~1	>2
T1	热故障 $t<300℃$	NS	>1	<1
T2	热故障 $300℃<t<700℃$	<0.1	>1	1~4
T3	热故障 $t<700℃$	<0.2	>1	>4

注　1. 上述比值在不同的地区可稍有不同。

　　2. 以上比值在至少上述气体之一超过正常值并超过正常增长速率时计算才有效。

　　3. 在互感器中，$CH_4/H_2<0.2$ 时，为局部放电；在套管中 <0.7 时，为局部放电。

　　4. 气体比值落在极限范围之外，而不对应于本表中的某个故障特征，可认为是混合故障或一种新的故障。这个新的故障包含了高含量的背景气体水平。在这种情况下，本表不能提供诊断。

*NS 表示无论什么数值均无意义。

立体图示法三维可视化图形如图 7-13 所示，图中以 10 为极限，但实际上是无限的，这个适合计算机的可视化显示。图形可以沿 X、Y、Z 轴任意旋转，用户可以清楚看到待诊断点的三维空间的位置，准确判断故障诊断类型。

（3）Duval 三角形方法。以 Duval 三角形法为依据，在二维情况下，以 CH_4、C_2H_4、C_2H_2 的体积分数为等边三角形，划分故障分布空间，共得到表 7-12 中的六种情况。

大量的实践及实例验证发现，基于 IEC 三比值范围划分区间的关系，三维立体图示法有时会引起故障的误判，甚至还会出现不能给出诊断的情况，这种情况下可运用 Duval 三角形法分析进行辅助进行判断，因为它们在气体比值的极限之外。

Duval 三角形方法定义：

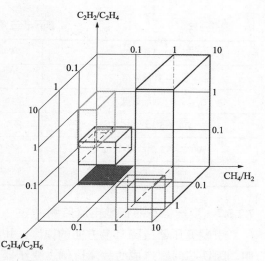

图 7-13　立体图示法三维可视化图形

$$\%\, C_2H_2 = \frac{100X}{X+Y+Z},\ X=[\,C_2H_2\,]$$

$$\%\, C_2H_4 = \frac{100X}{X+Y+Z},\ Y=[\,C_2H_4\,] \tag{7-1}$$

$$\%\, CH_4 = \frac{100X}{X+Y+Z},\ Z=[\,CH_4\,]$$

采用 Duval 三角形法可视化技术之后，不仅使得诊断结果清晰直观，而且简化了计算过程，极大地提高了诊断效率。图 7-14 为 Duval 三角形可视化图形。

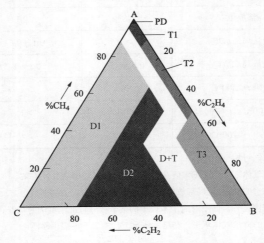

图 7-14　Duval 三角形可视化图形

表 7-12　　　　　　　　　　**Duval 三角形法区域边界表**

PD 局部放电	98% CH_4			
D1 低能放电	23% C_2H_4	13% C_2H_2		
D2 高能放电	23% C_2H_4	13% C_2H_2	38% C_2H_4	29% C_2H_2
T1 热故障<300℃	4% C_2H_2	10% C_2H_4		
300℃<T2 热故障<700℃	4% C_2H_2	10% C_2H_4	50% C_2H_4	
T3 热故障>700℃	15% C_2H_2	50% C_2H_4		

7.2.3.2　变压器铁芯接地电流监测

引发变压器故障有多方面的原因，并且变压器的故障类型也有多种。有关资料统计表明，因铁芯问题造成的故障比例占变压器各类故障的第三位。因此，必须最大限度地预防变压器铁芯故障的发生，做到及时发现、及时处理，以确保整个电力系统的安全可靠运行。

电力变压器正常运行时，铁芯必须有一点可靠接地。若没有接地，则铁芯对地的悬浮电位会造成对地断续性击穿放电，铁芯一点接地后就消除了形成铁芯悬浮电位的可能。但当铁芯出现两点及以上接地时，铁芯间的不均匀电位就会在接地点之间形成环流，反映在接地线上便出现了电流突然增大的现象。根据故障接地点与铁芯固定接地点之间阻抗大小

186

的不同，接地线上的电流大小也不同。

目前，判断变压器铁芯是否存在多点接地主要有测量铁芯对地绝缘电阻、气相色谱分析、定期利用钳形电流表测量地线电流三种方法。这些方法在现场应用相当广泛，并能较有效地发现铁芯多点接地故障，但上述方法也存在一些共性的不足即不能及时发现铁芯多点接地故障，有时即使发现故障，也不能及时采取相应措施阻止故障继续发展，可能酿成更大事故。

铁芯接地电流在线监测通过实时监测变压器铁芯接地电流，及时发现变压器因过负荷产生的绝缘问题以及多点接地问题。变压器铁芯接地电流监测示意如图 7-15 所示。

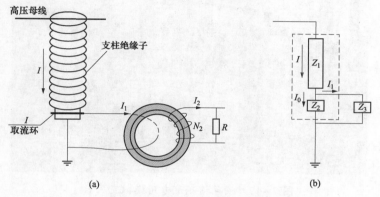

图 7-15　变压器铁芯接地电流监测示意图

（a）取流结构示意图；（b）取流电路原理图

智能变电站利用零磁通电流互感器测量变压器铁芯接地线上的电流状况，当发现电流超标，结合油中溶解气体进行故障诊断，向值班人员发出设备运行状态，提出其维修方案。铁芯电流监测原理如图 7-16 所示。

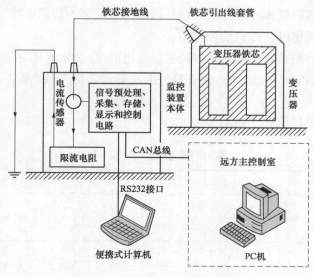

图 7-16　铁芯电流监测原理图

7.2.3.3 智能变电站主变压器状态监测装置测试

1. 实验仪器

（1）模拟变压器。可模拟变压器的高低温过热、放电故障，由故障模拟装置输出不同模拟故障下的样品油；实验室油色谱仪，分别独立使用实验室色谱仪及色谱在线监测装置对同一油样进行检测，油色谱测试专用模拟变压器如图 7-17 所示。

图 7-17　油色谱测试专用模拟变压器

（2）信号发生器（或继保仪）。可以输出交流电压、直流电流。Trance 串口调试软件：安装在 PC 机上，用于传输 RS-485 串口数据。SV 模拟装置：用于输出标准 9-2 采样值。

2. 实验原理

利用模拟变压器产生常见的故障绝缘油，利用 Trance 软件向监测装置 UDM 501-A 连续模拟发送油中溶解气体和铁芯电流在各种工作状况下的数据，通过本地 HMI 以及监控后台查看数据的采集以及传输是否正确。

变压器油温监测测试通过接入信号发生器发出的 4～20mA 直流信号，换算成对应的油温值，通过本地 HMI 以及监控后台查看数据的采集以及传输是否正确。

3. 实验内容

主变压器监测项目见表 7-13。

表 7-13　　　　　　　　　　主 变 压 器 监 测 项 目

序号	测试项目	数据来源
1	变压器油温	信号发生器
2	铁芯电流	
3	H_2 浓度	模拟变压器
4	C_2H_2 浓度	

续表

序号	测试项目	数据来源
5	C_2H_6 浓度	
6	C_2H_4 浓度	
7	CH_4 浓度	模拟变压器
8	CO 浓度	
9	H_2O 浓度	

在线监测装置与模拟变压器连接，按 3h 的周期实时采样分析，同时在实验室色谱仪上进行离线测试比对。由于参与测试的在线监测装置采用不同的监测元件，其反应灵敏度也不同，故在测试中首先采用高浓度油品作为测试标准油，待在线监测装置检测数据达到稳定状态后，更换为低浓度标准油检测其灵敏度。

7.2.4　避雷器状态监测

20 世纪 60 年代，日本率先开发出氧化锌（ZnO）非线性电阻片。由于其具有残压低、无续流、动作时延小、通流容量大等优点，使得由 ZnO 非线性电阻片组装成的金属氧化物避雷器（Metallic Oxide Arrester，MOA）在电力系统中逐渐取代碳化硅（SiC）避雷器而得到广泛应用及快速发展。目前，MOA 已成为电力系统中性能最好且发展最快的过电压保护装置。

在氧化锌电阻片性能提高的同时，高电压、大容量避雷器的研究迅速开展，其运行状态、稳态、暂态过程、内部局部放电等研究成果都取得了很大成就。避雷器故障可能造成下列危害：

（1）若避雷器未完全击穿，避雷器泄漏电流增大，会造成线损增加，不利于电力网的经济运行。

（2）若避雷器被击穿，造成一点接地故障，由于避雷器故障是隐性故障，需要消耗大量人力、物力寻找故障点；若出现两个避雷器不同相分别接地故障，会造成开关保护动作而使用户停电，影响生产和生活。

（3）避雷器爆炸会波及周围其他设备，造成事故扩大。

因此开展避雷器状态监测是进行避雷器状态评估、避免避雷器故障的重要技术手段。

近年来，电流传感器技术的发展使得探测微安级的电流变得可行，智能变电站避雷器状态监测采用零磁通电流互感器获取一条线路的全电流信号，在另一条线路上获取电压信号。数据采集装置对两路信号进行同步采样，并将采样数据发送到计算机上，由阻性电流提取算法软件计算得到 MOA 的阻性电流，从而进一步分析 MOA 的运行状况，并判断能否在系统中继续运行以保护电力设备。图 7-18 为智能变电站避雷器状态监测界面。

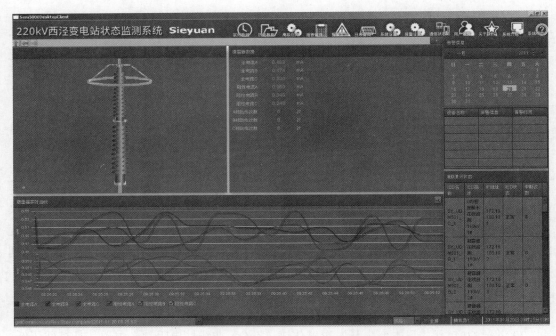

图 7-18　智能变电站避雷器状态监测界面

7.2.4.1　避雷器故障分类

1. 避雷器由于内部受潮引起故障

避雷器密封结构简单，在设计、组装、安装阶段相关程序管控不当，均可导致密封出现问题。一般变电站氧化锌避雷器内部空腔约占整支避雷器内部空间的 50%，在遇到恶劣环境，温度冷热循环交替变化的情况下，腔体内空气热胀冷缩产生呼吸作用，使避雷器原来潜在的微小漏孔可能扩大，潮气逐步侵入，引发避雷器受潮故障。从历年高压避雷器出现的事故分析，由于内部受潮而引起事故的避雷器占避雷器总事故率的 60%。江苏某电力公司两年内发生 6 起本体缺陷（故障）中，涉及内部受潮的有 5 起，占 83.33%。

从因长期受潮而损坏的避雷器残骸分析看，受潮避雷器的明显特征有：

（1）避雷器阀片外侧和瓷套内壁有明显闪络痕迹。

（2）避雷器内部金属件有锈蚀现象。

（3）避雷器事故前泄漏电流、阻性电流成倍增长。

（4）避雷器绝缘电阻显著下降。

（5）避雷器本体发热异常。

（6）避雷器直流参考电压、0.75 倍直流参考电压下泄漏电流超标。

（7）避雷器防爆膜松动且有明显缝隙，防爆膜四周挤压痕迹不完整。

2. 避雷器本身老化引起事故

在市场竞争中，有些厂家一味追求避雷器保护性能好，指标先进，而忽视避雷器的可靠性，过低的选取残压和额定电压，使避雷器荷电率增高，负荷加重。对于高压避雷器来讲，由于本身高度高、体积大，受环境条件影响大，且自身电位分布不均匀，局部荷电率已达到金属氧化物电阻片耐受极限，使局部电阻片老化加速，引起了整个避雷 V—A 特性曲线的变化，避雷器的热稳定工作点发生偏移，电阻片温度上升。由电阻片在工作电压下的负温度系数可知，温度越高，直流参考电压降得越低，此时避雷器的直流参考电压接近持续运行电压峰值，当电网电压超过避雷器本身耐受工频电压时就会导致避雷器损坏。如某供电局进口的 18 台 110、220kV 避雷器，投运第五年，在一个月内连续发生四起避雷器事故，损坏 5 台，而未损坏的 13 台避雷器在运行电压下泄漏电流值平均增大 92%，阀片已严重老化。瑞典 500kV 避雷器在锦州董家湾投运两年后，发现上节单元电位分布过高且已老化退出运行，避雷器本身设计荷电率太高和局部电位分布不均匀是避雷器加速老化的主要原因之一。

3. 环境、污秽影响引起避雷器损坏

根据电力部门多年的现场监测和人工污秽试验研究证明，污秽、环境影响也是造成避雷器加速老化的主要原因。在高温和污秽的双重作用下，避雷器的电位分布极不均匀，在靠近避雷器上法兰处，温度很高且电流也大，证明此处的荷电率高、老化加速。从多年的运行数据可知，避雷器事故大多发生在夏季南方湿热和污秽地区。例如，龙羊峡水电厂 9 台 330kV 金属氧化物避雷器投运两年多，运行正常，在底孔放水期间，四面相继损坏，根据现场事故分析，是由放水引起周围环境大水雾，使避雷器外表面形成一层水阻较小的随机变化的水膜，引起避雷器电位分布不均匀，导致损坏。同时避雷器密封是否可靠也是需要考虑的原因之一。

4. 异常运行条件及其他原因引起避雷器事故

避雷器在运行时会遇到多种多样的情况，有些异常情况是避雷器不能耐受的，如强地震、直击雷、谐振等，避雷器在这种情况下损坏一般认为是在所难免的。但在运行中也出现过由于操作不当引起中性点接地系统变为中性点绝缘系统，避雷器在较高电压下长期工作而损坏的情况。如某变电站两相日本明电舍避雷器损坏就是由操作不当引起的。系统中也出现过由于避雷器内部紧固不牢，运输中出现阀片内部裂痕，运行一段时间后，电阻片断裂而损坏避雷器的事件，如某 220kV 变电站 110kV 避雷器损坏就是此类情况。

在运行电压的作用下，组成 MOA 的氧化锌阀片芯柱、绝缘杆、瓷套等部件要长期通过持续电流，这就是 MOA 的泄漏全电流。在瓷套表面干燥、清洁情况良好的正常状态下，流过瓷套和绝缘杆的泄漏电流远远小于流过 MOA 阀片柱的泄漏电流。因此，在正常运行条件下，监测到的全电流主要是流过 MOA 片芯柱的泄漏电流。MOA 外表面污秽的不均匀导致 MOA 电位分布不均匀，在运行中各单位瓷套表面的泄漏电流因污秽程度的不同而差异很大。对多节 MOA 来讲泄漏电流小的那个单元避雷器芯体将承受较大的电流，阀片荷电率随之提高，加速了阀片的劣化，增加了阀片的热应力，使阀片易发生热崩溃从而导致整台 MOA 损坏。当 MOA 由于密封不良，进水受潮时，会导致阀片泄漏电流增大，绝缘电阻降低，由受潮引发的事故大都是沿受潮的内壁滑闪或沿避雷器阀片轴向闪络而导致对地短路。

引起 MOA 事故的原因是多方面的，有时是由以上几种原因共同作用的结果。从检测的角度看，MOA 的运行特性会发生以下的变化：

（1）当 MOA 的瓷套表面积污，并且在潮湿或淋雨的条件下，全电流会发生突变，阻性泄漏电流也会有较大的增加。

（2）当 MOA 内部阀片受潮时，其故障特征是在系统正常运行电压下，MOA 的阻性电流基波分量显著增大。而阻性电流高次谐波分量增加相对较小。

（3）当 MOA 的阀片老化时，其表现特征是在系统正常运行电压下，MOA 的阻性电流基波分量相对增加较小，而阻性电流的高次谐波分量显著增大，这是由阀片的非线性特性变差引起的。

（4）一般来讲，当局部放电量大于 250pC 时，避雷器内部必定存在着明显的故障。而一般的局部放电脉冲数量级是微秒级，因而对高频分量的检测是必要的。

7.2.4.2　避雷器状态监测方法

目前，国内外 MOA 状态监测方法主要有泄漏全电流法、阻性电流谐波分析法、阻性电流三次谐波法、补偿法等，国外还开发出双 AT 法和基于温度的测量方法。

1. 泄漏全电流法

MOA 老化或受潮时，阻性电流分量增加，从而全电流随之增加，可以根据这一特征来判断 MOA 的运行状况。监测全电流原理如图 7-19 所示，在电网电压不变的条件下，由于 MOA 的晶界电容值 C 近似为常数，所以 MOA 全电流的容性分量变化不大，全电流的增加主要是由阻性分量增加造成的。监测全电流的变化在一定程度上可以判断阻性电流的变化。这种方法简单且实现方便。但在正常的情况下 MOA 未老化和受潮时全电流的阻性分量只有容性分量的 10%左右，且两者基波相位差 90°，这使得监测到的全电流有效值或平均值主要取决于容性电流分量，即便是阻性电流增加几倍，全电流的变化也不是太明显。

2. 阻性电流基波法

图 7-20 是 MOA 阀片等效电路，它由一个非线性电阻与线性电容并联而成，从图中可知，流过 MOA 的总泄漏电流可分为阻性电流 I_R 和容性电流 I_C 两部分，容性电流分量产生的无功损耗并不会使阀片发热，导致阀片发热的是阻性分量产生了有功损耗。设 U_x 为设备运行电压，I_x 为避雷器总泄漏电流，满足狄里赫利条件的电力系统电压 U_x、电流 I_x，可按傅里叶级数分解。

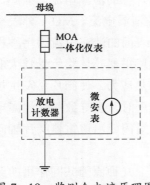

图 7-19　监测全电流原理图

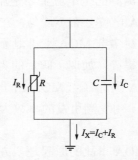

图 7-20　MOA 阀片等效电路

在运行情况下，流过避雷器的主要电流为容性电流，而阻性电流只占很小一部分，约为 10%～25%。但当内部老化、受潮等绝缘部件受损以及表面严重污秽时，容性电流变化不多，而阻性电流却大大增加。当阻性电流值增加 2 倍以上时，避雷器需要立即更换，进行安全检查。基于阻性电流的状态监测方法一般从避雷器接地引线上取得电流信号，同时从电压互感器端采集电压信号，根据角度差从总泄漏电流中分离出阻性电流的基波值，判断避雷器运行状态。

3. 阻性电流三次谐波法

由于 MOA 良好的非线性特性，导致全电流中的阻性分量不仅包含基波，而且还有 3 次、5 次和更高的谐波，其所占分量逐渐减少。MOA 泄漏电流中的 3 次谐波 I_{r3} 是一个特征量，它敏感地反映避雷器的老化及故障。阻性电流 3 次谐波法是将全电流经带通滤波器检出 3 次谐波分量，根据 MOA 的总阻性电流与 3 次谐波阻性分量之间具有特定的比例关系得到阻性电流峰值。这种方法是从三相的全电流中监测 3 次谐波阻性电流，因此这种方法也称作零序电流法，MOA 阻性电流 3 次谐波法监测原理如图 7-21 所示。

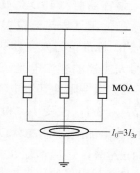

图 7-21 MOA 阻性电流 3 次谐波法监测原理图

7.2.4.3 智能变电站主避雷器状态监测装置测试

1. 避雷器监测原理

运用零序电流互感器在 MOA 的接地线上获取全电流信号，在另一条线路上获取电压信号。数据采集装置对两路信号进行同步采样，并将采样数据发送到计算机上，由阻性电流提取算法软件计算得到 MOA 的阻性电流，从而进一步分析 MOA 的运行状况，并判断其能否在系统中继续运行以保护电力设备。在电压采集的过程中，由于电压互感器及线路之间存在着相位差，基于基准设备比较法的原理，可以预先估计相位偏差值，并在算法中设置此相位差，当进行数据处理时再调整相应的偏差值。

2. 实验系统接线

图 7-22 为智能变电站避雷器状态监测系统测试原理图。

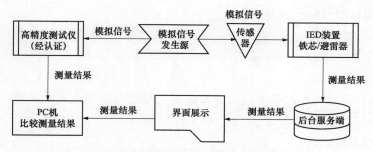

图 7-22 智能变电站避雷器状态监测系统测试原理图

3．实验方法

避雷器状态监测装置测试采用模拟信号发生器，可以预先设置多组电流值，使模拟信号发生器可以根据编程的次序输出不同的电流值，模拟信号发生器开启后，如需测试全电流、阻性电流，打开铁芯电流数据对比软件，获取高精度测试仪的数据，同时获取后台数据库中的数据，最后将后台数据和高精度测试仪的数据及编程好的数据进行比较，统计数据的误差及通信的稳定性，得出统计结果。

4．实验内容

避雷器监测 IED 主要检测功能如下。

（1）阻性电流测量误差试验。

1）标准信号发生器的参考电压（U_m）输出设置为送检仪器参考电压上限的 1/2，标准信号发生器的容性电流（I_C）输出设置为送检仪器全电流上限的 1/2，并保持不变。

2）保持阻性基波电流峰值（I_{pR1}）与阻性三次谐波电流峰值（I_{pR3}）的比值约为 3，即 $I_{pR1}/I_{pR3} \approx 3/1$，改变 I_{pR1} 和 I_{pR3} 的幅值大小，使得标准信号源输出的阻性电流分别为送检仪器阻性电流上限的 20%、40%、60%、80%、100%。如上述试验点未包含 50、100、500μA 和 1mA 时，还应增加 50（最大允许误差±20%）、100、500μA 和 1mA 检测。

3）利用送检仪器对标准信号发生器发出的信号进行检测并记录结果，计算测量的相对误差，方法如下：

$$\delta = \frac{I_x - I_n}{I_n} \times 100\% \qquad\qquad (7-2)$$

式中：δ 为测试相对误差；I_x 为送检仪器测试结果；I_n 为标准信号发生器输出结果。

（2）全电流测量误差试验。

1）将标准信号发生器的参比电压输出设置为送检仪器参比电压测量上限的 1/2，标准信号发生器的阻性电流输出设置为送检仪器阻性电流测量上限的 1/2，且保持 I_{pR1}/I_{pR3} 约为 3/1。

2）改变容性基波电流峰值（I_{pC1}）的大小，使得标准信号发生器输出的全电流分别为送检仪器全电流上限的 20%、40%、60%、80%、100%。

3）利用送检仪器对标准信号发生器发出的信号进行检测并记录结果，计算测量的相对误差，方法见式（7-2）。

（3）参比电压测量误差试验。

1）将标准信号源的 I_{pC1}、I_{pR1} 和 I_{pR3} 电流输出设置为零，电压输出为正弦波，改变参比电压（U_m）的设置，使其分别为送检仪器参比电压测量上限值的 20%、40%、60%、80%、100%。

2）利用送检仪器对标准信号发生器发出的信号进行检测并记录结果，计算测量的相对误差，方法见式（7-2）。

（4）测量重复性试验。

1）阻性电流峰值：参比电压设置为 50V，容性电流输出设置为 5mA，保持阻性基波电流和阻性 3 次谐波电流之比 I_{pR1}/I_{pR3} 为 3/1，阻性电流峰值 0.5mA，连续测量 6 次。

2）全电流有效值：参比电压设置为 50V，阻性基波电流 I_{pR1} 设置为 1mA，阻性 3 次谐波电流 I_{pR3} 设置 0.333mA，保持 I_{pR1}/I_{pR3} 为 3/1，全电流有效值 2mA，连续测量 6 次。

3）参比电压有效值：参比电压有效值 100V，连续测量 6 次。

4）计算重复性试验结果，测量重复性以标准偏差表示，标准偏差公式如下：

$$RSD = \sqrt{\frac{\sum_{i=1}^{n}(C_i - \overline{C})^2}{n-1}} \times \frac{1}{\overline{C}} \times 100\% \qquad (7-3)$$

式中：RSD 为相对标准偏差；n 为测量次数；C_i 为第 i 次测量结果；$\overline{C}$ 为 n 次测量结果的算术平均值；i 为测量序号。

7.2.5　GIS 局部放电状态监测

GIS 在正常的运行电压下不允许有局部放电存在。一旦由于某种缺陷造成局部放电，如尖端导致电场不均匀、导电微粒在高电场下跳动产生放电；部件松动、接触不良放电，都会极大地降低 GIS 绝缘强度。局部放电会引起 SF_6 气体的分解，绝缘性能下降，严重影响电场分布，导致电场畸变，绝缘材料腐蚀，反过来加剧局部放电的发展，最终引发绝缘击穿，导致 GIS 等设备故障。

多年的运行经验证明，由于设备内部中的金属微粒、粉尘和水分等导电性杂质，特别是金属微粒的存在引起 GIS 内部放电已经不容忽视。GIS 设备局部放电往往是绝缘故障的先兆和表现形式。

GIS 中的局部放电类型有多种，不同局部放电类型所表现出来的特征不一样，对 GIS 的损害程度也不一样，智能变电站根据局部放电对 GIS 的损害程度把局部放电分为以下四大类：

（1）尖端放电。尖端放电包括母线电晕和壳体电晕，母线电晕指的是由母线上的尖锐的突出物所产生的局部放电，这种突出物可能是由小的金属屑附着在母线上而产生的，突出物的尖端高度受力并在母线电压达到峰值时产生电晕（PD）。壳体电晕与母线电晕比较相近，其特征是脉冲在正负半周极不对称，负半周明显强于正半周，信号幅值不高，随作用电压的升高信号幅值有所增加。

（2）自由微粒放电。自由微粒指的是 GIS 中的微小的金属物体，例如金属碎屑、粒子在高电场的作用下移动，并且在壳体管壁上弹跳。每次粒子接触到壳体，都会产生放电。其特征是脉冲表现出一定的随机性，信号幅值高于同定粒子。

（3）浮动电极放电。GIS 的一部分没有接地或者接到母线上被称为浮动元件或浮动电极。浮动电极的表现形式很像一个放电电容器，因此有很高的幅值。放电脉冲一般出现在 AC 周期的第一、第三象限。

（4）绝缘气隙放电。绝缘气隙放电产生的原因一般是 GIS 的绝缘子内有空穴或绝缘子表面有污垢。绝缘缺陷在图谱中显示的特性为较小的及中等幅值的信号并分布于整个周期。最高幅值的信号出现在 AC 波形的正负周期的峰值处。

7.2.5.1　GIS 局部放电检测方法

当 GIS 设备存在导电性杂质时，会因局部放电而发出不正常声音、振动、产生放电电荷、发光、产生分解气体等异常现象。因此局部放电是 GIS 设备状态监测的重要对象之一。GIS 可能出现不同类型的局部放电，如浮电位部件放电、金属颗粒放电、尖端放电、固体绝缘内部缺陷放电等。局部放电类型识别主要依据放电信号的波形特征，这些波形来自实验室模拟试验和已被验证了的现场检测。在局部放电在线检测中，如果检测到放电信号，并确定为 GIS 内部的局部放电，则可以把所测波形和给定的局部放电波形进行比较，确定其局部放电的类型。智能变电站局部放电监测系统界面如图 7-23 所示。

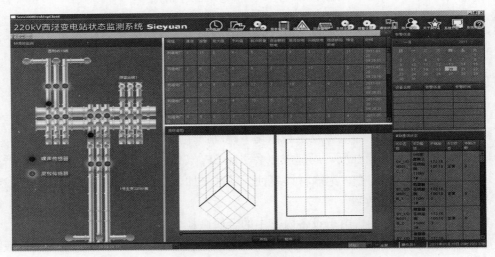

图 7-23　智能变电站局部放电监测系统界面

1. GIS 振动法

局部放电会产生超声波，其类型包括纵波、横波和表面波。GIS 设备局部振动法采用压电式传感器和超声波传感器接收局部放电产生的振荡信号，可以达到检测 GIS 设备内部局部放电的目的。但是，由于振动法使用的频率在 5~20kHz 之间，正处于音频范围，因此其抗机械噪声能力差，对局部放电脉冲的分辨率低，给信号波形及结果的处理带来困难，使最终结果可靠性和稳定性差。有研究表明，噪声强度随频率的增加而衰减，机械噪声的均值从频率分布看，5~20kHz 比 20kHz 以上强 100~200Hz。因此振动法在现场的应用受到极大限制。

2. 特高频法

处于高气压 SF_6 气体环境中的局部放电，其放电信号的上升沿及持续时间极短，一般为 ns 级。典型 GIS 设备局部放电信号频谱可从低频到数百 MHz 甚至 1GHz 以上。当 GIS 设备局部放电产生的电磁波在传播时，部分信号可通过绝缘子的极微小的气隙向外辐射，通过无线检测的方式即可接收到这些从 GIS 设备内部传出的放电信号。特高频法的缺点是无法实现 GIS 设备局部放电的放电量标定。由于测量的信号频率很高，所检测到的信号与诸多因素有关，测得的结果无法确定是内部放电还是外部架空线传输进入的干扰，或是天线外部接收到的外部干扰，因此可信度低。尽管如此，由于特高频法具有较高的抗干扰能力，智能变电站的 GIS 局放状态监测就采用此种方法，其方法示意如图 7-24 所示。

3. 超声波法

对于某种缺陷的诊断，如悬浮微粒（这种微粒在新安装的或大修后的 GIS 中可导致闪络或击穿），超声波检测远远优于常规的电气试验。超声波监测 GIS 局部放电的基本原理是：当发生局部放电时，分子间剧烈碰撞并在瞬间形成一种压力波产生超声脉冲，类型包括纵波、横波和表面波。不同的电气设备、环境条件和绝缘状况产

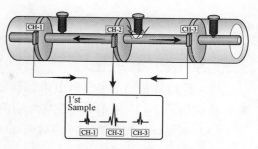

图 7-24　特高频监测方法示意图

生的声波频谱都不相同。GIS 中沿 SF_6 气体传播的只有纵波。这种超声纵波以某种速度以球面波的形式向内部空间传播。由于超声波的波长较短，方向性较强，能量较为集中，可以通过设备外壁的压电传感器收集超声波局部放电信号进行定性、定量、定位的分析。智能变电站 GIS 局部放电传感器分布示意如图 7-25 所示。

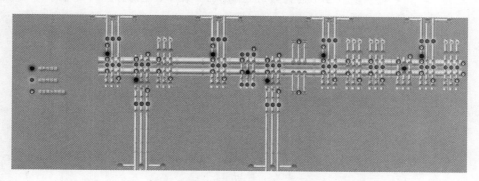

图 7-25　智能变电站 GIS 局部放电传感器分布示意图

7.2.5.2　智能变电站的 GIS 局部放电状态监测装置测试

密封试验示意如图 7-26 所示，按图装配内置耦合器，装配完成后，抽真空，充 0.60MPa SF_6 气体，采用局部包扎检漏法进行密封试验。试验参照标准 GB/T 11023—2018《高压开关设备六氟化硫气体密封试验方法》进行气密性测试。

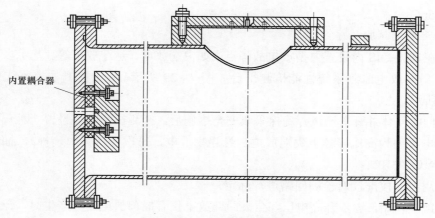

图 7-26　密封试验示意图

1. 绝缘试验步骤

（1）为了产生标准的电压冲击波形，试验时需将测试间隔（建议使用硅橡胶套管）挪至靠近冲击发生器的位置。

（2）把内置特高频局部放电传感器分别安装在间隔预先设置的手孔处，特高频内置传感器结构如图 7-27 所示。安装完成后的结构如图 7-28 所示。

（3）放置好后先抽真空，然后充 0.60MPa SF$_6$ 气体。

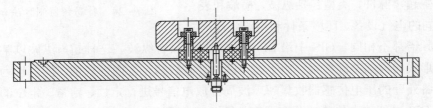

图 7-27　特高频内置传感器安装位置示意图

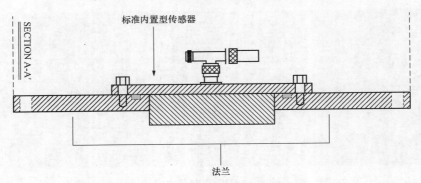

图 7-28　特高频内置传感器结构示意图

（4）在合闸状态下，断路器一端加高压，进行冲击试验。试验参数：电压 ±2100kV，波形 1.2/50μs，各 3 次。

（5）冲击试验完成后，回收气体，将测试间隔移至工频耐压处，抽真空后充 0.60MPa SF$_6$ 气体，充气后进行工频耐压和局部放电试验。试验参数：工频 960kV/1min；局部放电为 1.1E≤5pC。

2. 局部放电试验程序

（1）在试验 GIS 内设置典型放电故障点，如尖端放电、悬浮放电等。基于多种检测方法的 GIS 局部放电监测系统性能检测平台如图 7-29 所示。用于检测的内置式传感器如图 7-30 所示。

（2）回收气体并开盖通风，确保采取安全措施后，在测试间隔内设置一种局放源（暂定局部放电类型为高压导体上尖端放电、悬浮物放电，每次设置其中一种），抽真空并充 SF$_6$ 气体至 0.10MPa。

（3）用方波校准仪对检测回路进行标定。

（4）试验开始，逐步升高电压，至某局部放电仪有局部放电信号产生时，记录此时局部放电的起始电压。此时稳定电压，测试厂设定测点读取并记录此时放电波形的统计幅值，

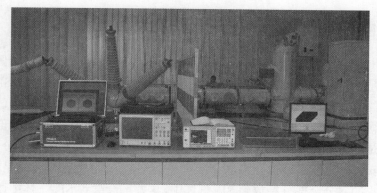

图 7－29　基于多种检测方法的 GIS 局部放电监测系统性能检测平台

图 7－30　用于检测的内置式传感器

以及超高频传感器测量出来的放电量平均值（pC），同时故障诊断系统需生成测试报告，判别放电类型及严重程度。该过程的试验电压的大小根据局放产生的具体情况而定，需要重复多次，依具体情况而定。

（5）测试完成后，断开高压电源，高压侧接地。

（6）重新设置局放类型，重复步骤（1）～（5）。

（7）为考核内置耦合器的抗干扰能力，在试验结束后，不设置任何局放类型，在试验变压器高压输出端放置一根细铜丝，模拟导线端电晕放电（或采用在距离内置耦合器 1m 处拨打手机），测试各厂家的内置耦合器抗干扰能力。

3. GIS 试验检测内容

GIS 试验检测项目见表 7－14。

表 7－14　　　　　　　　　　　GIS 试验检测项目

序号	测试项目	数据来源	发送值	接收值	测试结果
1	局部放电时间检测	实际检测			
2	局部放电相位监测				
3	局部放电幅值监测				
4	局部放电类型检测				
5	局部放电位置检测				
6	局部放电计数				

7.2.6 SF₆密度、微水状态监测

SF₆气体具有良好的绝缘性能和灭弧性能，现阶段被广泛应用于高压电气设备中，在正常工况下，是较为理想的绝缘灭弧介质。但在运行的 SF₆电气设备中，SF₆气体的外泄漏和外部潮气的向内渗透总是难免的，只是渗漏率有高低之别。如果 SF₆气体密度的下降或气体中微水含量超过规定值，高压电气设备就会存在安全隐患甚至导致事故发生。

气体泄漏是使 SF₆气体密度下降的直接原因。新加气中固有的残留水分、密封不良导致水分渗入、安装时充气过程也会将水分带入 SF₆气体、设备零部件特别是环氧树脂支撑件和拉杆中吸收的水分会部分释放到 SF₆气体中，这些都会导致 SF₆气体中微水含量超标。气体密度下降会使 SF₆气体绝缘性能和灭弧性能降低。凝露会导致设备内沿面放电，SF₆在电弧的作用下分解，和水反应生成有毒和腐蚀性气体，这些都会危及 SF₆电气设备的安全运行。所以对电气设备中 SF₆气体密度及湿度的监测显得尤为重要。

智能变电站多采用了 SF₆气体密度、微水状态监测系统，其密度微水传感器分布示意图如图 7−31 所示。

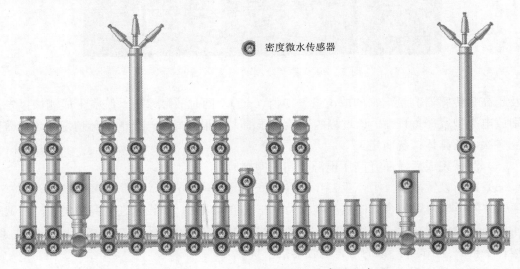

⊙ 密度微水传感器

图 7−31 智能变电站密度微水传感器分布图

7.2.6.1 SF₆气体密度、微水监测原理

因为温度的因素，气压不能直接反应 SF₆气体的密度大小和泄漏状况。根据气压表气压、环境温度和 SF₆状态参数曲线得到气体密度显然是一种很粗略、不易操作的方法。用一只数字式压力传感器和一只温度传感器，数据经内部数模转换并处理后直接输出便于 CAN 总线传输的数字信号，送到上位计算机。数字式密度监测单元采用电子式压力和温度传感器，测得气体的压力、温度值，通过数字运算求出气体标压值，即 P20 值。

SF₆气体微水含量的测量受气体温度及气体气压的影响，相同的微水含量体积比（μL/L），在不同的 SF₆气体工作气压下，其绝对气压和露点是不一样的。智能变电站 SF₆微水监测利用监测到的实时温度值、实时压力值及 20℃时的压力值，采用修正公式，利用

CPU 直接将测量修正到 20℃时微水的含量。其 SF_6 气体密度、微水状态监测系统界面如图 7－32 所示。

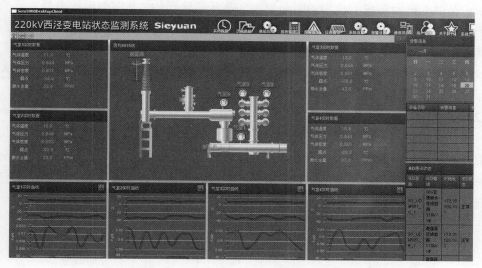

图 7－32　智能变电站 SF_6 气体密度、微水状态监测系统界面图

7.2.6.2　智能变电站 SF_6 气体密度、微水状态监测装置测试

1. 试验设备（标气制备）

试验设备（标气制备）包括 MSP 微水密度监测仪、DP19 便携式微水检测仪、电脑（配调试软件）、RS－485 转 USB 数据线、RVVP 4×1.0 屏蔽电缆、24V 电源、连接气管、放气接头。

2. 试验系统图

微水密度测试如图 7－33 所示。

按图 7－33 所示将产品、测试设备和高压开关连接起来，通过 DP19 排气，测试 MSP 微水检测值是否和 DP19 测试值相同。

SF_6 气体监测项目见表 7－15。

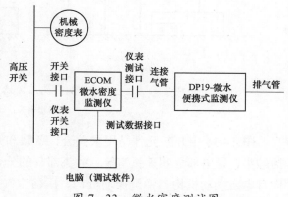

图 7－33　微水密度测试图

表 7－15　　　　　　　　　　SF_6 气 体 监 测 项 目

项目	数据值	阈值	测试结果（数据及告警）
密度分析、告警	（低于阈值）		
	（高于阈值）		
微水分析、告警	（低于阈值）		
	（高于阈值）		

7.2.7　断路器状态监测

3kV 及以上电力系统中使用的断路器称为高压断路器，它是电力系统中最重要的控制和保护设备。无论电力线路处在什么状态，都要求断路器及时可靠动作。概括地讲，高压电路器在电网中起着两方面的作用：

（1）控制作用。根据电网运行需要，用高压断路器把一部分电力设备或线路投入或退出运行。

（2）保护作用。高压断路器可以在电力线路或设备发生故障时将故障部分从电网快速切断，保证电网中的无故障部分正常运行。

总之，高压断路器能够开断、关合及承载运行线路的正常电流，也能在规定时间内承载、关合及开断规定的异常电流，如过载电流或短路电流。断路器的典型结构主要包括带电箱壳式和接地箱壳式两种，如图 7-34 所示。

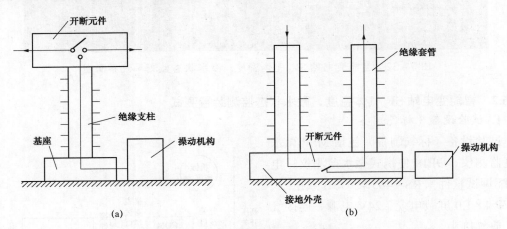

图 7-34　高压断路器典型结构简图
（a）带电箱壳；（b）接地箱壳

图 7-34 中开断元件是用来关合、承载和开断正常工作电流和故障电流执行元件，包括触头、导电部分和灭弧室等。触头部分的分合操作是靠操动机构来带动的，通常操动机构有电磁操动机构、弹簧操动机构、压缩空气操动机构和液压操动机构等。

操动机构分为机械传动和控制机械两部分，后者包括合、分闸操作的控制回路和辅助回路，如接线端子、接触器、辅助开关、分合闸线圈、微动开关、电机、气体继电器、安全阀等二次元件。控制机械部分简称二次部分。

7.2.7.1　断路器状态监测的概述

断路器状态监测技术起步较晚，一直到 20 世纪 90 年代以后才逐渐发展起来。20 世纪 90 年代，美国和日本开始研究断路器的状态监测，美国学者率先给出断路器寿命与开断电流的关系，提出"全工况跳合闸回路完整性监视"及"灭弧触头电寿命"的概念，此时的研究工作主要是围绕着断路器状态检修进行的。随着研究的深入，各国先后生产了的断路器状态监测装置，不过都存在着只能对其中的一个或几个状态进行监测的问题。检测结果的适用性和部分项目的检测手段仍然很不理想。1992 年，在美国孟菲斯市的 Grizzly 变电站，阿尔斯通公司第一次在 500kV 的断路器上使用了控制和监测系统，在以后的几年中，这套装置广泛使用在加拿大 Hammer 变电站的型号为 FX32D 的 500kV 的高压断路器装置上。1999～2000 年，阿尔斯通公司又开发了较为先进的 CBWatch-1 系统，该系统能够预测 SF_6 气体压力的变化趋势，并能给出低压报警。此外，具有代表性的断路器状态监测系统还有由美国 Hathway 公司开发的 BCM 200 型断路器状态监测系统、ABB 公司开发的 SF_6 断路器状态监测系统、日本东京电力公司和东芝公司联合开发的 GIS（Gas Insulated Switchgear）状态监测和诊断系统。

国际大电网会议 13.06 工作组在 1971～1991 年曾经先后对高压断路器进行了两次世界性的调查：第一次世界性大调查是 1974～1977 年，在这 3 年里主要对 1964 年 1 月 1 日后安装运行的 63kV 以上高压断路器进行了统计，全世界有 22 个国家的 102 家电力公司参加了调查，共得到了 20 000 台断路器的资料及 77 892 开关·年的数据；第二次世界性调查是 1988～1991 年，主要对 63kV 以上单压式 SF_6 断路器进行了统计，全世界有 22 个国家的 132 家电力公司参加了调查，共得到了 18 000 台断路器的资料及 70 708 开关·年数据。其中拒合和拒分事故发生的次数最多，第一次大调查时分别占总事故率的 33.7% 和 14.1%，第二次大调查时分别占总事故率的 24.6% 和 8.3%，还有其他故障，如绝缘故障（对地击穿、相间击穿、开路相内击穿和开路相外击穿等）、误合、误分、载流故障以及开断失败等，在总事故率中都占有一定的比例。

在这两次世界性大调查中，高压断路器故障的相关部件主要集中在操动机构部分、载流部分和电气控制和辅助回路部分。在第一次大调查中，操动机构部分的故障占总故障率的 33%，载流部分故障占 48%，电气控制和辅助回路部分故障占 19%。在第二次大调查中，这三部分的故障分别占总故障率的 43%、29% 和 21%。

在 1999 年，中国电力科学研究院也对我国高压断路器的运行状况进行了调查，对 1989～1997 年高压断路器使用及事故情况作了统计。1989～1997 年发生的 1500 次事故中，拒分事故 340 次，占 22.67%；拒合事故 97 次，占 6.48%；开断与关合事故 136 次，占 9.07%；绝缘事故 532 次，占 35.47%；误动事故 105 次，占 7.02%；载流事故 119 次，占 7.95%；外力及其他事故 171 次，占 11.43%。可以看出绝缘事故和拒分事故最为突出，占全部事故的 60%。这次调查的具体事故数据按类型和电压等级分布情况见表 7-16。

表 7-16　　　　1989～1997 年高压断路器事故按类型、电压等级分布情况表

电压等级（kV）	拒分	拒合	开断与关合	绝缘	误动	载流	外力及其他	合计
6～10	202	30	110	313	20	106	128	909
35	67	24	7	154	12	10	16	290
63	1	—	—	2	—	1	—	4
110	38	32	13	39	39	1	18	180
220	28	10	4	16	29	1	3	91

电压等级 （kV）	拒分	拒合	开断与 关合	绝缘	误动	载流	外力及 其他	合计
330	3	1	1	2	1	—	1	11
500	1	—	1	6	4	—	3	15
合计	340	97	136	532	105	119	171	1500

我国 1999～2003 年高压断路器事故按电压等级分布情况见表 7-17，从表可知，1999～
2003 年共发生事故 144 台次。其中，拒分事故 20 次，占 13.9%，拒合事故 9 次，占 6.3%，
开断与关合事故 7 次，占 4.9%，绝缘事故 60 次，占 41.7%，误动事故 32 次，占 22.2%，
载流事故 4 次，占 2.8%，外力及其他事故 12 次，占 8.3%。可以看出，断路器绝缘事故、
拒动、误动事故仍然最为突出，占总事故的 80%。

表 7-17　　　　　1999～2003 年高压断路器事故按类型、电压等级分布情况表

电压等级 （kV）	拒分	拒合	开断与 关合	绝缘	误动	载流	外力及 其他	合计
66	1	—	—	2	2			5
110	5	6	5	30	7	3	5	61
220	12	3	1	12	18	1	5	52
330				5	2			8
500	2		1	11	3		1	18
合计	20	9	7	60	32	4	12	144
事故比例	13.89%	6.25%	4.86%	41.67%	22.22%	2.78%	8.33%	100%

7.2.7.2　断路器的故障类型

1. 拒动故障

高压断路器的拒动故障包括拒分故障和拒合故障。其中拒分故障是最严重的故障，往
往会引发越级跳闸，造成系统故障，扩大事故范围。从多次调查的数据来看，拒分故障的
发生次数是比较多的。造成断路器拒动的原因主要有机械和电气原因。

（1）机械原因。由操动机构及其传动系统机械故障而导致断路器发生拒动占整个拒动
事故的 65% 以上。具体故障有机构卡涩，部件变形、位移、损坏，分合闸铁芯松动卡涩，
轴销松断，脱扣失灵等。其中，机构卡涩故障次数最多，其原因：

1）因为分、合闸线圈铁芯配合精度差，运动过程中阻力大；

2）因为线圈及传动部件发生机械变形或损坏；

3）因为液压机构阀体内阀杆等部件锈蚀。轴销松断主要是绝缘拉杆（或提升杆）与
金属接头连接处轴销断裂或松脱。造成机械故障的原因主要是制造质量及安装、调试、检
修的问题。

（2）电气原因。电气控制和辅助回路问题造成的拒动故障约占总故障的 32%。具体故障有分合闸线圈烧损，辅助开关故障，合闸接触器故障，二次接线故障，分闸回路电阻烧毁，操作电源故障，熔丝烧断等。其中分合闸线圈烧损基本上是机械故障引起线圈长时间带电所致；辅助开关及合闸接触器故障虽表现为二次故障，实际多由触点转换不灵或不切换等机械原因引起的；二次接线故障基本是由二次线接触不良、断线及端子松动引起的。

2. 误动故障分析

高压断路器的误动故障主要是由二次回路接线和操动机构机械故障引起的的。

（1）二次回路接线故障。主要是由于二次回路接线端子排受潮导致绝缘降低，从而引发合闸回路和分闸回路接线端子之间放电短路，造成断路器的误动。

其他原因还包括：由于二次元件制造质量差，二次电缆破损而引起的断路器误动；断路器的最低操作电压低于标准要求值，在外界干扰下易使断路器发生误动；继电保护装置误动作。

（2）操动机构机械故障。

1）液压机构故障。主要是由于断路器出厂时装配质量差，阀体紧固不够、清洁度差而导致密封圈损坏，从而引起液压油泄露或者机械机构泄压，最终导致断路器强跳或者闭锁。

2）弹簧操动机构故障。主要是在对断路器检修时，操动机构分（合）闸挚子尺寸调整不合适而使弹簧的预压缩量不当，从而导致弹簧机构无法保持引起断路器自分或自合。

3. 绝缘故障分析

从统计数据可以看出，高压断路器绝缘故障发生次数是最多的，故障主要有外绝缘对地闪络击穿，内绝缘对地闪络击穿，相间绝缘闪络击穿，雷电过电压引起的闪络击穿，绝缘拉杆闪络，瓷套管、电容套管闪络、污闪、击穿、爆炸，电流互感器闪络、击穿、爆炸等。其中，内绝缘故障、外绝缘和瓷套闪络故障发生次数较多。

（1）内绝缘故障主要原因：由于在断路器的内部存在异物，这些异物有的是在安装过程中产生的，有的是在断路器运行一段时间后，本体内产生的剥落物，这些异物的存在导致断路器本体内部发生放电故障。另外，由于触头及屏蔽罩磨损造成金属颗粒脱落，这些金属颗粒使断路器发生内部放电故障，这主要是由触头及屏蔽罩的安装位置不正引起摩擦所致的。

（2）外绝缘和瓷套闪络故障主要原因：瓷套的外绝缘泄漏比距和外形尺寸不符合标准要求，或瓷套的制造质量存在缺陷。高压开关柜发生绝缘故障主要有柜内放电、电流互感器闪络和相间闪络等形式，主要原因是断路器与开关柜不匹配、绝缘尺寸不够、柜内隔板吸潮、爬电距离不足、老旧开关柜改造不彻底、没有进行加强绝缘措施等。另外，开关柜内元件存在质量缺陷，如电流互感器、带电显示器等也多次导致相间短路故障。

4. 开断与关合故障分析

开断与关合故障主要集中在 7.2～12kV 电压等级上，少油断路器和真空断路器发生此种故障的次数较多。少油断路器发生故障的原因主要是喷油短路引起灭弧室烧损，从而导致断路器开断能力不足，在关合时发生爆炸事故。真空断路器发生故障的最主要的原因是，真空灭弧室真空度下降，导致真空断路器开断关合能力下降，引起开断或者关合失败。SF_6断路器发生开断与关合故障主要是由SF_6气体泄漏或者微水含量超标引起灭弧能力下降而导致的。

5. 载流故障分析

高压断路器的载流故障主要是由触头接触不良、触头过热或引线过热造成的。触头接触不良一般是由于动触头与静触头没有完全对中，在操作时喷口与静弧触头撞击导致灭弧室喷口断裂，从而开断关合事故；或者由于触头过热或引线过热而导致载流和绝缘事故。造成动触头与静触头的对中问题主要是指在装配过程中没有有效保证触头对中的措施，动静触头对中偏差过大导致故障。在7.2～12kV电压等级开关柜发生载流故障的主要原因是开关柜隔离插头接触不良、触头过热、触头烧融导致引弧烧毁开关柜。

6. 外力及其他故障分析

在外力及其他故障中，液压机构漏油、气动机构漏气、断路器本体漏油占此类故障的55%以上，部件损坏占20%左右，打压频繁占19%，由此可见，外力及其他故障的主要是指泄漏故障和部件损坏。外力及其他故障绝大多数只造成断路器障碍，不会造成事故，但是它反映了开关设备存在的事故隐患，威胁设备的安全运行。

（1）泄漏故障。此种故障是指液压机构漏油和气动机构漏气，或者由于机构内漏造成打压频繁。主要原因是由密封圈（垫）老化损坏、阀系统密封不严、压力泵接头质量差、压力表接头泄漏和清洁度差引起的。另外由于安全阀动作值不正确，环境温度升高时使安全阀误动，或者由于安全阀动作后不复位造成机构泄压。液压机构泄漏油频繁问题存在已久，在国产断路器中普遍存在，主要是由于厂家制造水平的问题。SF_6断路器本体或者气动机构泄漏，泄漏点主要在表计和管路的接头部位。

（2）部件损坏的部位主要有密封件、传动机构部件、拉杆、阀体等。部件损坏的主要原因是传动部件机械强度不足，密封件质量差。另外，由于安装、检修质量不高，未能及时发现缺陷而致使断路器缺陷加剧，最终发展成为故障。密封件损坏主要有两方面的原因：一是密封件质量差，易老化，寿命短；二是在检修或装配过程中，密封件受损、位置安装不正或者紧固力过大使密封件变形严重，因而影响其使用寿命。

7.2.7.3 断路器状态监测参数

1. 分、合闸电流

电磁铁是高压断路器操动机构中的重要元件之一，高压断路器一般都是以电磁铁作为操作的第一级控制元件。当线圈中通过电流时，在电磁铁内产生磁通，铁芯受电磁力作用吸合，使断路器合闸或分闸。从能量角度看，分、合闸线圈的作用是把来自电源的电能转化为磁能，并通过铁芯的动作，再转化为机械能输出。大多数断路器均以直流作为控制电源，故直流电磁线圈的电流波形中包含可作为机械故障诊断用的重要信息，反映了电磁铁本身以及所控制的锁门或阀门以及连锁触头在操作过程中的动作情况。

分、合闸线圈电流的波形中包含了丰富的状态信息，可以作断路器状态监测用。智能变电站断路器状态监测就是利用穿心式霍尔磁平衡电流传感器，对正常状态下的分、合闸线圈电流进行多次测量，确认电流波形具有良好的可重复性。其检测原理如下：

分、合闸线圈结构示意及等值电路如图 7-35 所示。假设铁芯不饱和，电感 L 不随 i 变化。当断路器接到分、合闸命令时，隔离开关 K 合上，线圈中通过电流 i，电路微分方程如下：

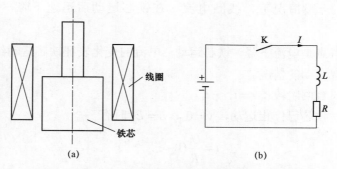

图 7-35　分、合闸线圈结构示意及等值电路

(a) 结构示意；(b) 等值电路

$$U = R \cdot i \frac{\mathrm{d}\Psi}{\mathrm{d}t} \qquad (7-4)$$

式中：Ψ 为磁链。

将 $\Psi = L \cdot i$ 代入式（7-4）可得：

$$U = R \cdot i + L\frac{\mathrm{d}i}{\mathrm{d}t} + i\frac{\mathrm{d}L}{\mathrm{d}S} \cdot v \qquad (7-5)$$

操作线圈电流曲线如图 7-36 所示，图中标出了波形上的几个特征值点。根据铁芯运动过程该波形可分为以下五个阶段。

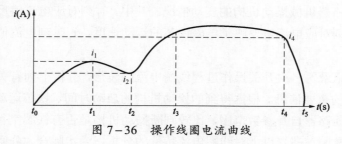

图 7-36　操作线圈电流曲线

（1）铁芯触动阶段：$t = t_0 \sim t_1$。

t_0 为断路器合、分闸命令下达时刻，是断路器合、分动作计时起点，t_1 为线圈中电流、磁通上升到足以驱动铁芯运动，即铁芯开始运动的时刻。在这一阶段，$v = 0$，$L = L_0$ 为常数，代入式（7-5），并代入初始条件 $t = t_0$ 时，$i = 0$，可得下式：

$$i = \frac{U}{R}(1 - \mathrm{e}^{-(R/L_0)t}) \qquad (7-6)$$

这一阶段的特点是电流呈指数上升，铁芯静止，电流可以反映线圈的状态（如电阻是否正常）。

（2）铁芯运行阶段：$t = t_1 \sim t_2$。

在时间 t_1，电流增大到动作电流 I_1，铁芯的吸力超过反作用力（如铁芯重力、加在铁芯上的弹簧力等），铁芯开始运动，$v > 0$。t_2 为控制电流的谷点，表示铁芯已经触动操动机械的负载而显著减速或停止运动。等值回路中增加一随时间增大的反电动势 $i(\mathrm{d}L / \mathrm{d}S)v$，一般情况下，线圈电流 i 在铁芯运动后迅速下降，直到铁芯停止运动，$v = 0$。

这一阶段的特点是电流下降，铁芯运动。电流的变化表征铁芯运动结构有无卡涩，脱扣、释能机械负载变动的情况。

（3）触头分、合闸阶段：$t = t_2 \sim t_3$。

在这个阶段，铁芯已停止运动，$v = 0$，$L = L_\mathrm{m}$ 时有

$$i = \frac{U}{R}(1 - \mathrm{e}^{-(R/L_\mathrm{m})t}) \tag{7-7}$$

在这一阶段铁芯运动停止，电流又呈指数上升。因 $L_\mathrm{m} > L_0$，故电流上升比第一阶段慢。

（4）维持阶段：$t = t_3 \sim t_4$。

这一阶段是阶段（3）的延续，电流达到近似的稳定。t_4 为断路器辅助触点切断的时刻，$t_4 \sim t_0$ 或 $t_4 \sim t_2$ 可以反映操动传动系统的情况。

（5）电流切断阶段：$t = t_4 \sim t_5$。

此阶段辅助开关分断，在辅助开关触点间产生电弧，电弧拉长，电弧电压快速升高，迫使电流迅速减小，直到熄灭。

综合以上五个阶段的情况，通过对线圈电流的监测，分析 i 的波形和 t_1、t_2、t_4 及其对应时刻电流 I 的特征值，可以计算出铁芯启动时间、铁芯运动时间、线圈通电时间等参数，从而了解断路器机械操动机构的变动情况。其中 t_1 时刻对应电流值反映了铁芯运动的起始状态，t_2 时刻对应电流值反映了电磁铁芯的运动速度，t_4 时刻电流值反映了线圈操作电压的大小。

因此，实时记录每一次开关操作过程线圈电流的波形，分析上列有关参数是诊断断路器机械操动系统的重要信息。根据得到的操动机构的启动时间、铁芯运动时间、线圈通电时间等，并根据断路器自身参数范围，比较判断操动机构是否有铁芯空行程、弹簧卡滞等故障，从而预告故障前兆。以上对线圈电流特性的分析，为实际合、分闸线圈电流的状态监测的实现提供了理论参考。

对于不同型号的断路器，特征值会有所区别。当线圈工作在不同状态下时，特征值也会相应地发生变化。因而在监测系统投入运行前，需要了解各种可能的工作状态，如操作电压不足、匝间短路、铁芯卡滞、铁芯空行程过长等，找出每种状态下的特征值，并建立分合闸线圈电流的特征信息库，用于和实际的线圈电流波形进行比较。这样，根据特征值的变化就可以判断分合闸线圈的工作状态，以及预测操作回路某些故障趋势。此外，线圈电流的起始时刻反映了合/分闸命令到达的时刻，结合上述触头合/分闸时刻的确定，实现

断路器合/分闸时间的状态监测。

2. 储能电机电流

断路器的弹簧操动机构中最核心的部件是储能弹簧,如果直接对其监测则需要将受力的部件截断,装入应力传感器或扭矩传感器,但是这将改变开关设备的结构,不易被厂家、用户接受。因此,应用电流传感器测量储能电动机的工作电流波形及工作时间,可以间接地监测储能弹簧的状态。

在弹簧储能操动机构中,储能电机的功能是在合闸动作完成储能回路接通时,拉伸合闸弹簧做功,储存合/分闸操作所需的能量。储能电机的工作状态直接影响断路器功能的实现。以VS1断路器为研究对象配置永磁直流电机,在长期运行中发现,永磁直流电机主要出现元件断路、绕组匝间短路、电刷磨损等故障,现作简要分析。

永磁直流电机的动态方程如下:

电压方程:
$$u_a = R_a i_a + L_a \frac{\mathrm{d}i_a}{\mathrm{d}t} + C\omega \tag{7-8}$$

式中: u_a 为电枢电压; R_a 为电枢电阻; i_a 为电枢电流; L_a 为电枢电感; ω 为转子角速度。

转矩方程:
$$Ci_a = J\frac{\mathrm{d}\omega}{\mathrm{d}t} + T_L + R_\omega \omega \tag{7-9}$$

$$C = \frac{pN\Phi}{2\pi a}$$

式中: J 为电机转子及其连接机构的转动惯量; T_L 为电机轴上的负载力矩; R_ω 为旋转阻力系数; C 为电机常数; p 为电机的极对数; N 为电枢绕组有效导体数; Φ 为每极磁通,对于永磁直流电机一般取常数; a 为支路对数。

分析上述式(7-8)~式(7-10)可知,储能电机电枢电流信号受自身参数和负载特性变化的影响。因此,电枢电流能反应储能电机自身如匝间短路及断路、电刷磨损等故障,还能直接反应断路器合闸弹簧、二次回路、储能微动开关的状态。

典型储能电机电流波形如图7-37所示。从图中可以看出,储能电动机电流波形可以分为下列四个阶段:

(1)阶段 I , $t=t_0 \sim t_1$ 。 t_0 时刻开始通电,到 t_1 时刻电动机启动过程结束,开始平稳工作。这一阶段的特点是有较大的启动电流;

(2)阶段 II , $t=t_1 \sim t_2$ 。在这一阶段,电动机处于平稳工作状态,电动机电流基本不变,电动机电流为 I_a ;

(3)阶段 III , $t=t_2 \sim t_3$ 。在 t_3 时刻,电动机负荷力矩最大,电动机电流达到最大值 I_m ;

(4)阶段 IV , $t=t_3 \sim t_4$ 。在 t_4 时刻,辅助开关分断,电流被切断。

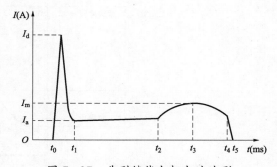

图7-37 典型储能电机电流波形

分析电流波形时，可以把 t_0、t_1、t_2、t_3、t_4、I_a、I_m 作为特征参数，对比这些电流特征参数的变化，可以判断储能弹簧力特性的改变。如果知道储能电动机的类型、电动机及相关机构的参数和尺寸，还可以估算出弹簧力—行程特性。此外，通过监测比较每次的启动电流和稳定工作电流的大小，可以反映出储能电机和负载的工作情况；监测每次电动机的启动时刻和两次启动时间的间隔大小，可以反映断路器储能系统的密封状况。通过每一次储能电机的运行时间的变化，可以判断出储能电机出力下降或者储能系统密封不严等问题。

3. 行程—时间（S—t）曲线分析

断路器的行程—时间曲线是表征其动特性的基本数据，在寿命周期内，为保证其可靠运行，断路器的动特性应保持不变，即 S—t 曲线的形状和各个状态特征参数应该基本保持稳定，变化值在允许的范围内。通过断路器 S—t 曲线的历史数据对比分析可以反映主触头运动状态，合/分闸曲线分段分别如图 7-38、图 7-39 所示。

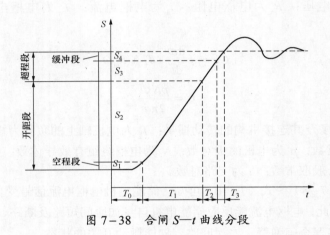

图 7-38　合闸 S—t 曲线分段

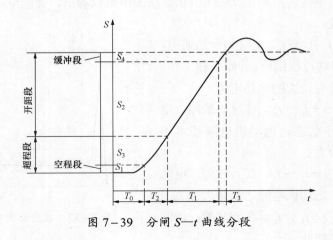

图 7-39　分闸 S—t 曲线分段

将 S—t 曲线分成空程段 S_1、开距段 S_2、超程段 S_3、缓冲段 S_4 四段。S_1、S_2、S_3、S_4 的取值根据断路器投运前测试数据或者说明书参数比较确定，用于确定对应的 T_0、T_1、T_2、T_3。

在时间—位移曲线上，$S_1 \sim S_4$ 将会在时间轴上对应于 T_0、T_1、T_2、T_3，并产生与标准波形对应的相关度 C0、C1、C2、C3。四个时间值和相关度反映了动触头在各段运动的时间，从而反映动触头在各段所受到的推动力和阻力特性。

由时间—位移曲线还可计算出最大速度 V_{max} 以及最大速度所对应的时间值 $T_{V_{max}}$，这两个特征值可有效反映机构的动作特性。根据断路器的合/分闸位置可以算出断路器的刚分速度 V_f 和刚合速度 V_h（合闸位置可以根据 $T_0 + T_1$ 来计算，分闸位置根据 $T_0 + T_2$ 来计算；也可以用辅助开关触点动作变位时间来推算）。

启动速度 V_{qd} 和缓冲速度 V_{hc} 两个特征值可以反映缓冲弹簧的性能，启动速度定义为空程段的平均速度，缓冲速度定义为缓冲段的平均速度。

7.2.7.4　断路器机械状态量传感方法

1. 时间特性参数

在停电状态下，主触头动作时间参数测量较为方便，以分闸或者合闸线圈带电时刻为起点，以断路器主触头金属接触或者断开时刻为终点计算高压断路器的动作时间。

断路器作为系统可靠性保障的主要电器元件，其安全运行有严格的规程要求，在线监测的信号取样应不影响其安全运行为原则，从设计的角度考虑，在线监测的信号取样回路不能与断路器的一次和二次回路发生直接电气连接，这使得时间参数的在线监测不能直接从主触头回路取样，只能采取间接推算的方式。

断路器的合/分闸时间需要测量主触头刚分时刻和刚合时刻的准确时间，在线运行时不能直接获取一次主回路的触头状态，分合闸时间可以通过主触头动作与辅助开关切换动作的关联性做间接推算。

考虑到合/分闸线圈电流断开时线圈两端的反电动势可能高达数百伏，线圈电压取样回路的可靠性要求非常高，从长期运行的角度看，电压取样回路对直流系统运行是一个安全隐患点，所以采用合/分闸线圈电流波形跃变时刻来判断分合起点时刻，需要校正电流跃变与电压跃变的起始时刻之间的系统误差。

合/分闸辅助开关的轴与断路器的动作轴相连，断路器主触头与辅助开关触点是联动的。分闸状态下，合闸回路辅助触点处于闭合状态，合闸线圈工作到位后，合闸回路辅助触点断开，分闸回路辅助触点闭合，准备分闸；合闸状态下，分闸回路辅助触点处于闭合状态，分闸线圈工作到位后，分闸回路辅助触点断开，合闸回路辅助触点闭合，准备合闸。

辅助开关触点动作与断路器主触头动作存在固定的时间差，故可以通过辅助开关动作时刻推算断路器主触头分、合闸时间，但由于其受到合/分闸线圈参数变化与辅助开关动作的影响，存在一定的分散性，不能与离线测量结果一样用作是否合格的直接判断，但可以作为历史数据进行状态对比，获得反映断路器动作时间的状态参数。

2. 行程、速度参数

由于高压断路器的机械结构复杂，产品型号种类多，各个供应商设计的传动模式各不相同，与高压断路器操动机构运动部分硬连接的接触式行程、速度传感器的现场安装方式多样，行程、速度信号的取样和传感是较难解决的问题。

如果断路器供应商在出厂前预装行程传感器，预留信号引线用于离线或者在线监测，可以提高在线监测行程测量传感器运行可靠性，解决其现场难以安装的问题。

已经投入运行的断路器，需要根据断路器传动机构的机械尺寸，设计专门的安装夹具和防护结构，以保证其长期可靠运行。

应用机器视觉技术，可以采用非接触式光学传感器对行程、速度信号进行变换和采样，但成本较高。

3. 分合闸线圈与电机电流信号

采用闭合的霍尔电流传感器和卡钳式霍尔电流传感器接口。考虑到分合闸线圈电流断开时，线圈内磁场能量释放，在两端产生陡峭的反电动势，造成强烈的电磁辐射，为了消除电磁干扰的影响，在线监测的线圈电流传感器需要采用闭合的霍尔电流传感器，并考虑良好的干扰抑制措施。

带电测试时，闭合的电流传感器不能接入，如果采用卡钳式霍尔电流传感器，需要考虑抗干扰措施。

4. 开关量信号

监测的开关量信号包括节点分合闸辅助开关无源触点、储能电机辅助开关无源触点。

考虑到各个开关量信号的触点断开时，存在工频电磁干扰和分合闸线圈电流跃变带来的电磁干扰，需要在取样回路中设计电路以抑制电磁干扰的水平，消除电磁干扰对测量结果的影响，可以考虑将这一部分电路单独设计为一个附加模块。

7.2.7.5 智能变电站断路器状态监测装置测试

1. 试验仪器

（1）计算机；

（2）主站系统软件；

（3）监测 IED BMS；

（4）电流传感器模块；

（5）行程测速器及支架（待定）；

（6）光纤（多模）；

（7）机柜要有可靠接地；

（8）现场提供 220V 交流电源；

（9）机柜安装平稳、稳固。

2. 试验内容

智能变电站断路器状态监测项目内容见表 7-18。

表 7 – 18　　　　　　　　　　智能变电站断路器状态监测项目内容

功　能	测试项目	测试结果
基本功能	分闸线圈电流录波	
	合闸线圈电流录波	
	储能电机电流录波	
	一次开断电流检测	
	辅助触点	
通　信	MMS 服务	

第 8 章

二次设备智能运维新技术

常规的变电站运维检修模式已不适应智能变电站的技术特点和发展方向，如何改进运维模式，提高智能变电站运维效率和自动化水平，解决运维技术与调试技术发展不平衡的问题，已经成为重点攻克的方向。

二次设备智能运维存在物理回路信息建模、二次设备信息全景展示、二次设备状态评估、安措可视化等关键问题需要解决。其中，物理回路建模是基础，可实现装置端口、光纤连接关系的建模，实现与虚端子逻辑回路的一一对应关系，为高级应用和故障处理提供基础。全景信息展示是需求，智能变电站信息量巨大，包括丰富的装置告警信息和装置间的实时交互信息等，均基于 IEC 61850 规约传输，运维人员为全面掌握装置和回路的运行状态，需将相关信息进行可视化展示。二次设备状态评估是提高运维水平的有效手段，常规变电站采用人为输入评估量信息的方式，其样本数有限，评估结果的可靠性尚待验证。智能变电站可采用装置告警信息和实时运行信息相互融合分析，利用科学的评估方法实现对装置的健康状态评估，从而实现在装置运行管理上的突破。安全措施是现场工作的必要条件，智能变电站检修、改扩建工作中的安措，除了常规的电缆回路、压板隔离之外，可能涉及装置配置文件的更换，与运行设备之间的安措隔离是关键，采用有效的手段对安措的内容进行展示，对安措执行过程进行管控，以保证相关现场工作的安全性。本章将从以上几个方面介绍智能变电站运维新技术。

8.1 二次系统物理回路建模技术

IEC 61850-6 标准定义了智能变电站逻辑回路的建模标准，但二次物理回路模型尚无相关标准规范，设计单位依然通过光缆联系图表达物理回路设计，工程实施单位根据光缆联系图完成二次系统物理回路的施工，工作过程中对大量的光纤回路及装置端口进行核对十分不便。当前系统配置工具大多仅考虑逻辑回路的设计功能，尽管少数设计软件具有物理回路的设计功能，但其物理回路的信息定义在私有数据库结构，物理回路的设计成果无法模型化表示，其他设计工具和厂站级系统无法导入和导出以及无缝对接，难以实现图纸版本管理和施工调试高级应用的开发。

二次系统物理建模应在设计阶段将逻辑回路和物理回路解耦，实现两者之间的独立性，以避免全建模方式下对物理回路模型维护工作的不便影响，在设计出图或者调试使用时可将两个配置文件进行虚实对应，实现虚实一体化设计和应用。

智能变电站二次系统物理回路建模的总体思路是：设备厂商通过配置工具配置装置物

理端口自描述（IPCD）文件，对 IED 设备中的装置板卡和物理端口进行描述；设计单位将 IPCD 文件实例化成屏柜模型，再设计屏柜间的光缆连接和装置间的光纤连接，完成全站物理回路配置（SPCD）文件设计；设计单位可同步通过装置能力自描述（ICD）文件完成全站的 SCD 文件设计，进而展示物理回路和逻辑回路虚拟对应的全景信息流，清晰展现物理回路和逻辑回路的对应关系，提升智能变电站设计效率和准确性，丰富工程现场调试方法，提高施工效率和便利性。

二次系统物理设备主要分为三类：

（1）IED，主要包括保护装置、测控装置、合并单元、智能终端、故障录波器、网络分析仪、对时装置、监控设备、远动设备；

（2）交换机，包括站控层交换机和过程层交换机；

（3）光配设备，包括光纤配线架和光缆终端盒。

设计人员通过 IPCD 文件配置模块，根据二次设备接口资料、交换机接口资料和光配接口资料进行配置，生成相应的装置级 IPCD 描述文件。

将二次系统不同物理设备的 IPCD 文件导入到 SPCD 文件配置模块，在 SPCD 中完成层级构建、实回路配置，系统软件根据以上信息自动完成光缆布置，所有信息配置完成后生成厂站级 SPCD 文件。

在解析模块中，导入厂站级的 SPCD 文件和逻辑回路 SCD 文件，解析 SPCD 文件层级构建、物理端口、实回路、光缆信息，解析 SCD 文件中的虚回路及虚实映射关系。通过解析结果，绘制全站设备的全景信息流图。

8.1.1 SPCL 物理信息模型

IPCD 和 SPCD 文件采用变电站物理配置描述语言（以下简称 SPCL）表示。SPCL 语言示例如下：

```
<SPCL>
<Substation desc = "220kVXX变" name = "">
<Region desc = "220kV继保室1" name = "R220">
<Cubicle desc = "线路保护屏A" name = "XLP1A">
<Unit desc = "线路1保护A" IEDname = "PL2201A" name = "1n" type = "IED">
<Board desc = "NR1102" slot = "1">
<Port desc = "MMS" direction = "Tx" no = "A" plug = "ST" type = "FOC"/>
                ......
<Port desc = "GPS" direction = "Rx" no = "H" plug = "ST" type = "FOC"/>
</Board>
</Unit>
<Unit desc = "光纤配线架" IEDname = "" name = "2n"  type = "ODF">
<Board desc = "" slot = "A">
<Port desc = "" direction = "TxRx" no = "01" plug = "ST" type = "FOC"/>
```

```
        .......
<Port desc = "" direction = "TxRx" no = "12" plug = "ST" type = "FOC"/>
</Board>
</Unit>
< IntCore  portA = "3n.A.01 - Tx"  portB = "2n.A.02 - TxRx"  name = "TX01"
type = "FJ"/>
< IntCore  portA = "3n.A.01 - Rx"  portB = "2n.A.01 - TxRx"  name = "RX01"
type = "FJ"/>
</Cubicle>
        ......
< Cable  coresNum = "4"  cubicleA = "R220.SWP1A"  cubicleB = "R220.MXP1A"
     desc = ""name = "XL_WL_185A" type = "FT">
<Core no = "1" portA = "3n.A.03 - Tx" portB = "1n.10.A - Rx"/>
    <Core no = "2" portA = "3n.A.03 - Rx" portB = "1n.10.A - Tx"/>
<Core no = "3" portA = "" portB = ""/>
<Core no = "4" portA = "" portB = ""/>
</Cable>
</Region>
    ......
</Substation>
</SPCL>
```

SPCL 元素及属性定义见表 8-1。

表 8-1　　　　　　　　　　SPCL 元素及属性定义

元素名	说明	属性名	说　明
Substation	变电站	name	变电站名称
		desc	变电站描述
Region	区域（保护小室、开关场）	name	区域标识，由英文+数字构成，如 R220
		desc	区域描述
Cubicle	屏柜	name	屏柜标识，由英文+数字构成，如 XLG1A
		desc	屏柜描述
Unit	物理装置（IED、光配架、交换机）	name	装置编号，图纸中的设计编号，如 1n(IPCD 文件初始可为 Template)
		desc	装置描述
		IEDname	与 SCD 文件中的 IEDname 应一致，非 IED 为空
Unit	物理装置（IED、光配架、交换机）	type	装置类型，枚举值为 IED、ODF（光纤配线架）、SWI（交换机）、GS-NET（GOOSE 交换机）、SV-NET（SV 交换机）、GS-SV-NET（GOOSE/SV 交换机）、MMS-NET（MMS 交换机）

续表

元素名	说明	属性名	说 明
Board	板卡	slot	板卡槽位，枚举值为 1～20（对于横板结构的 ODF 和 SWI，枚举值为 A～Z）
		desc	板卡描述
Port	端口	no	端口名称，枚举值为 A～Z（ODF 和 SWI 的枚举值为 1～20）
		desc	端口描述
		direction	端口数据流向，枚举值为 Tx（发送）、Rx（接收）、TxRx（发送接收均可，如 ODF）
		plug	插头类型，枚举值为 LC、ST、SC、FC、RS－485、RS－232、RJ－45
		type	端口类型，枚举值为 FOC（光缆）、100BaseT（百兆网线）、STP（屏蔽双绞线）
IntCore	屏内光纤连线	name	屏柜内光纤名称，如 TX01
		PortA	光纤连线的 A 端口标识，如 1n.A.01－Tx
		PortB	光纤连线的 B 端口标识，如 2n.A.02－TxRx
		type	光纤类型，枚举值为 FJ（跳纤）、STP、100BaseT
Cable	屏柜间的光缆连线	name	屏柜间光缆名称，如 SW_GL_183A
		desc	光缆描述
		coresNum	光缆的芯数
		cubicleA	光缆连接的 A 屏柜，如 R220.SWP1A
		cubicleB	光缆连接的 B 屏柜，如 Outdoor.XLG1A
		type	光缆类型，枚举值为 FC（光缆）、FT（尾缆）、FJ、STP、100BaseT
Core	屏柜间光缆的纤芯	no	光缆的纤芯号
		PortA	光纤连线的 A 端口，如 2n.A.02－TxRx
		PortB	光纤连接的 B 端口，如 3n.B.01－TxRx

8.1.2 二次物理回路建模的设计流程

物理回路的建模方法也将参照虚回路的建模方法，各设备厂家提供描述物理端口的 IPCD 文件，并通过配置工具进行光缆连接后形成描述物理端口和回路的 SPCD 文件，图 8-1 为二次回路全景模型设计流程。

设备厂家提供的 IPCD 文件应包括设备物理端口信息，含端口数量、端口类型和插头类型，物理端口既包括过程层端口，也包括站控层端口和对时端口。在 SPCD 的配置中，

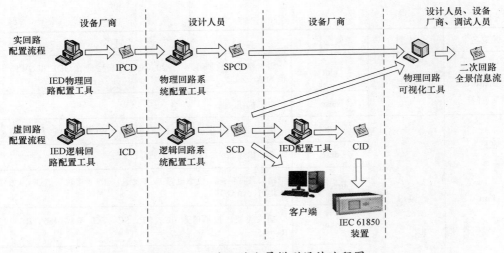

图 8-1　二次回路全景模型设计流程图

设计人员需要完成变电站设备层级关系的建立，包括创建继电保护小室、屏柜、设备；选择各自设备的 IPCD 文件，获取各种设备的各种物理端口；根据实际物理路径，连接不同设备间、不同屏柜间、不同小室间的物理连线；描述各个物理路径的信息方向；所有连接完成后，形成 SPCD 文件。

智能变电站二次系统逻辑回路 SCD 文件在各个 IED 设备中采用 Inputs 容器方式存储所有虚回路的接收连线，而不存储发送连线，这样既可以节约模型空间，也能够减少冗余连线，解析更为方便。在二次系统物理回路中，考虑到物理光缆信息不具有流向性，采用 Inputs 方式反而增加了解析的复杂度，因此物理回路采用直接描述光缆的方式，屏柜内采用 IntCore 元素描述屏内光纤连接，屏柜间采用 Cable 元素描述光缆模型，模型中设置了光纤所连接的收发两端的物理端口属性。

8.1.3　二次物理回路配置工具

物理回路配置工具包括两个工具，一个是 IED 物理回路配置工具，完成单装置的物理端口及属性配置，输出 IPCD 文件；另一个是物理回路系统配置工具，完成变电站的物理回路描述文件配置，输出 SPCD 文件。

IED 物理回路配置工具的配置流程为：新建设备，实例化 Unit 元素信息；新建板卡，实例化 Board 元素信息；新建端口，实例化 Port 元素信息；输出 IPCD 文件。物理回路系统配置工具的配置流程包括：物理设备建模阶段和物理设备连接阶段。首先需要进行物理设备建模，包括：

（1）新建变电站，实例化 Substation 元素信息；

（2）在变电站中新建任意多个小室，实例化 Region 元素信息；

（3）在小室中新建任意多个屏柜，实例化 Cubicle 元素信息；

（4）在屏柜中新建任意多个装置，实例化 Unit 元素信息。

在完成设备物理建模后进行物理设备连接，线缆连接包括屏柜内信息连接，实例化

IntCore 元素和屏柜间信息连接，实例化 Cable 和 Core 元素信息。物理回路系统配置工具的实现流程如图 8-2 所示。

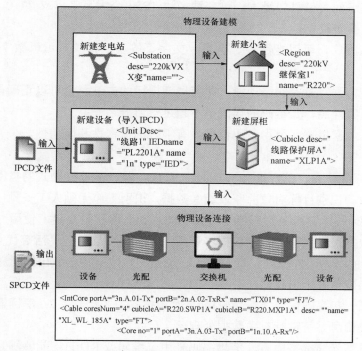

图 8-2　物理回路系统配置工具的实现流程图

8.2　基于智能标签的二次设备移动可视化技术

与常规变电站标准化设计的继电保护装置端子及二次回路相比，智能变电站装置的端口功能配置灵活，光纤数量大。为便于现场运维检修工作中正确识别相应的光纤回路，采用在光纤上粘贴包含光纤编号、起点、终点、数据集名称等标签的形式，未给运维模式带来本质变化，反而可能存在由于标签不规范造成的检修风险。采用智能标签的形式，实现物理回路与逻辑回路的关联展示，实现可视化运维，将有效提高现场调试、检修和改扩建的效率及正确性。

参照已有的智能变电站光缆标签标识设计的原则，在二次系统施工图设计中统一规范光缆标签的回路编号、光缆去向和信息内容，在此基础上应用先进的数字编码技术，实现数字信息的可视化展示。

8.2.1　智能标签编码和标签方案

8.2.1.1　智能标签编码方案

1. 二维码

二维码是在平面（二维方向）上按照一定规律通过显示黑白相间的图形来记录数据信

息的媒介。它可以被图像输入设备或光电扫描设备自动识读以实现信息自动处理。相对一维码来说，二维码的主要优点是：

（1）高密度编码，信息容量大，可容纳多达 1850 个大写字母或 2710 个数字或 1108 个字节，或 500 多个汉字；

（2）编码范围广，可以把图片、声音、文字、签字、指纹等可以数字化的信息进行编码；

（3）容错能力强，具有纠错功能，即使局部损坏的二维码也可以正确得到识读；

（4）译码可靠性高，二维码的误码率不超过千万分之一；

（5）可引入加密措施，使得条码信息具有很好的保密性和防伪性。

2．RFID 射频

射频识别（radio frequency identification，RFID）是一种非接触式的自动识别技术，它通过射频信号自动识别目标对象并获取相关数据，识别工作无须人工干预，作为条形码的无线版本，RFID 技术具有条形码所不具备的防水、防磁、耐高温、使用寿命长、读取距离大、标签上数据可以加密、存储数据容量更大、存储信息更改灵活等优点。

RFID 技术的基本工作原理：标签进入磁场后，接收解读器发出的射频信号，凭借感应电流所获得的能量发送出存储在芯片中的产品信息（Passive Tag，无源标签或被动标签），或者主动发送某一频率的信号（Active Tag，有源标签或主动标签）；解读器读取信息并解码后，送至中央信息系统进行有关数据处理。

对智能变电站光缆标签而言，信息编码采用二维码或 RDIF 均能够满足使用的需求，但是综合考虑成本因素，目前常见的标签打印机均能支持二维码标签使用，便于标签制作，而 RFID 标签由于需要读写内部存储器，必须使用专用的标签打印机，成本较高。标签读取方面，二维码标签使用智能手机平台即可实现快速读取，便于开发；RFID 标签需要使用专用手持终端，软、硬件开发要求都高于二维码标签。

8.2.1.2　智能标签格式方案

在研究了光缆标签的需求、信息"虚实对应"技术和数字编码方式的基础上，需要把这些信息直观地表现在标签上，对信息的内容（包含物理信息和逻辑信息）、标签样式、标签材质、标签大小等格式做出一个明确的定义。

在智能变电站过程层中，需要粘贴标签的地方包括连接装置端口的光缆纤芯、光纤配线架上的标签栏以及屏柜中的光缆和尾缆。针对上述三种标签，分别定义了标签格式。

1．光缆、尾缆标签格式

光缆、尾缆中包含大量纤芯，根据设计院提供的光缆清册，可以明确光缆、尾缆的起点屏柜、终点屏柜、光（尾）缆编号、光（尾）缆规格信息，对于调试人员来说，通过光缆、尾缆上标签可以直观的了解这根光缆、尾缆的去向、规格等信息。对于光缆、尾缆中每一个纤芯的定义需要在光缆联系图中再次查找获取。所以在光缆、尾缆智能标签中，除了原有的信息外，可以通过二维码标签，快速展现该根光缆、尾缆的纤芯信息。光缆、尾缆标签样式如图 8-3 所示。

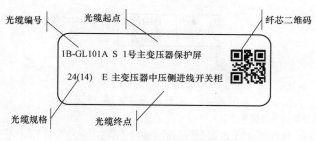

图 8-3 光缆、尾缆标签样式

光缆编号—使用与其连接的光缆编号；光缆规格—使用"X（Y）"代表光缆中的光纤信息，"X"代表本光缆光纤总芯数，"Y"代表本光纤备用纤数；光缆起点—光缆起点所连接的屏柜名称；光缆终点—光缆终点所连接的屏柜名称；纤芯二维码—用于手持终端识别出该光缆中所有的纤芯连接信息，二维码中包含该光缆的序号、光缆起点屏柜序号信息

2. 纤芯标签格式

在纤芯标签中，除了原有的信息外，可以通过二维码标签，快速展现该纤芯中的虚端子信息，并且可以进一步了解纤芯连接端口所属装置的全部虚端子信息。

纤芯标签样式如图 8-4 所示。

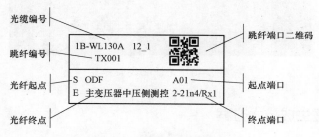

图 8-4 纤芯标签样式

光缆编号—使用与其连接的光缆编号，使用"X_Y"代表光缆中的光纤信息，"X"代表本光缆光纤总芯数，"Y"代表本光纤连接的纤芯号；

跳纤编号—表示屏柜内该跳纤的编号；

光纤起点—光纤起点所连接的装置名称；

光纤终点—按回路要求，光纤终点所连接的装置名称；

起点端口—光纤连接起点端口的信息；

终点端口—按物理连接，光纤连接终点端口的信息；

跳纤端口二维码—用于移动终端识别出该纤芯中所有的虚端子信息，二维码中包含该纤芯的序号、纤芯起点端口信息

3. 光纤配线架标签格式

光纤配线架是通信回路中重要的中转环节，光纤配线架中包含所连接的起点端口、终点端口、光纤所属光缆编号、光纤序号信息及二维码标识。光配口的标签与纤芯标签格式类似，由于受到粘贴面积限制，对标签内容做了简化，便于粘贴在标签卡内。光纤配线架标签样式如图 8-5 所示。

光纤配线架标签张贴在配线架盖板上，如图 8-6 所示。

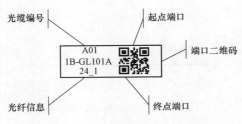

图 8-5 光纤配线架标签样式

光缆编号—使用与其连接的光缆编号；

光纤信息—使用"X_Y"代表光缆中的光纤信息，"X"代表本光缆光纤总芯数，"Y"代表本光纤连接的纤芯号；

起点端口—光纤连接起点端口的信息；

终点端口—按物理连接，光纤连接终点端口的信息；

端口二维码—用于移动终端识别出该纤芯中所有的虚端子信息，二维码中包含该纤芯的序号、纤芯起点端口信息

图 8-6 光纤配线架标签

8.2.2 智能标签生成技术方案

过程层光缆智能标签生成系统软件从二次系统设计模块中获取变电站物理配置信息和虚端子配置信息，整理成后期打印标签和解析标签所需的数据格式，生成智能标签文件，包括光缆、尾缆标签，纤芯标签和光配口标签三个文件。同时，系统生成软件将标签库文件转换成手持终端便于加载和识别的 sqlite 数据库文件，在库中存储光缆物理连接信息和虚回路信息。智能标签生成流程如图 8-7 所示。

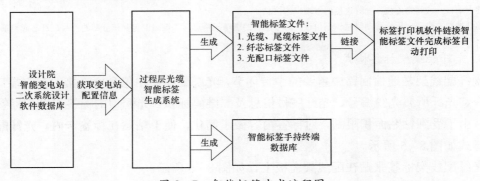

图 8-7 智能标签生成流程图

1. 物理建模流程

物理建模主要用于构建变电站二次系统物理位置、装置型号、装置配置、组屏方案的信息模型。物理建模流程如图 8-8 所示。

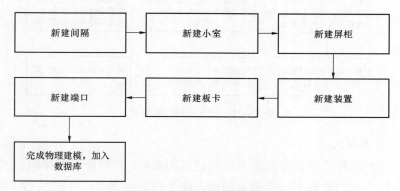

图 8-8　物理建模流程图

2. 信息逻辑建模流程

信息逻辑建模主要用于构建变电站二次系统回路原理，是变电站二次系统设计的核心部分，包括装置、交换机间的端口连接关系及所传输的信息类型。信息逻辑建模流程如图 8-9 所示。

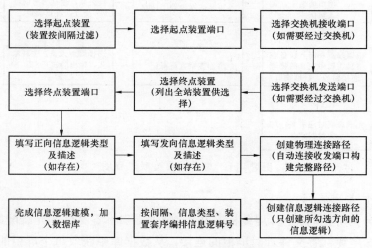

图 8-9　信息逻辑建模流程图

3. 光缆分配流程

光缆分配流程以上述信息逻辑建模为基础，根据建模信息，识别出屏柜连接关系及屏柜间所需的纤芯数，按照同一小室内使用尾缆、不同小室和户外场地内使用光缆的原则选择光缆或尾缆，按照软件设定的工程光缆、尾缆规格分配光缆和尾缆的最终纤芯数。光缆分配流程如图 8-10 所示。

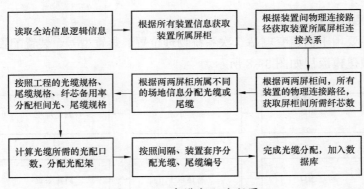

图 8-10　光缆分配流程图

4. 虚实对应关联流程

虚实对应关联流程同样以上述信息逻辑建模为基础，在给所有的站内二次设备关联好 ICD 模型文件后，自动提取出每个装置的输入端子和输出端子，并按照 GOOSE 和 SV 类型进行分类存储，选择一个装置后，软件根据信息逻辑连接关系过滤出所有与该设备有信息交互的装置，依次配置虚回路连接，在虚回路连接过程中，软件根据信息逻辑配置中分配的装置和交换机连接端口，自动识别出每个虚端子所经过的物理连接路径和端口，匹配出整个虚回路与物理光纤回路的"虚实对应"关系。虚实对应关联流程如图 8-11 所示。

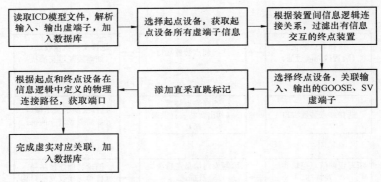

图 8-11　虚实对应关联流程图

5. 标签文件导出流程

标签文件分为屏柜间光缆、尾缆标签文件，装置端口标签文件和光纤配线架标签文件。

导出光缆、尾缆标签文件针对屏柜间连接，从数据库中获取每个屏柜的连接关系，包括起点屏柜名称、终点屏柜名称、屏柜间所用的光缆编号和规格，二维码标签中的内容是光缆标记字符、起点屏柜索引和光缆名称索引。

导出装置端口标签文件针对尾缆纤芯或跳纤，从数据库中获取起点装置名称、起点装置所属屏柜、起点装置端口名称、终点装置名称、终端装置端口名称、起点装置端口与终点装置端口间所连接的纤芯所属光缆编号、纤芯序号，二维码标签中的内容是纤芯标记字符、起点端口索引。

导出光纤配线架标签文件时针对光缆纤芯，从数据库中获取起点 ODF 名称、起点 ODF

所属屏柜、起点 ODF 端口名称、终点 ODF 名称、终端 ODF 端口名称、起点 ODF 端口与
终点 ODF 端口间所连接的纤芯所属光缆编号、纤芯序号，二维码标签中的内容是纤芯标
记字符、起点 ODF 索引。标签文件导出流程如图 8−12 所示。

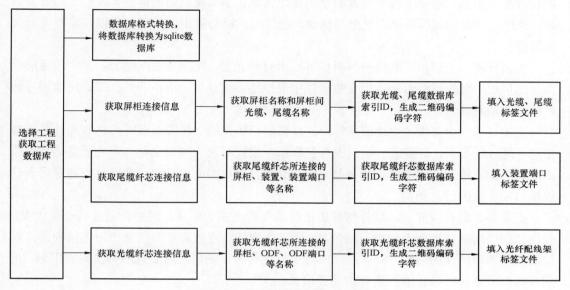

图 8−12 标签文件导出流程图

8.2.3 智能标签解析技术方案

解析流程主要包括终端数据库文件的下载、终端数据库文件的图形化展示和二维码标
签的扫描。安装智能标签解析系统软件，下载工程数据库文件，在手持终端上选择一个工
程数据库文件，智能标签解析系统软件将展示该工程的全站设备配置图，点击图上任意场
地内的屏柜，将展示该屏柜的光缆、尾缆联系图，选择具体的光缆、尾缆，将展示其内部
纤芯联系图，选择一根纤芯，将展示该纤芯中连接的虚端子信息图。打开智能标签解析系
统扫描功能，扫描一个智能标签上的二维码。根据二维码的类型，若属于光缆、尾缆，二
维码将展示该光缆中的纤芯信息，若属于纤芯，二维码将展示该纤芯中的虚端子信息。解
析流程如图 8−13 所示。

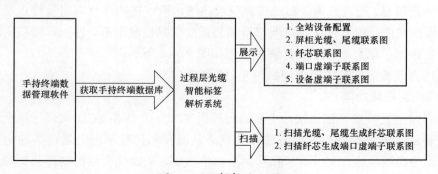

图 8−13 解析流程图

8.2.3.1 标签文件解析

标签文件解析分为打开工程后的手动浏览和扫描二维码自动加载。

当使用手动浏览功能时，在软件中选择需要加载的工程数据库，软件首先解析该工程的物理配置信息，包括工程中所含的小室场地信息，小室场地内的屏柜，屏柜上的装置信息，通过上下滑动屏幕可以浏览全站信息，通过上下滑动屏柜内的界面可以浏览柜内所有装置信息。

点击任意一个屏柜，软件将解析该屏柜所有的光缆、尾缆和跳纤信息，其中起点屏柜为所选屏柜，对侧屏柜可通过检索数据库中屏柜连接表获取，屏柜间的光缆、尾缆编号通过检索光缆表获取。

点击任意一个光缆、尾缆或跳纤，软件将解析该光缆、尾缆或跳纤内所有的纤芯连接信息，通过纤芯表、装置表、端口表等获取每一根纤芯起点端口名称、起点装置名称、终点端口名称、终点装置名称，如果是光缆还包括所经 ODF 口名称，并通过信息逻辑表获取端口间传输的信息类型。

点击任意端口或纤芯，软件将解析出纤芯内的虚端子信息。通过查询虚端子连接表，获取该端口所属装置所有的虚回路信息，通过查询纤芯连接表获取该端口所连接的终点端口及终点端口所属的装置，将虚回路信息中只包含终点端口所属装置的信息提取出来，得到该端口所连接纤芯传输的所有虚端子信息。

点击虚端子界面上的任意设备，软件将以该设备为中心，获取所有该设备的输入、输出虚端子信息。

当使用扫描二维码功能时，在软件中选择需要加载的工程数据库，打开扫描功能，通过摄像头扫描标签上的二维码信息。

当扫描到的是光缆、尾缆标签时，软件根据光缆标记字符，使用所获取的索引号在线缆表中获取该光缆、尾缆的名称规格等信息，通过在纤芯连接表中获取所有的纤芯连接信息，通过纤芯表、装置表、端口表等获取每一根纤芯起点端口名称、起点装置名称、终点端口名称、终点装置名称，如果是光缆还包括所经 ODF 口名称，并通过信息逻辑表获取端口间传输的信息类型。

当扫描到的是装置端口标签或光纤配线架标签时，软件根据纤芯标记字符，使用所获取的索引号在端口表中获取起点端口名称，通过查询虚端子连接表，获取该端口所属装置所有的虚回路信息，通过查询纤芯连接表获取该端口所连接的终点端口及终点端口所属的装置，将虚回路信息中只包含终点端口所属装置的信息提取出来，得到该端口所连接纤芯传输的所有虚端子信息，标签文件解析流程如图 8-14 所示。

过程层光缆智能标签应用流程如图 8-15 所示。

8.2.3.2 回路可视化功能

二次回路全景模型可视化软件主要通过解析 SPCD 文件和 SCD 文件，将全站的物理回路和逻辑回路通过虚实对应的方法相关联，从而图形化展示出全站设备的全景信息流图。图形化处理模块通过文件解析模块解析出的数据，初始化全站的物理装置图形以及装置间的连接图；通过虚实对应模块将 SPCD 文件解析出物理回路信息和 SCD 文件解析的

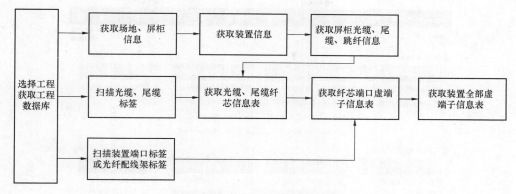

图 8-14 标签文件解析流程图

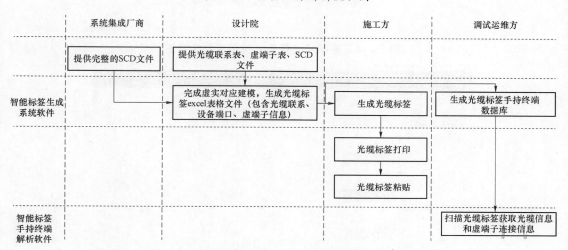

图 8-15 过程层光缆智能标签应用流程图

逻辑回路信息相关联,展示全站的虚物理回路全景信息图。

1. 屏柜物理位置可视化功能

进入到全景模型可视化界面后,可以滑动屏幕看到全站所有的小室,屏柜置于相应的小室内,点击每个小室右边箭头处,可查阅本小室里所有的屏柜。屏柜物理位置可视化功能示意如图 8-16 所示。

2. 装置可视化

进入屏柜中可看到包括屏柜里的所有装置、交换机、光纤配线架等信息。可查看装置、交换机、光配连接信息内容及端口信息,信息内容以查阅装置为中心,两侧为相关设备。装置、交换机、光纤配线架可视化示意分别如图 8-17~图 8-19 所示。

3. 光缆可视化功能

点击屏柜进入线缆信息图,线缆信息图包括屏柜内的线缆信息和屏柜间的线缆信息,屏柜内的线缆信息图。屏柜内线缆布局以被查看设备为中心,两侧为相关设备,光纤两端应有端口号,光纤应命名。屏柜间线缆布局采用两级展示,第一级应以被查看屏柜为中心,两侧为相关屏柜,光缆应命名。当点击光缆后进入第二级展示,第二级展示同第一级相同,

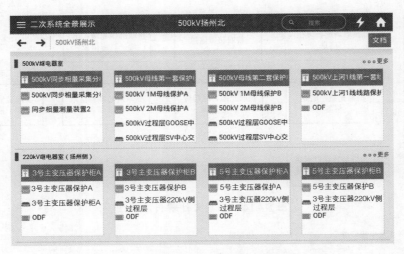

图 8-16　屏柜物理位置可视化功能示意图

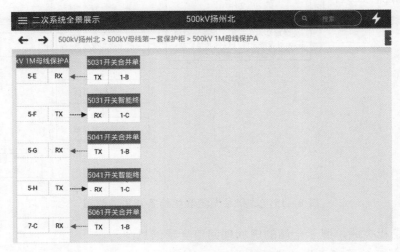

图 8-17　装置可视化示意图

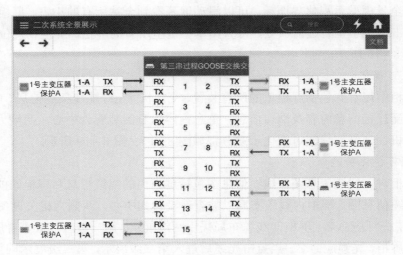

图 8-18　交换机可视化示意图

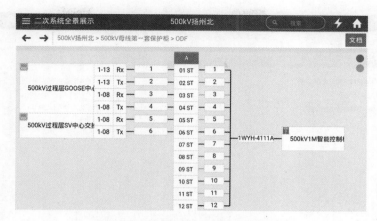

图8-19 光纤配线架可视化示意图

以被查看设备为中心，两侧为相关设备，光缆两端应有端口号，光纤应命名。光缆可视化示意如图8-20所示。

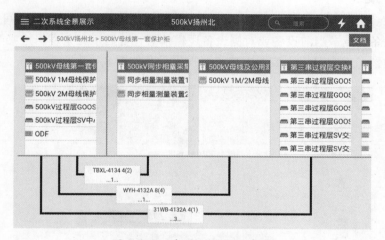

图8-20 光缆可视化示意图

可点击每一根光缆，查看光缆芯数及走向等详细信息，如图8-21所示。

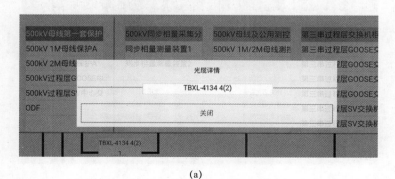

(a)

图8-21 光缆详细信息（一）

（a）光缆命名

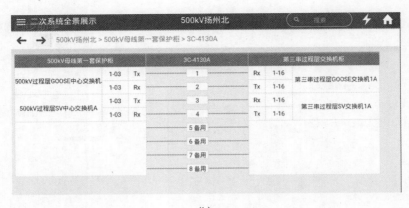

(b)

图 8-21　光缆详细信息（二）

（b）光缆详细信息

4. 虚端子展示

点击进入装置展示，长按装置端口处，显示装置连接状态虚回路，中间为当前设备，两侧为相关设备，点击当前设备或对侧设备逻辑信息，可显示此条逻辑连接下的所有逻辑信息，真正做到了虚实对应。装置虚端子可视化示意如图 8-22 所示。

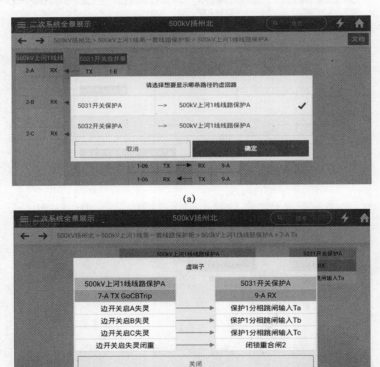

图 8-22　装置虚端子可视化示意图

（a）虚回路命名；（b）虚端子详细信息

8.3 二次设备状态评估及故障诊断技术

随着二次设备状态检修技术在电力系统逐步推广，状态检修系统对二次设备各功能模块的运行信息（如自检、告警、采样值、开关量等）进行分析，评价保护装置的运行状态和可靠性，为装置检修或技改计划提供依据。现有模式下状态信息的录入对人工的依赖程度大、状态检修系统与装置之间不能实时交互、数据采集样本少等不足，这些成为影响评价结果准确性的瓶颈。

提高二次设备状态评估可信度的关键在于评价模型的可靠性，结合装置状态、运行环境、通道运行情况、绝缘状况、家族性缺陷、正确动作率、无故障时间等进行综合分析，目前主要对层次分析法、模糊综合评判法及专家给分法等进行研究。

8.3.1 基于多参量模型的二次设备状态评估方法

8.3.1.1 状态评估模型体系

智能变电站二次设备状态评估模型体系主要包括评估对象、评估子项和评估参量。智能变电站二次设备状态评估体系如图8-23所示。图示的评估体系中，以智能变电站二次设备物理装置为评估对象，每个评估对象包含不同的评估子项，各评估子项的状态又由多个评估参量综合评价。评估对象的状态由各评估子项的结果综合计算得出，并根据所有评估对象的状态得出整个变电站的运行状态。

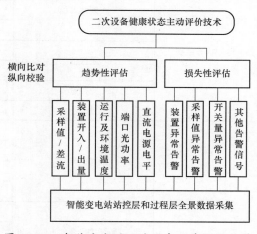

图 8-23 智能变电站二次设备状态评估体系

1. 二次设备评估子项模型

对于二次设备的评估子项，可以归纳为采样环节、开关量环节、执行计算环节、自检信息、其他因素五个部分。其中：采样环节主要考虑采样精度评估；开入/开出环节包括开入实时性、开入/开出一致性等；执行计算环节包括保护启动信号和动作出口时间等；自检信息包括装置温度、端口流量、直流电平、相关的告警信息等；其他环节包括装置投运时间、平均无故障时间、反措要求、家族性缺陷、动作正确率等。一个评估子项需要的评估参量来源于待评估对象采集的评估参量、其他评估对象采集的评估参量、评估子站的统计量和运算量，如智能设备采集的各类物理量或评估子站内部逻辑运算的结果。智能变电站二次设备状态评估模型如图8-24所示。

2. 二次设备评估参量模型

智能变电站继电保护装置、合并单元、智能终端典型状态评估参量模型分别见表8-2～表8-4，相关信息通过智能变电站 MMS、SV 和 GOOSE 报文获取。

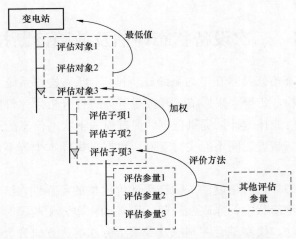

图 8-24　智能变电站二次设备状态评估模型

表 8-2　　　　　　　　　　　继电保护装置典型状态评估参量模型

类型	评估子项	状态评估参量模型
运行状态监视	软硬件自检	Trp（温度）
		Irp_c（通道光强）
		Urp（电源电压）
	采样值	AIrp（支路采样值）
		DCCrp（差动电流计算）
	开关量	DIrp（重要开入量状态）
	压板	Srp_f（功能压板），Srp_o（出口压板）
告警信号监视	采样值异常	Almrp_ct（电流互感器断线）Almrp_pt（电压互感器断线）
		Almrp_sv1（SV 品质异常）
		Almrp_sv2（SV 链路中断）
		Almrp_sv3（SV 检修状态不一致）
	开关量异常	Almrp_di（开入量异常）
		Almrp_go1（GOOSE 链路中断）
		Almrp_go2（GOOSE 检修不一致）
	装置异常	Almrp_off（失电告警），Almrp_bl（闭锁）
保护动作信号监视	动作信号	Actrp_st（保护启动）
		Actrp（保护动作元件）
	动作出口	Actrp_go（GOOSE 开出量动作）

表 8-3　　　　　　　　　　　合并单元典型状态评估参量模型

类型	评估子项	状态评估参量模型
运行状态监视	软硬件自检	Tmu（温度）
		Imu_c（通道光强）
		Umu（电源电压）

续表

类型	评估子项	状态评估参量模型
运行状态监视	SV 报文状态	SVamp（幅值精度）、SVph（相位精度）
		SVad（双 AD 一致性）
		SVint（报文等间隔性）
		SVmat（检修状态）
		SVsyn（同步状态）
		SVval（数据有效性）
告警信号监视	GOOSE 告警	Almmu_go（其他 GOOSE 告警）
	装置异常	Almmu_off（失电告警），Almmu_bl（闭锁）

表 8-4　　　　　　　　　　智能终端典型状态评估参量模型

类型	评估子项	状态评估参量模型
运行状态监视	软硬件自检	Tit（温度）
		Iit_c（通道光强）
		Uit（电源电压）
	开关量	DIloc（就地开入量状态）
		Sit_f（功能压板），Sit_o（出口压板）
		DSctr（控制回路）
		DSnon（非全相）、DSacc（事故总）
告警信号监视	报文异常	Almit_go（GOOSE 链路中断）
		Almit_mat（检修状态不一致）
		Almit_syn（同步信号丢失）
	装置异常	Almit_off（失电告警），Almit_bl（闭锁）
动作信号监视	动作出口	Actpha（出口相别）
		tset（整组返回时间）

表 8-2～表 8-4 分别根据智能变电站继电保护、合并单元、智能终端的装置运行信息，列出了前四类评估子项相关的主要评估参量，通过这些信息的采集可反映装置的实际运行情况。对于其他因素类的评估参量，根据装置的历史表现，作为附加项参与装置评价。

8.3.1.2　二次设备状态评价方法

1. 趋势性评估方法

继电保护装置元件的健康状况可分为随运行时间逐步变差和突然性变差两种情况：前者通过一段时间内被监视数据情况，分析出其随时间逐步变化的趋势，称为趋势性评估；后者通过反映装置异常情况的信号，判断出部分或全部功能的丢失，称为损失性评估，不同告警信号所导致的严重程度不同，对于不同情况，需要分别制定其评判规则。

趋势性评估方法是指对装置稳态量的长期监视和记录，反映一段时间内元件性能的变

233

化趋势，包括采样值精度、开关量一致性、装置其他自检参数的变化等。对这类状态量的评估采用门槛值方式，即当被监测元件的数值超过给定门槛时提示装置元件预警。通过对装置长期运行数据的积累，分析出智能设备元器件的运行变化趋势。

（1）继电保护装置的采样值。合并单元发送的 SV 报文中不同通道会通过虚端子方式被保护、测控、计量等不同的终端接收，保护装置将接收到的采样值数据在站控层 MMS 报告中对应。具体步骤如下：

1）实时监测保护装置以 MMS 报告方式发出的采样值电流信息，同时解析出 SCD 文件中对应的 IED 名称、BRCB（有缓存报告控制块）的 RptID（报告控制块标识）、DataSet（数据集）中对应的 FCDA（功能约束数据属性）；

2）以一次断路器为对象，关联合并单元的 SV 采样输出，以及订阅该合并单元采样值的多台保护测控装置 MMS 通道，进行综合比对。对于双重化配置的增加 A、B 套的数据互校验。差动电流采用两个复合逻辑，一是两套保护装置之间互校，二是每一套装置的差流与评估装置设定的两段定值比较，分别取自保护装置的电流互感器断线告警定值和电流互感器断线闭锁定值，采样值评估表和评估逻辑图分别见表 8-5 和图 8-25。

3）设置采样值和差流比对结果权重为 X_i 和 Y_i，取最小值记为结果 K_1。

表 8-5 采 样 值 评 估 表

采样值	差流	分值	权重
（-0.1%，0.1%）	绝对值<$0.05I_N$，且差值<$0.02I_N$	3	
[±0.1%，±0.5%）		2	X_i，Y_i
[±0.5%，±1%）	绝对值（$0.05I_N$，$0.1I_N$），或差值（$0.02I_N$，$0.05I_N$）	1	
[-1%，1%）	绝对值>$0.1I_N$，或差值>$0.05I_N$	0	

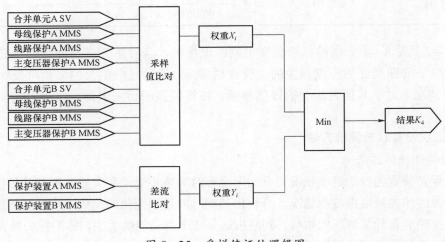

图 8-25 采样值评估逻辑图

（2）继电保护装置的开入量。检查设备之间数据发送端至数据接收端的信号是否对应，过程层之间通过虚端子关联，过程层和站控层之间通过映射，检查信号传输的时间，包括过程层至间隔层之间的信号，间隔层保护之间的交互信号，站控层至间隔层之间的遥控操作信号。具体步骤如下：

1）解析出 SCD 文件中保护装置<Inputs>里的内容，根据解析结果分析发出开关量的具体 IED 名称，配置其 GOCB（GOOSE 控制块）的 APPID（GOOSE 应用标识）及对应通道；

2）通过解析与之关联的 GOOSE 报文，标记将对应通道的状态位；

3）实时监视继电保护装置以 MMS 报告方式发出的开入信息，同时解析出 SCD 文件中对应的 IED 名称、BRCB 的 RptID、DataSet 中对应的 FCDA；

4）将站控层 MMS 报告与过程层 GOCB 的 APPID 进行关联，比较保护装置报告中的开入量状态与 GOOSE 通道的状态是否一致。

通过监视指定 GOOSE 的通道位置信息，如断路器、隔离开关位置信息等，与保护装置发出的 MMS 报文中保护动作与出口信息进行校验比对。同时监视开入量异常、GOOSE 链路中断、GOOSE 检修状态不一致告警等信息，判断具体开入量异常通道，开关量评估见表 8-6。开关量信号一致性和时间差校验后分别乘以权重 X_i 和 Y_i，取最小值记为结果 K_2。

表 8-6   开 关 量 评 估 表

开关量一致性	开关量时间	分值	权重
Y	<2ms	3	X_i，Y_i
	[2ms，5ms）	2	
	[5ms，10ms）	1	
N	>10ms	0	

（3）继电保护装置运行环境及自检状态。

1）运行温度。运行温度子项包括装置 CPU 温度、光口温度和环境温度。其中前两项由装置 ICD 文件扩充建模，环境温度通过独立的传感器进行监测，并输出给柜内的二次设备进行上送。评估系统分别设定 CPU 温度和光口温度的门槛值，采用 CPU、光口和环境温度三段定值进行评分，反映运行趋势的变化，运行温度评估见表 8-7。

表 8-7   运 行 温 度 评 估 表

CPU 温度（℃）	光口温度（℃）	环境温度（℃）	分值	权重
<80	<80	−10～40	3	X_i，Y_i，Z_i
80～90	80～90	40～50	2	
90～100	90～100	50～60	1	
>100	>100	<−10 或>60	0	

CPU 温度、光口温度（取最小值）和环境温度的分值分别乘以权重系数 X_i、Y_i 和 Z_i，比较后取最小值，记为结果 K_3。

2）端口光功率。装置各光口的发送功率和接收功率灵敏度，由装置 ICD 文件扩充建模，数据主动上送，由评估系统设定接发送和接收光强定值门槛，采用越限评分。端口光功率评估见表 8-8。

表 8-8 端 口 光 功 率 评 估 表

波长（nm）	发送光强	光接收灵敏度	分值	权重
1310	$-20\sim-14$dBm	$-31\sim-14$dBm	3	X_i，Y_i
850	$-19\sim-10$dBm	$-24\sim-10$dBm		
其他检测结果			0	

比较各端口接收光强和发送光强分值，分别乘以权重系数 X_i、Y_i，取最小值记为结果 K_4。

3）直流电源模块电平。装置对直流电源模块的电平及纹波进行监测，并通过建模主动上送。由评估系统设定门槛，采用越限评分。电源模块评估见表 8-9。

表 8-9 电 源 模 块 评 估 表

电源电压	纹波系数	分值	权重
4.9～5.1	$-1.5\%\sim1.5\%$	3	X_i，Y_i
4.5～4.9 或 5.1～5.5	$-5\%\sim1.5\%$或 1.5%～5%	1	
其他检测结果		0	

电源电压和纹波系数分别乘以对应的权重 X_i、Y_i，取最小值记为结果 K_5。

2. 损失性评估方法

损失性评估方法是指当装置发生异常告警时，通过对告警信息按类型进行分析和统计，推断故障的具体性质，如严重等级、持续时间、影响范围、最可能的故障位置等，为装置异常缺陷处理提供辅助决策。

（1）装置自检告警信号。装置内部建模，自检状态信息主动上送。自检状态包括装置所有的数据变位，如压板投退、断路器变位、通信状态、异常告警信息、采样数据无效、保护启动次数等，并根据信号的严重程度区分等级。评估装置设置一般类告警和严重类告警信号逻辑节点（LN）。

"告警异常类"对不同的告警信号划分等级，包括闭锁类告警和异常类告警，每种告警等级信号对应的分值不等。

（2）预警装置评估。除了实现对二次设备运行状态的实时监测告警以外，还具有对二次设备健康状态、运行趋势的评估预警功能。采用一段时间内告警次数统计、采样值与监测值的变化趋势等信息作为预警评估的关键参量，能有效诊断二次设备的正常与否。包括实现以下功能：

1）通过过程层合并单元、智能终端间的 SV/GOOSE 报文，监视各 IED 装置的故障、告警、实时信息（电压、电流、温度等），监视 SV/GOOSE 网络的流量、网络风暴、节点突增、通信超时、通信中断等。

2）采集保护测控装置的 MMS 报文，校验各设备相应的服务模型及信号上送是否正常。

3）按周期对获取的运行数据进行分析并记录，对不同参量的变化趋势进行分析，并给出装置相应的趋势性评估等级。

（3）保护动作信号。评估继电保护装置动作行为的正确性及时间特性，检查装置单体功能和整组时间是否满足要求。对于双套配置的继电保护，检查两套保护装置的动作行为是否一致，包括各自的动作元件及出口时间；检查重合闸动作是否成功，报文是否完整（是否有整组返回信号），保护动作评估见表 8-10。

表 8-10 保护动作评估表

动作出口报文的时间差（ms）	动作元件是否一致	保护动作出口至断路器位置变位时间差（ms）	分值	权重
<20	Y	<100	3	X_i、Y_i、Z_i
≥20	N	≥100	0	

由于厂站端数据信息量有限，可在主站端结合其他站的数据对保护动作行为的正确性进行判断。保护出口时间差、动作元件一致性和整组时间特性校验后分别乘以权重 X_i、Y_i 和 Z_i，取最小值记为结果 K_6。综合对各装置进行评估子项的计算，加权后得出装置的最终得分。

二次设备状态评估系统实现基于多参量模型的评估与诊断，二次设备状态评估系统功能架构如图 8-26 所示。评估子站功能模块分为采集模块、评估运算模块和通信服务模块，分别负责全站二次设备 GOOSE/SV/MMS 报文采集，数据计算处理以及评价结果和相关数据上传至主站。评估主站主要包括数据服务器、应用服务器和图形显示器，分别实现子站数据的采集入库、数据分析及展示。配置 Web 服务器用于向生产管理大区发布变电站二次设备状态评估结果。

装置的评价周期可根据需要调整，例如 1、3、7 天。其中趋势性评估算法的周期为 10min，损失性评估为实时进行。对于其他评估参量，如运行时间、家族性缺陷等，留有独立界面供管理人员录入，并参与对装置整体的评估。在一个评估周期内，对装置的扣分是累加且不可逆的，即在本周期内发生的异常，若消除，则在下一周期恢复正常值，本周期内不恢复；若未消除，则在下个周期内继续保持低得分。其中装置运行时间参量是不可逆的，即随着装置运行时间的增长，装置的得分按照时间段呈现下降趋势，超过 12 年后该项所占比例逐步增大，即装置得分的下降速度加快。

8.3.2 基于 MAC 地址匹配的网络拓扑识别技术

简单网络管理协议（SNMP）是一种基于管理工作站/代理模式的网络设备交互方法。

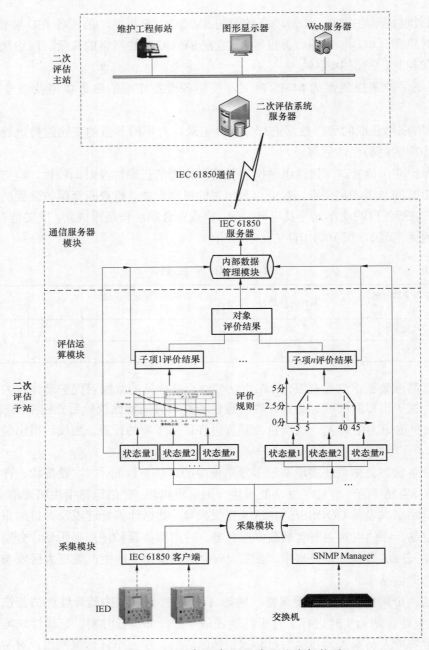

图 8-26　二次设备状态评估系统功能架构图

管理信息库（MIB）是一个标准文档，它描述了代理能够为管理工作站提供的信息内容，以及管理工作站对这些信息的操作权限。对象标识符（OID）是 SNMP 代理提供的具有唯一标识的键值，MIB 提供数字化 OID 到可读文本的映射。通过 SNMP 操作读取交换机 OID 值便可获得交换机网络拓扑识别所需的信息，但是由于智能变电站中的 IED 没有 SNMP 代理功能，也就无法直接通过 SNMP 来获取含 IED 的交换机网络及设备的完整拓扑信息。

改扩建及运维检修过程中，网络拓扑结构时常发生变更，有必要实时掌握整个变电站网络系统的拓扑状态，但是目前缺乏有效的方法和工具来动态地反映变电站网络及设备拓扑结构的状态。

为了克服现有的网络拓扑识别方法无法动态获得变电站网络及设备拓扑的不足，可以结合变电站配置文件 SCD 和 SNMP 协议，基于 MAC 源地址匹配对智能变电站网络设备的拓扑进行动态识别。

基于 MAC 地址匹配的智能变电站网络拓扑动态识别方法具体由以下四部分组成。

1. 配置模块

该模块用于完成智能变电站网络拓扑动态识别的必要配置，包括：

（1）导入待识别智能变电站的 SCD 配置文件，并通过程序处理将其简化，仅包含变电站通信配置、IED 的描述、名字等必要信息；

（2）选择报文侦听端口（即网络接口卡）；

（3）SNMP 参数配置，包括 SNMP 版本（如 version1、version2c）和端口（161）等；

（4）自动搜索出网段内所有交换机的管理 IP 地址。

保存以上四步配置信息，下次使用时可以直接导入已保存的配置文件，用于下一步智能变电站网络设备拓扑识别模块。

2. 网络设备拓扑识别模块

（1）通过自动解析智能变电站 SCD 配置文件获得 IED 的 IP 或组播地址和 IED 名称之间的对应关系，并存储到相应的数据结构中，IED 名称及其 IP 地址的对应关系表和 IED 名称及其组播地址的对应关系分别如图 8-27 和图 8-28 所示。对于接入站控层网络交换机的 IED，解析并存储 IED 名称及其 IP 地址。例如，图 8-27 中 IP 地址为 172.20.50.11 的 IED 名称为 PB5011A；对于接入过程层网络交换机的 IED，解析并存储 IED 名称及其组播地址。又如，图 8-28 中组播地址为 01-0C-CD-01-02-11 的 IED 名称为 IB5011A。图 8-27 中的 IP 地址字段、图 8-28 中的组播地址字段在变电站域内是唯一的，分别作为两表的主键。

Tbl_IP_IED	
IED_IP	IED_Name
172.20.50.11	PB5011A
...	...

图 8-27 IED 名称及其 IP 地址的对应关系表

Tbl_MultiAddr_IED	
IED_MultiAddr	IED_Name
01-0C-CD-01-02-11	IB5011A
...	...

图 8-28 IED 名称及其组播地址的对应关系表

（2）通过报文捕获分析程序实时解析断面报文，获取源 MAC 地址（即 IED 的以太网端口 MAC 地址）和 IP 地址（即 IED 的 IP 地址）或目的 MAC 地址（即 IED 的组播地址）间的对应关系。对于智能变电站站控层网络（MMS）交换机，通过捕获分析 TCP/IP 报文可以得到 IED 的以太网端口 MAC 地址和 IED 的 IP 地址之间的对应关系，如图 8-29 所示，源 MAC 地址 08-00-AC-14-32-0B 对应的 IP 地址是 172.20.50.11。对于二层交换机，图 8-29 中 MAC 地址为以太网报文中的源 MAC 地址，即所连接终端设备以太网端口的 MAC 地址，与 IED 的 IP 地址有唯一对应的关系。

　　对于智能变电站过程层网络（GOOSE、SV）交换机，通过报文捕获分析 GOOSE、SV 报文可以得到 IED 的以太网端口 MAC 地址和 IED 的组播地址之间的对应关系，如图 8-30 所示，源 MAC 地址 08-00-C0-A8-01-01 对应的 IED 组播地址是 01-0C-CD-01-02-11。图 8-30 中 MAC 地址为以太网报文中的源地址，组播地址为以太网报文中的目的地址，对于智能设备过程层应用而言，图 8-30 中 MAC 字段即所连接终端设备以太网端口的 MAC 地址，与 IED 过程层配置的组播地址是一对多的关系，而同一以太网端口的 MAC 地址所对应的一组组播地址又将唯一对应到某台 IED 设备。

Tbl_MAC_IP	
MAC	IED_IP
08-00-AC-14-32-0B	172.20.50.11
…	…

Tbl_MAC_MultiAddr	
MAC	IED_MultiAddr
08-00-C0-A8-01-01	01-0C-CD-01-02-11
…	…

图 8-29　源 MAC 地址和 IED 的 IP 地址对应表　　图 8-30　源 MAC 地址和 IED 的组播地址对应表

　　（3）利用 SNMP 从标准管理信息库 MIB-II（RFC-1213 定义）中采集交换机 MAC 地址转发表信息。通过 SNMP 的 Get/GetNext 操作读取"dot1dTpFdbTable"表（RFC 4188 定义）中的 MAC 地址（dot1dTpFdbAddress）和交换机端口号（dot1dTpFdbPort）（对应的 MIB 对象 OID 值分别为 1.3.6.1.2.1.17.4.3.1.1 和 1.3.6.1.2.1.17.4.3.1.2），将读取的值存储到数据结构中，从而获得交换机的 MAC 地址转发表信息，如图 8-31 所示，即转发地址（MAC）和交换机端口的对应关系表。在图 8-31 中，MAC 地址

Tbl_MAC_Port	
MAC	Switch_Port
08-00-AC-14-32-0B	6
08-00-C0-A8-01-01	8
…	…

图 8-31　交换机 MAC 地址转发表

08-00-AC-14-32-0B 和 MAC 地址 08-00-C0-A8-01-01 在交换机注册的端口为 6 和 8，图中 MAC 字段为主键，即所连接终端设备以太网端口的 MAC 地址，具有唯一性约束。

　　（4）以 MAC 地址为外键匹配上述三个子模块生成的基于 MAC 地址匹配的多表对应关系和 IED 名称的对应关系，分别如图 8-32 和图 8-33 所示。

　　1）如图 8-32 中①所示，以 IED 的 IP 地址（如 172.20.50.11）为外键匹配表 Tbl_MAC_IP 和表 Tbl_IP_IED 得到 MAC 地址和 IED 名称之间的对应关系（MAC 地址 08-00-AC-14-32-0B 对应 IED 名称 PB5011A）；以 IED 的组播地址（如 01-0C-CD-01-02-11）为外键匹配表 Tbl_MAC_MultiAddr 和表 Tbl_MultiAddr_IED 得到 MAC 地址和 IED 名称之间的对应关系（MAC 地址 08-00-C0-A8-01-01 对应的 IED 名称为 IB5011A）；

　　2）如图 8-32 中②所示，以 MAC 地址为外键（如 08-00-AC-14-32-0B）匹配表 Tbl_MAC_Port 和表 Tbl_MAC_IED 得到交换机端口号和 IED 名称之间的对应关系（如 6 号端口连接的 IED 名称是 PB5011A），完成交换机与端口所连接 IED 之间的拓扑识别。同理，通过 MAC 地址 08-00-C0-A8-01-01 找到交换机 8 号端口对应的 IED 名称为 IB5011A。至此，完成交换机与端口上所接的 IED 之间的拓扑识别。

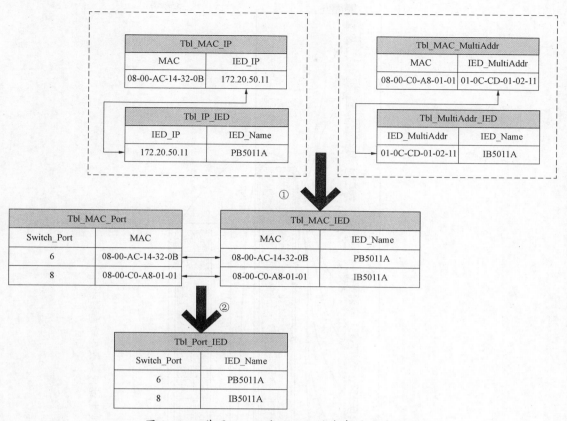

图 8-32　基于 MAC 地址匹配的多表对应关系图

Tbl_Port_IED	
Switch_Port	IED_Name
6	PB5011A
8	IB5011A
…	…

图 8-33　交换机端口和 IED 名称对应表

（5）通过 SNMP 获取交换机链路层发现协议（LLDP）邻居表识别交换机之间的拓扑关系，结合第（4）子模块实现的交换机与所接 IED 之间的拓扑识别，这样最终获得整个智能变电站网络的拓扑信息。通过 SNMP 的 Get/GetNext 操作读取"lldpRemTable"表（LLDP-MIB 中定义）中的邻近交换机管理地址（lldpRemChassisId）和邻近交换机端口号（lldpRemPortId）（对应的 MIB 对象 OID 值分别为 1.0.8802.1.1.2.1.4.1.1.5 和 1.0.8802.1.1.2.1.4.1.1.7），将读取的值存储到数据结构中，从而获得本侧交换机的 LLDP 表信息。本侧交换机的 LLDP 表中存储了对侧邻近交换机的管理地址和端口号等信息，但本侧交换机的端口号信息是不可读的，需要通过读取并查询对侧邻近交换机 LLDP 表的方法获得本侧交换机端口号信息，结合本侧交换机 LLDP 表中已经获取的信息，得到本侧交换机的端口号、邻近交换机的管理地址和端口号。根据上述方法可以获得各交换机间的拓扑信息。

3. 可视化模块

利用此动态识别方法获得某智能变电站网络设备动态拓扑如图 8-34 所示。

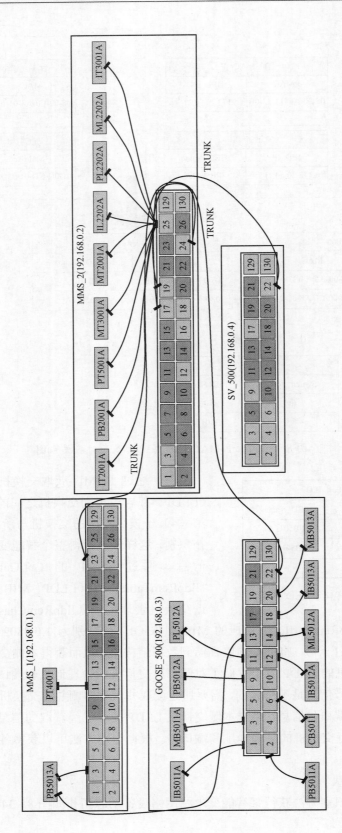

图 8-34 某智能变电站网络设备动态拓扑图

通过 SNMP 的 Get/GetNext 操作读取"ifTable"表（RFC 1213 定义）中的交换机的端口号（ifIndex）、端口描述（ifDescr）和端口运行状态（ifOperStatus）（对应的 MIB 对象 OID 值分别为 1.3.6.1.2.1.2.2.1.1，1.3.6.1.2.1.2.2.1.2 和 1.3.6.1.2.1.2.2.1.8），将读取的值存储到数据结构中，从而获得交换机的端口状态信息。图 8-34 中，交换机端口颜色为浅灰色时表示该端口的运行状态为正常连接，深灰色时表示该端口的运行状态为断开连接。

4. 事件触发模块

该模块通过交换机的 Trap 机制来监听交换机端口的通断状态，并依此判断是否触发智能变电站网络拓扑识别模块和可视化模块的执行，更新智能变电站网络拓扑结构图。如果事件触发模块收到交换机主动上送的 linkDown Trap 或 linkUp Trap 消息（表明交换机探测到有一个通信链路失败或恢复），程序将自动运行网络拓扑识别和展示功能，实现网络拓扑的动态更新；如果事件触发模块未收到任何 Trap 消息，则保持现有的网络拓扑结构不变。

8.3.3　基于举证表的二次回路故障诊断与故障定位

智能变电站二次设备在运行过程中发生的通信故障，通常由通道故障导致。在设备通信链路监视功能无法定位到节点时，需要维护人员依据通信链路状态逐一排查，这也是智能变电站运行维护中常见的问题。

二次设备物理端口模型是实现通信虚回路与物理实回路之间"虚实对应"的重要技术措施，是二次回路可视化、通信链路故障诊断的基础模型。从 SCD 文件中提取了物理端口信息和虚回路信息，通过拓扑搜索得到了每条虚回路对应的物理通道节点集合。由于一条物理通道上承载了多条通信链路，物理通道故障会导致多条通信链路同时故障。通道故障是产生通信故障的充分条件，若设备通信正常，则其通道节点也一定是正常的。在分析通信链路故障时，不仅要检查分析故障通信链路所对应的通道节点，还要根据正常通信链路排除对应通道节点发生故障的可能性，缩小故障定位的范围。因此，综合利用全网设备通信链路状态，用正常通信链路和异常通信链路为所对应的物理通道节点故障可能性"举证"，再根据多方举证的结果判断最有可能发生故障的通道节点，实现过程层通道故障定位，实现该算法的数据模型称为故障举证表。

1. 实现步骤

（1）获取设备过程层的物理端口信息、虚端子信息和通信链路告警信息。通过解析工程数据库文件，遍历 IED 过程层相关的 ConnectedAP 元素获得 IED 名称（iedName）、连接点名称（apName）、物理端口号（Port）和端口所连接光纤名称（Cable），生成设备过程层物理端口信息表；设备过程层物理端口信息表中的因素包括 IED 名称（iedName）、连接点名称（apName）、物理端口号（Port）和端口所连接光纤名称（Cable）。

通过解析工程数据库文件，遍历 IED 过程层相关的 Inputs 元素获得 IED 名称（iedName）、虚端子连线（extRef），从虚端子连线中提取接收端口号（intPort）和外部 IED 名称（extIed），从外部 IED 的数据集中匹配发送虚端子，获取外部 IED 的访问点（extAp），根据虚端子连线（extRef）的排序定义逻辑通信链路名称（ConnId），并从 IED 的链路告警数据集中搜索得到逻辑通信链路的告警信号索引（AlarmRef），生成设备过程层逻辑通信链路信息表；设备过程层逻辑通信链路信息表中的因素包括 IED 名称（iedName）、逻辑通信链路名称（ConnId）、接收端口号（intPort）、外部 IED 名称（extIed）、外部 IED 的访问点（extAp）和告警信号索引（AlarmRef）。

（2）获取设备过程层逻辑通信链路所对应的物理通信链路。以设备过程层逻辑通信链路信息表中的 IED 名称（iedName）和接收端口号（intPort）为起点，在设备过程层物理端口信息表中根据所对应的光纤名称（Cable）单向查找所述光纤所连接的对侧设备的物理端口信息，若对侧设备是交换机，继续查找交换机其他端口所连接设备的物理端口信息，直至设备物理端口信息中的 IED 名称（iedName）和连接点名称（apName）与设备过程层逻辑通信链路信息表中的外部 IED 名称（extIed）和外部 IED 的访问点（extAp）匹配。

将生成的设备过程层逻辑通信链路信息表中的每条逻辑通信链路按上述方式搜索，并将搜索过程中产生的搜索路径中涉及的设备名称、板卡号、端口号和光纤名称作为所述逻辑通信链路所对应的物理通信链路节点集合（PhysSet）。

（3）融合逻辑通信链路及所对应的物理通信链路，建立设备过程层通信故障举证表。将 IED 名称（iedName）、逻辑通信链路名称（ConnId）、逻辑通信链路告警信号索引（AlarmRef）、逻辑通信链路告警值（Alarm）作为通信故障举证表的前四列，将生成的全部逻辑通信链路所对应的物理通信链路节点集合（PhysSet）汇总并去除重复项，作为故障举证表的其他列。

将生成的设备过程层逻辑通信链路信息表中的 IED 名称（iedName）、逻辑通信链路名称（ConnId）、逻辑通信链路告警信号索引（AlarmRef）依次对应到过程层通信故障举证表中，根据对应的物理通信链路节点集合（PhysSet）在通信故障举证表找到对应的单元格，对应单元格的值为引用本行的逻辑通信链路告警值（Alarm）单元格的值，其他单元格的值为空。

通信故障举证表的新增统计行进行举证统计值计算，新增统计行对应物理故障节点列的单元格中的举证统计值的生成规则为：如果同一列的单元格的值中有 0，则所述列对应的新增统计行的单元格的值为 0；否则，所述列对应的新增统计行的单元格的值为所述列其他单元格中非空值的和。

最终产生的设备过程层通信故障举证表包括 IED 名称（iedName）、逻辑通信链路名称（ConnId）、逻辑通信链路告警信号索引（AlarmRef）、逻辑通信链路告警值（Alarm）、物理通信链路节点集合（PhysSet）和举证统计值。

通过在过程层和站控层网络中监视举证表中每条逻辑通信链路的告警信息，将逻辑通信链路告警值（Alarm）写入故障举证表中，完成故障举证过程，统计每个物理故障节点的举证值，将举证值最大的物理故障节点作为故障定位结果。

根据故障定位结果，扫描智能标签获取故障点通信链路参数和虚回路信息，加载测试报文，验证故障点的正确性。

基于全站物理和虚拟拓扑连接，采用举证表快速定位智能变电站设备在过程层网络中通信故障位置方法如图 8-35 所示。

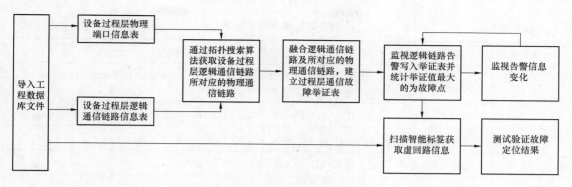

图 8-35　故障定位方法

2. 具体应用

以某 220kV 智能变电站线路间隔过程层网络为例，其中：PL 为线路保护，PM 为母差保护，CL 为线路测控，MU 为线路合并单元，IL 为线路智能终端，SW1 为间隔交换机，SW0 为中心交换机，过程层设备与继电保护之间采用直连光纤通信，与测控装置之间采用网络通信，220kV 线路间隔过程层网络示意如图 8-36 所示。

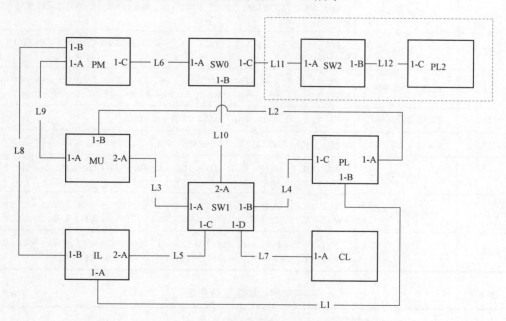

图 8-36　220kV 线路间隔过程层网络示意图

图 8-36 实例中过程层网络共计 9 台装置、12 块板卡、24 个端口、12 根光纤，可能的故障点有 57 个。根据过程层通道的拓扑搜索方法得到虚回路对应的故障节点集合，见表 8-11。

将故障节点集合汇总并删除重复项后，得到 57 个故障节点，形成故障举证表。以下将分装置故障、板卡故障、端口故障、光纤故障四种类型模拟推演故障举证表定位，定位结果见表 8-12。

表 8-11　　　　　　　　　　　示例中的故障节点集合表

虚回路	虚回路信号	故障节点集合
G1	母差远跳线路 1	PL, PL.1, PL.1-C, PM, PM.1, PM.1-C, SW0, SW0.1, SW0.1-A, SW0.1-B, SW1, SW1.1, SW1.1-B, SW1.2, SW1.2-A, L4, L6, L10
G2	线路开关位置	IL, IL.1, IL.1-A, PL, PL.1, PL.1-B, L1
G3	线路保护直采	MU, MU.1, MU.1-B, PL, PL.1, PL.1-A, L2
G4	线路保护直跳	IL, IL.1, IL.1-A, PL, PL.1, PL.1-B, L1
G5	母线保护直跳	IL, IL.1, IL.1-B, PM, PM.1, PM.1-B, L8
G6	遥控	IL, IL.2, IL.2-A, CL, CL.1, CL.1-A, SW1, SW1.1, SW1.1-C, SW1.1-D, L5, L7
G7	智能终端遥信 1	IL, IL.2, IL.2-A, CL, CL.1, CL.1-A, SW1, SW1.1, SW1.1-C, SW1.1-D, L5, L7
G8	智能终端遥信 2	IL, IL.2, IL.2-A, CL, CL.1, CL.1-A, SW1, SW1.1, SW1.1-C, SW1.1-D, L5, L7
G9	合并单元告警	MU, MU.2, MU.2-A, CL, CL.1, CL.1-A, SW1, SW1.1, SW1.1-A, SW1.1-D, L3, L7
G10	遥测	MU, MU.2, MU.2-A, CL, CL.1, CL.1-A, SW1, SW1.1, SW1.1-A, SW1.1-D, L3, L7
G11	线路 1 启动失灵	PL, PL.1, PL.1-C, PM, PM.1, PM.1-C, SW0, SW0.1, SW0.1-A, SW0.1-B, SW1, SW1.1, SW1.1-B, SW1.2, SW1.2-A, L4, L6, L10
G12	母差隔离开关位置	IL, IL.1, IL.1-B, PM, PM.1, PM.1-B, L8
G13	母差直采	MU, MU.1, MU.1-A, PM, PM.1, PM.1-A, L9
G14	电压切换	MU, MU.2, MU.2-A, IL, IL.2, IL.2-A, SW1, SW1.1, SW1.1-A, SW1.1-C, L3, L5
G15	母差远跳线路 2	PL2, PL2.1, PL2.1-A, PM, PM.1, PM.1-C, SW0, SW0.1, SW0.1-A, SW0.2, SW0.2-A, SW2, SW2.1, SW2.1-A, SW2.1-B, L6, L11, L12
G16	线路 2 启动失灵	PL2, PL2.1, PL2.1-A, PM, PM.1, PM.1-C, SW0, SW0.1, SW0.1-A, SW0.2, SW0.2-A, SW2, SW2.1, SW2.1-A, SW2.1-B, L6, L11, L12

表 8-12　　　　　　　　　　　示例中的故障定位结果表

故障点	故障虚回路	疑似故障点	故障定位结果
L1	G2, G4	7	IL.1-A, PL.1-B, L1
L4	G1, G11	18	PL.1-C, SW0.1-B, SW1.1-B, SW1.2, SW1.2-A, L4, L10
SW1.1-D	G6, G7, G8, G9, G10	12	CL, CL.1, CL.1-A, SW1.1-D, L7
IL.1	G2, G4, G5, G12, G14	7	IL.1
MU	G3, G9, G10, G13, G14,	7	MU
SW0	G1, G11, G15, G16	17	PM.1-C, SW0, SW0.1, SW0.1-A, L6

以上总共分析了六个故障案例，当出现上述虚回路通信故障时，若人工排查每条虚回路涉及的通道故障点，由于疑似的故障点多，排查工作量很大；采用故障举证表定位方法能够很大程度上缩小疑似故障范围，减少排查工作量。

8.4　二次系统智能安措技术

8.4.1　基于二次回路比对的智能变电站调试及安全措施

与常规变电站不同的是，智能变电站采用系统配置描述（SCD）文件描述二次回路设计。SCD 文件包含了智能电子设备（IED）通信中的数据信息、数据类型、通信参数、控制块参数、装置间的联系，尤其是跳合闸、采样等关键的二次回路信息。在智能变电站的新建和改扩建过程中，会涉及对 SCD 文件内容的修改，从而会形成不同版本的 SCD 文件。智能变电站二次系统调试的重要工作是通过设计适当的调试方案，验证应用最新 SCD 文件形成的二次回路的正确性。调试方案一般是针对系统改动后需要验证的部分而设计的，因此希望通过一种差异性比对的方式得到 SCD 文件改动的内容，用于指导调试方案的制定。

SCD 文件是由变电站配置描述语言（SCL）描述的文本文件，无法直观体现通信参数、信号关联等二次回路配置信息，通过纯文本比对方式得到的结果可读性差，不利于理解。一方面，基于语义解析的 SCD 文件差异性比对方法将原本不易理解的文本解析成 SCL 元素进行比对，增强了差异内容的可读性，但比对的结果是某些单独的 SCL 元素差异，并没有从装置调试的角度完整清晰的表达二次回路改动的内容，难以直接指导调试方案的设计。另一方面，智能变电站改扩建调试验证过程中，调试方案还要包括与运行系统搭接所需的安全措施，这就要求差异文件能够表达出回路试验所影响的运行设备范围，这也是此方法难以实现的。因此需要一种能够完整描述装置过程层二次回路信息的特征文件，通过文件比对反映二次回路本质的变动，有利于指导调试方案的制定。

8.4.1.1　二次回路文件比对方法

1. 二次回路文件

智能变电站过程层通信采用发布/订阅机制，通信参数、数据通道等信息在 SCD 文件中配置。通过对过程层配置文件的深入分析发现，支撑过程层发布/订阅通信的核心参数分为三类：

（1）发布/订阅的控制块配置信息，包括通信参数和数据通道，它描述了协议的基本参数和数据结构，是过程层通信的基础；

（2）控制块与内部变量之间映射的私有地址信息，一般采用短地址描述，它描述了装置内部变量与协议的映射，是过程层业务的基础；

（3）控制块与装置物理端口之间的配置信息，它描述了装置物理端口与业务的绑定关系，是过程层通信的具体表现。

前两类参数决定了 IED 之间的逻辑业务实质，第三类参数是为了满足多端口业务应用的客观需求，这类参数也是过程层配置的必要参数。

综上所述，凡是能完整描述上述三类参数配置的文件都可以作为过程层二次回路文件。Q/GDW 1396—2012《IEC 61850 工程继电保护应用模型》提出了一种过程层虚端子 CRC 计算方法，计算 CRC 所用的 IED 过程层虚端子配置文件描述了 GOOSE 发布（GOOSEPUB 元素）、GOOSE 订阅（GOOSESUB 元素）、SV 发布（SVPUB 元素）、SV 订阅（SVSUB 元素）所需的通信参数、控制块信息和物理端口信息，既是 IED 过程层通信配置的最小集合，也是 IED 过程层二次回路行为的直接表达。

二次回路文件结构如图 8-37 所示，二次回路文件所描述的配置信息可分为通信参数和数据通道两类，这与 GOOSE、SV 报文结构是类似的。下文将采用这种分类方式，实现对二次回路文件的分类比对，并将这种分类的比对结果映射到不同的调试项目。

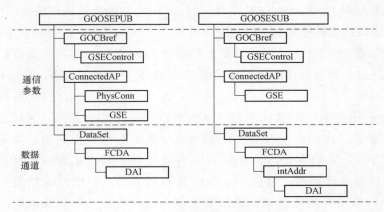

图 8-37　二次回路文件结构图

2. 比对方法

二次回路变动最终反映在 IED 之间通信的变化，二次回路文件与 IED 过程层通信信息相关，为了将比对结果直接应用于调试项目的制定，提出基于通信协议语义的二次回路文件比对方法。具体方法如下：

（1）生成 CRC 文件。根据 Q/GDW 1396—2012《IEC 61850 工程继电保护应用模型》提出的过程层虚端子 CRC 计算方法，计算二次回路文件的 CRC 校验码，形成以 IED 名称为主键、CRC 校验码为值的键值对列表文件（CRC 文件）。

（2）CRC 文件比对得到 IED 的差异。将生成的 CRC 文件按 IED 名称升序排列，形成升序排列的键值对列表；再根据主键（IED 名称），将两个键值对列表进行交叉比对，具体方法为：如同一比较域内出现主键增加，则判定为 IED 增加项；如出现主键减少，则判定为 IED 删减项；如出现主键相同，则根据键值（CRC 值）判定是否相同，若不同则判定为 IED 差异项。最后将差异的 IED 存入差异文件，并赋予差异代码：增加的为 NEW，删减的为 DEL，差异的为 DIFF。

（3）过程层控制块比对，得到发布/订阅控制块差异。分为 GOOSE 发布、GOOSE 订阅、SV 发布、SV 订阅四部分控制块比对，以 GOOSE 发布控制块比对为例，其余三部分的比对过程类似：

GOOSE 发布控制块比对。将二次回路文件的 GOOSE 发布控制块按控制块索引名称为主键升序排列，并记录控制块排序前的序号，排序后交叉比对，具体方法与 CRC 文件交叉比对过程类似，此处不再赘述。不同的是，如出现主键（控制块索引名）相同，则比较控制块排序前的序号，并继续按步骤（4）、（5）比对控制块的通信参数和数据通道，根据比对结果判定是否相同，若不同则判定为 GOOSE 发布控制块差异项。最后将差异的 GOOSE 发布控制块存入差异文件，并赋予差异代码。

（4）通信参数比对。GOOSE 发布和 GOOSE 订阅的通信参数比对项为：MAC 地址、VLAN－ID、VLAN 优先级、APPID、控制块索引、数据集索引、GOID 和版本号 ConfRev，将差异部分存入差异文件，并赋予差异代码。SV 发布和 SV 订阅的通信参数比对项为：MAC 地址、VLAN－ID、VLAN 优先级、APPID、SVID 和版本号 ConfRev。将差异部分存入差异文件，并赋予差异代码。

（5）数据通道比对。GOOSE 发布和 SV 发布的数据通道比对项为：数据通道数目、数据通道序号、数据类型、发布虚端子索引和短地址。GOOSE 订阅和 SV 订阅的数据通道比对项为：数据通道数目、数据通道序号、数据类型、接收虚端子索引和短地址。将差异部分存入差异文件，并赋予差异代码。

至此，二次回路文件比对过程结束，并生成差异文件，差异文件的结构与二次回路文件类似，区别是在每个元素中增加了差异代码，用于标记差异类型。

8.4.1.2 调试及安全策略生成方法

1. 二次回路差异与调试项目的关系

变电站二次系统调试项目一般可分为单体调试、整组调试。与二次回路相关的单体调试项目可分为 GOOSE 开入测试、GOOSE 开出测试、SV 输入测试、SV 输出测试。整组调试是验证设备间联系的重要调试手段，改动的二次回路需要通过整组调试的方法验证二次回路的正确性。

分析生成的差异文件中 GOOSE 发布、GOOSE 订阅、SV 发布、SV 订阅的控制块、通信参数、数据通道等差异类型与调试项目的关系，二次回路差异与调试项目对应见表 8－13。

表 8－13　　　　　二次回路差异与调试项目对应表

二次回路差异类型	调试项目
发布通信参数	输出通信参数检查
发布数据通道	输出一致性检查
订阅通信参数	输入通信参数检查
订阅数据通道	输入单体调试＋整组调试
订阅链路序号	链路告警一致性检查

根据表 8-13 的对应关系，由差异文件形成调试方案的具体步骤为：

（1）遍历差异文件中 GOOSE/SV 发布的配置信息，分析控制块差异、通信参数差异、数据通道差异，形成调试方案中的调试项目。当发布控制块的差异代码为 NEW 或 DIFF 时，需要对 IED 开展 GOOSE/SV 输出的单体调试，具体调试项目为：当通信参数的差异代码为 NEW 或 DIFF 时，调试项目为 GOOSE/SV 输出的通信参数检查，检查 IED 发出的 GOOSE/SV 数据的通信参数应与差异文件中改动后的通信参数一致；当数据通道的差异代码为 NEW 或 DIFF 时，调试项目为 GOOSE/SV 输出的一致性检查，通过 IED 功能测试，检查 IED 发出的 GOOSE/SV 应与差异文件中改动后的数据通道一致。

（2）遍历差异文件中 GOOSE/SV 订阅的配置信息，分析控制块差异、链路序号、通信参数差异、数据通道差异，形成调试方案中的调试项目。当订阅控制块的差异代码为 NEW 或 DIFF 时，需要对 IED 开展 GOOSE/SV 输入的单体调试或整组调试，具体调试项目为：当通信参数的差异代码为 NEW 或 DIFF 时，仅需要开展 GOOSE/SV 输入的单体调试，调试项目为 GOOSE/SV 输入的通信参数检查，检查 IED 接收的 GOOSE/SV 数据的通信参数应与差异文件中改动后的通信参数一致，检查 IED 装置的 GOOSE/SV 输入链路无异常告警；当数据通道的差异代码为 NEW 或 DIFF 时，除需要开展 GOOSE/SV 输入的单体调试调试项目外，还要开展 GOOSE/SV 输入整组调试，从发送侧 IED 输出 GOOSE/SV，检查 IED 输入的 GOOSE/SV 应与差异文件中改动后的数据通道一致；当接收链路序号为 NEW 或 DIFF 时，需要开展接收链路断链告警一致性检查，模拟接收链路中断，检查 IED 上送监控系统的链路告警描述应与实际链路一致。

2. 试验设备与运行设备的分界面

在变电站改扩建工程调试中，试验设备在完成局部调试后，需要与运行设备完成系统搭接并开展相关二次回路的整组调试项目，此时配合搭接的运行设备也要停电试验，有效的划分试验设备和运行设备的分界面是改扩建工程调试验收的重要安全保障，以达到试验系统与运行系统安全隔离的目的。

界定试验设备和运行设备分界面的重要原则是订阅试验设备发布数据，基本方法是对整组试验设备相关的二次回路进行关联性分析。

（1）生成 TX2 文件。遍历全部 IED 二次回路文件的 GOOSE 订阅和 SV 订阅部分，记录控制块索引名称和接收 IED 名称，得到"控制块-IED"一对多的二维表关系文件（TX2 文件），表示某个发送控制块被哪些 IED 所订阅，用于查询二次回路整组试验所影响的运行设备范围。

（2）在生成的调试项目中，先将涉及整组调试的发送 IED 和接收 IED 标定为试验设备；再根据试验设备 GOOSE/SV 发布控制块的索引名称，在 TX2 文件中搜索订阅此发布控制块的 IED（排除已标定的试验设备），从 IED 的差异文件中搜索得到 IED 的差异代码，若差异代码不是 NEW，将此 IED 标定为运行设备；遍历运行设备 GOOSE/SV 接收控制块，若控制块的发布 IED 是试验设备，则将此控制块标定为试验系统和运行系统的边界回路。

8.4.1.3　方法的验证

图 8-38 为 500kV 智能变电站线路扩建线路间隔示意图，其中：PL 为线路保护，PM 为母差保护，CL 为线路测控，MB 为合并单元，IB 为智能终端。以继电保护保护单重化配置为例，根据上述方法分析扩建后二次回路文件差异，9 台设备需要开展整组调试项目，整组调试安全分界面见表 8-14。

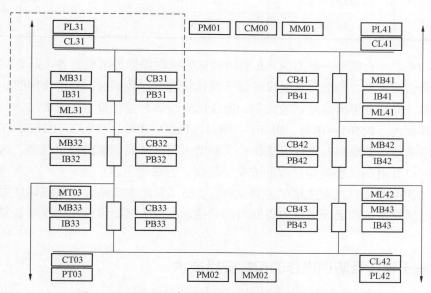

图 8-38　500kV 智能变电站扩建线路间隔示意图

表 8-14　　　　　　　　　示例中的整组调试安全分界面

试验设备	整组调试项目	配合试验设备	运行设备
CB31	GOOSE 整组	IB31，MB31	/
	SV 整组	MB31，ML31，MM01	CB41，CM00
CB32	SV 整组	ML31	/
CL31	GOOSE 整组	ML31	/
	SV 整组	MB31，MB32，ML31	CB32
IB31	GOOSE 整组	PL31，PM01，PB31，PB32，CB31	IB32，PB41，IB41，PT03，IB33
IB32	GOOSE 整组	PL31，PB31	PB32，PM01
PB31	GOOSE 整组	IB31，PL31，PM01，PB32	PB32，IB32，PB41，IB41，PT03，IB32，IB33
	SV 整组	MB31	
PB32	GOOSE 整组	PL31，PB31	PB32，IB32，PM01

试验设备	整组调试项目	配合试验设备	运行设备
PL31	GOOSE 整组	IB31，IB32，PB31，PB32	PB32，CB32，IB32，PM01，PT03，IB33
	SV 整组	MB31，MB32，ML31	CB32
PM01	GOOSE 整组	PB31	PB32，IB32
	SV 整组	MB31	/

表 8-14 中 6 台需要开展 GOOSE 整组调试的继电保护为试验设备，其订阅的发送侧设备为配合试验设备，当配合试验设备处于调试状态发送数据时，其接收侧的非试验设备是运行设备，安全分界面即是试验设备、配合试验设备与运行设备之间的二次回路。示例中安全分界面为：PM01→IB41，PM01→PB41，PB32→IB33，PB32→PT03。在实际工程中，由于停电范围的限制，往往无法在一次停电中同时开展全部的调试任务，这就要根据停电范围可以开展的试验制定局部的安全分界面，方法与上述一致。

利用二次回路文件比对生成的差异文件，实现了智能变电站二次系统调试方案的自动生成，通过试验系统和运行系统边界回路的扫描，实现了试验设备和运行设备安全分界面的划分。

8.4.2　基于软压板防误操作的智能安措技术

随着 IEC 61850 的应用，智能变电站实现了信号的数字化、网络化，二次设备结构发生了变化，二次回路也由电缆回路变成了数字化的光纤回路，原继电保护装置功能硬压板以及回路出口硬压板也由相应的软压板替代。软压板可实现对装置功能及回路状态的远方遥控操作，提高了操作的效率，也为变电站无人值守和调控一体化提供技术条件，具有一定优越性。

软压板的投/退操作是智能变电站日常运维检修的主要操作任务之一，很多地区已实现了站内监控后台远方遥控操作软压板，而且正逐步向调控中心远方遥控操作发展。目前，软压板远方遥控操作仅受装置的"远方操作"硬压板和"远方投退压板"软压板的状态影响，没有其他闭锁条件，很可能由于操作不当而误投/退软压板，导致继电保护功能误动作或误闭锁，直接威胁到电网第一道防线的可靠、正确运行。本节提出一种智能变电站继电保护软压板防误操作方法和防误逻辑生成方法，监控后台中基于一次、二次设备的运行状态及告警信号，判断继电保护软压板遥控操作引起的后果，有效避免误操作的安全隐患，提升操作正确率，为电网安全运行提供技术保障。

8.4.2.1　软压板应用情况

变电站内二次设备的软压板主要分为功能软压板、出口软压板、接收软压板三大类。功能软压板直接决定装置的某项功能是否投入，如纵联差动保护、距离保护、停用重合闸等功能；出口软压板决定继电保护装置是投跳闸还是投信号，如跳闸、重合闸、失灵等出口；接收软压板分为 SV 接收软压板和 GOOSE 接收软压板，前者决定装置是否正常处理该 SV 数据，后者决定装置是否正常处理该 GOOSE 信号，仅母线保护和主变压器保护设置 GOOSE 启动失灵开入、GOOSE 失灵联跳开入接收软压板。因此软压板直接决定了二次设备的运行状态，尤其是继电保护的软压板，直接关系到电网第一道防线的可靠、正确运行。继电保护软压板作用及误操作影响见表 8-15。

表 8-15 继电保护软压板作用及误操作影响

类型	作用		影响
功能压板	决定某项功能是否投入	误投	该保护功能误动作
		误退	装置失去该保护功能
出口压板	决定某项功能满足动作条件后是否发出相应的 GOOSE 命令	误投	保护或重合闸动作后，GOOSE 命令误出口
		误退	保护或重合闸动作后，GOOSE 命令不能出口，扩大故障范围
SV 接收压板	决定是否正常处理该 SV 报文	误投	保护功能可能闭锁而拒动作，也可能误动作
		误退	保护功能可能误动作，也可能拒动作
GOOSE 接收压板	决定是否正常处理该 GOOSE 报文	误投	保护功能可能误动作
		误退	保护功能可能拒动作

在智能变电站中，保护装置除"检修状态"和"远方操作"保留硬压板，其余压板全由软压板实现。常规变电站中保护功能压板也逐渐由软压板替代硬压板。变电站内二次设备的软压板操作已逐渐变为日常运行操作的主要工作之一，在电网正常运行方式调整、异常设备隔离、检修或改扩建时都需要频繁操作。随着无人值守、调控一体化、运维操作便捷化等需求提出，软压板远方遥控操作逐渐体现其优势，正逐渐被推广。但是，软压板远方遥控操作目前仅受装置的"远方操作"硬压板和"远方投退压板"软压板的状态影响，没有其他闭锁条件，而且智能变电站运维经验不足、装置中软压板多、软压板功能不统一，这些都将导致软压板远方遥控操作容易出现误操作的情况，最终造成二次设备误动或拒动。现场也曾发生过多起由于压板操作不当而引起的保护误动事故。

因此，有必要参照一次设备遥控操作的五防，在变电站继电保护软压板遥控操作过程中加入一些防误操作逻辑，满足条件才可正常操作，否则将闭锁相应的操作或预警操作，避免软压板误操作隐患，提升操作正确率，确保二次系统的可靠运行，也为电网的安全运行提供技术保障。

8.4.2.2 软压板防误操作策略

1. 防误操作原则

变电站中继电保护软压板操作一般分为以下三种情况：

电网正常运行过程中，由于运行要求，需要启用或停用某项功能，如系统有稳定要求时需停用重合闸，需要投退功能软压板，此时相关一次设备可能处于运行状态，也可能处于检修、冷备用或热备用状态。

电网投产过程中，需要启用或停用某项功能、投入或退出某个支路，如母线保护需要

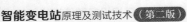

接入某断路器的电流，需要投退功能软压板、SV 或 GOOSE 接收软压板，此时相关一次设备一般都处于检修或备用状态。

电网消缺或改扩建过程中，为了将运行设备安全隔离，需要启用或停用某项功能、退出或投入 GOOSE 出口、退出或投入某个支路，需要投退功能软压板、出口软压板、SV 或 GOOSE 接收软压板，此时相关一次设备可能处于运行状态，也可能处于备用状态。

由此，软压板操作过程中，相关一次设备可能处于运行状态或停电状态，增加了软压板操作的风险性。而且不同类型软压板的操作都将直接关系到电网安全防线的正确性和完备性。为了保证二次系统功能的正确和完备，软压板的操作必须遵循以下基本原则：

原则 1：一次设备处于运行状态，软压板操作不能导致其无主保护运行；

原则 2：一次设备处于运行状态，尤其是 220kV 及以上设备，软压板操作不能导致其无失灵保护运行；

原则 3：一次设备处于运行状态，且保护处于动作、检修不一致等非正常状态，不能操作装置中的软压板；

原则 4：若一次设备处于运行状态，且保护装置处于"投跳闸"状态，即跳闸出口软压板处于投入状态，不能操作本保护装置中对应的 SV 接收软压板；

原则 5：若一次设备处于停电状态，可对软压板进行投退操作。

特殊情况下，当需短时退出保护或临时调整保护配置时，在确认不会引起保护不正确动作的情况下，可不遵循上述防误原则进行软压板操作。

2. 防误操作基本流程

不同的软压板作用和影响范围有所区别，但操作时都应遵循上述基本原则，考虑到防误操作实现的统一性和便捷性，所有软压板防误操作可采用相同的流程，具体实现过程中选用不同参数，软压板防误操作判断流程如图 8-39 所示。

（1）首先需要确定被操作软压板所涉及的一次设备范围，即相关断路器设备范围。对于功能软压板，一次设备范围为保护范围内所有断路器设备，如母线差动保护对应母线上所有间隔的断路器设备；对于出口软压板，一次设备范围为该跳闸出口所控制的断路器设备或启动失灵、联跳所对应的断路器设备；对于接收软压板，一次设备范围为 SV 或 GOOSE 所对应开关设备。

（2）判断所涉及一次设备运行状态，当一次设备为非"运行"时，可直接操作软压板，否则需要继续判断所涉及一次设备的保护完整性，包括主保护完整性或失灵保护完整性，失灵保护相关软压板判断失灵保护完整性，其余软压板判断主保护完整性。

（3）当保护非"完整"时，禁止操作软压板，否则继续判断所涉及一次设备的保护运行状态。

（4）当保护运行状态非"正常"时，包括保护动作或检修状态不一致等，禁止操作软压板，否则对于功能软压板、出口软压板、GOOSE 接收软压板可操作，对于 SV 接收软压板，还需判断本保护装置的"投跳闸"状态。

（5）对于 SV 接收软压板，当本保护装置处于"投跳闸"时，禁止操作软压板，否则可以操作该软压板。

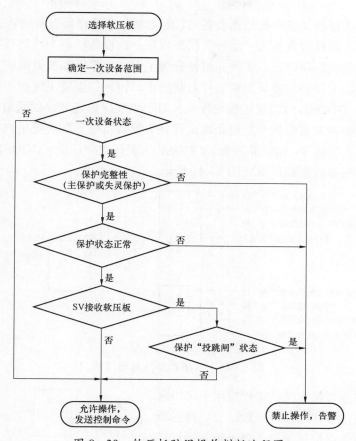

图 8-39 软压板防误操作判断流程图

3. 防误操作判断方法

（1）一次设备运行状态判断方法。断路器设备运行状态可通过断路器及相邻隔离开关的位置信号，并辅以电流进行判断，当断路器处于"合位"或"有流"，且相邻隔离开关处于"合位"，则该设备处于"运行"状态。一次设备运行状态判断逻辑如图 8-40 所示。

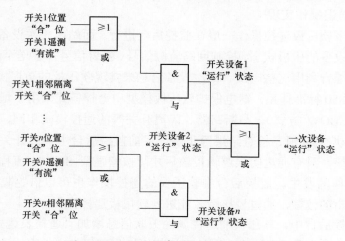

图 8-40 一次设备运行状态判断逻辑

当所操作软压板涉及多个断路器设备时，需判断每个断路器设备的状态，然后合成一次设备状态，任一断路器设备为"运行"状态，则一次设备状态为"运行"。

（2）保护完整性判断方法。保护完整性分为主保护完整性和失灵保护完整性两类。

主保护完整即主保护功能可正常运行且跳闸出口投入，需要主保护相关功能软压板、SV接收软压板、GOOSE出口软压板均投入，对于纵联保护还需纵联通道状态正常。

失灵保护完整即失灵保护功能可正常运行且失灵接收信号和失灵出口投入，需要失灵保护功能软压板、电流SV接收软压板、GOOSE失灵接收软压板、GOOSE失灵出口软压板均投入，保护完整性判断逻辑如图8-41所示。

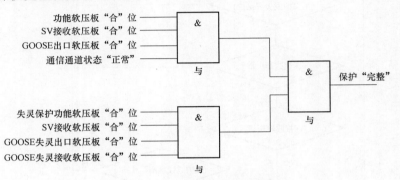

图8-41 保护完整性判断逻辑

（3）保护状态判断方法。工程应用中可以通过判断保护动作信号、检修不一致信号、控回断线信号等来判断该保护功能是否处于正常运行，若存在上告警述信号，则保护处于非"正常"运行状态，保护状态判断逻辑如图8-42所示。

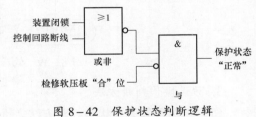

图8-42 保护状态判断逻辑

（4）保护"投跳闸"判断方法。保护"投跳闸"即保护动作后能够正常出口，因此保护装置的GOOSE跳闸出口软压板投入即可判断为保护"投跳闸"状态。

8.4.2.3 软压板防误操作实现

智能变电站中软压板遥控操作一般在监控后台进行。而站内一次设备的遥信状态、遥测值状态及二次设备的压板状态、控制回路监测信号、告警信号都上送至监控后台。因此，可以在监控后台综合利用这些一次、二次设备信息来实现软压板的防误操作。

基于IEC 61850标准体系，继电保护软压板模型中遥控模式采用了增强安全型执行前选择遥控方式（SBOW方式），与断路器、隔离开关等的遥控模式相同，遥控操作需要经过选择、预置、执行/取消、检查结果等步骤。目前监控后台中隔离开关遥控操作前都需进行防误逻辑校核，只有通过防误逻辑校核后才能按增强型SBOW流程进行操作，以防止隔离开关误操作的发生。监控后台中软压板的遥控操作也可以借鉴隔离开关的操作流程，增加防误逻辑的校核，通过校核后才能进行软压板遥控操作。

由此，在监控后台中，软压板的遥控属性关联信息增加"遥控表达式ID"选项，通过该ID选项关联一个逻辑表达式，对软压板防误操作逻辑进行编辑。该表达式可以对站内所有的遥信状态、遥测值、电度量以及虚点信息进行逻辑上的与、或、非以及传统数学上的加、减、乘、除、三角函数等运算，并将运算结果以 0、1 形式展现出来。当实际对某一软压板进行遥控操作时，监控后台自动检测遥控对象关联的逻辑表达式的运算结果，当运算结果为 1 时，则允许遥控操作，进入增强型 SBOW 操作流程；当运算结果为 0 时，则禁止遥控操作，并进行"逻辑不满足，禁止遥控"等字样的告警，防止误操作的发生，同时方便操作员快速定位操作被禁止的原因，发现问题所在。

基建调试阶段或有特殊需求时，监控后台可设置跳过逻辑表达式的检测，直接进入遥控操作流程，保证特殊情况下软压板可操作。

软压板遥控操作的防误逻辑表达式的逻辑量包括一次设备位置遥信状态、电流遥测值状态、继电保护装置压板状态和告警信号等，这些逻辑量都可以直接从监控后台的实时数据库中获取当前状态，并用于逻辑运算。逻辑表达式按照上述防误操作策略编辑，由一次设备运行状态、保护完整性、保护状态、保护"投跳闸"状态四部分组成。某智能变电站中 500kV 线路保护 B 套边断路器 SV 接收软压板防误操作逻辑如图 8-43 所示。

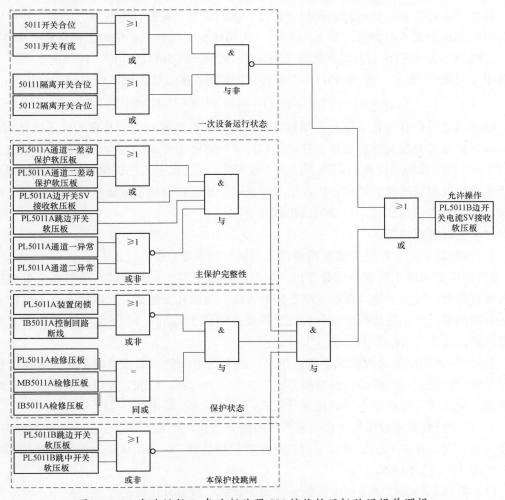

图 8-43　线路保护 B 套边断路器 SV 接收软压板防误操作逻辑

图 8-44 逻辑中，由于 B 套保护"边断路器 SV 接收软压板"操作将直接导致 B 套保护功能退出，因此防误逻辑中只需判断 A 套主保护的完整性和保护状态。

8.4.2.4 软压板防误操作逻辑生成

在进行防误逻辑表达式编辑过程中，由于同一间隔的不同软压板防误逻辑可能存在相同的部分，为了方便快速编写表达式、简化编辑工作量、缩减逻辑表达式长度，可以在监控后台数据库中增加虚点信息，即将数据库中多个实际的遥信状态、遥测状态、压板状态或告警信号组合成一个信息，并赋予一个虚拟的信息名称。

虚点信息配置在每个间隔下，关联一个虚点表达式 ID，实现虚点信息与数据库中实际信号的关联及逻辑关系。图 8-43 中，5011 断路器运行状态可用虚点信息表达式（8-1）表示，其中 [$S1101$] 为 5011 断路器运行状态虚点，[$S1001$] 为 5011 断路器位置遥信、[$S1002$] 为 5011 断路器遥测有流状态，[$S1003$]、[$S1004$] 分别为隔离开关 50111 和 50112 的位置遥信：

$$[S1101] = ([S1001] \| [S1002]) \&\& ([S1003] \| [S1004]) \tag{8-1}$$

其他断路器设备运行状态和保护完整性、保护状态、保护"投跳闸"状态等都可以采用类似的方法定义虚点信息。图 8-43 中，PL5011A 主保护完整性虚点信息用 [$S1102$] 表示，PL5011A 保护状态虚点信息用 [$S1104$] 表示，PL5011B 保护"投跳闸"状态虚点信息用 [$S1109$] 表示，则 PL5011B 边断路器电流 SV 接收软压板防误逻辑表达式为：

$$E = (![S1101]) \| ([S1102] \&\& [S1104] \&\& (![S1109])) \tag{8-2}$$

随着继电保护标准化工作的不断推进，智能变电站中继电保护装置的软压板已规范，即不同厂家都具有相同的软压板，且功能相同。同时继电保护的各类信息也基本规范。因此，同一类软压板防误逻辑相同且表达式可以固化，表达式中的逻辑量也可以实现标准化，监控后台可以根据固有的逻辑，从数据库中获取逻辑量，自动生成软压板防误操作逻辑表达式。防误操作逻辑表达式自动生成步骤如下。

（1）生成虚点信息。

1）按断路器间隔自动生成断路器设备的运行状态虚点信息 [S_{BS}]；

2）按保护间隔生成保护完整性虚点信息，分为主保护完整性虚点信息和失灵保护完整性虚点信息，按照上述"保护完整性判断方法"生成其表达式。220kV 及以上保护双重化配置的间隔，分别生成两个主保护完整性虚点信息 [S_{MPIA}] 和 [S_{MPIB}]、两个失灵保护完整性虚点信息 [S_{FPIA}] 和 [S_{FPIB}]；

3）按保护间隔生成保护状态虚点信息，可分为主保护状态虚点信息和失灵保护状态虚点信息，按照上述"保护状态判断方法"生成其表达式。220kV 及以上保护双重化配置的间隔，生成四个保护状态虚点信息 [S_{MPSA}]、[S_{MPSB}] 和 [S_{FPSA}]、[S_{FPSB}]；

4）按保护装置生成保护"投跳闸"状态虚点信息，按照上述"保护投跳闸判断方法"生成其表达式。对于 220kV 及以上双重化配置保护装置，分别生成两个保护装置的"投跳闸"状态 [S_{PTA}] 和 [S_{PTB}]。

（2）根据不同类型软压板生成防误逻辑表达式。根据软压板防误操作原则，继电保护软压板可分为主保护相关功能及 GOOSE 软压板类（A 类）、主保护相关 SV 软压板类（B 类）和失灵保护相关功能及 GOOSE 软压板类（C 类）、失灵保护相关 SV 软压板类（D 类），同一类软压板防误操作逻辑表达式相同，B 套保护中不同类软压板防误操作逻辑表达式依次为：

$$E_{\mathrm{A}} = (![S_{\mathrm{BS}}]) \| ([S_{\mathrm{MPIA}}] \& \& [S_{\mathrm{MPSA}}]) \qquad (8-3)$$

$$E_{\mathrm{B}} = (![S_{\mathrm{BS}}]) \| ([S_{\mathrm{MPIA}}] \& \& [S_{\mathrm{MPSA}}] \& \& (![S_{\mathrm{PTB}}])) \qquad (8-4)$$

$$E_{\mathrm{C}} = (![S_{\mathrm{BS}}]) \| ([S_{\mathrm{FPIA}}] \& \& [S_{\mathrm{FPSA}}]) \qquad (8-5)$$

$$E_{\mathrm{D}} = (![S_{\mathrm{BS}}]) \| ([S_{\mathrm{FPIA}}] \& \& [S_{\mathrm{FPSA}}] \& \& (![S_{\mathrm{PTB}}])) \qquad (8-6)$$

A 套保护的软压板遥控操作逻辑与 B 套保护相同。

监控后台根据每个间隔或每个装置的虚点信息要求，从数据中获取名称规范的遥信、遥测量，自动生虚点信息表达式，然后根据式（8-3）～式（8-6），自动生成每一类软压板防误操作的逻辑表达式。

第 9 章

新一代智能变电站技术

　　智能变电站作为智能电网的主要组成部分，已进入全面建设阶段。电网发展方式转变、管理模式创新发展、科学技术进步都对智能变电站的发展提出了新的要求。为了适应技术发展的需求、保障电网安全运行，国家电网公司提出了新一代智能变电站建设目标，通过顶层设计，实现"系统高度集成、结构布局合理、装备先进适用、经济节能环保、支撑调控一体"的现代化变电站，支撑运行、检修核心业务集约化管理要求。

9.1　新一代智能变电站特征

9.1.1　新一代智能变电站的提出

　　2009 年，国家电网公司智能变电站试点工程建设工作正式启动。随后几年内，国家电网公司在智能变电站建设、研究方面不断加大投入，智能变电站建设由点向面推进，进入全面建设阶段。智能变电站在技术创新、设备研制、标准制定、工程建设等领域取得了一系列阶段性成果，但由于系统较多、功能分散，受限于专业分工、技术壁垒、运维习惯等影响，当时智能变电站整体水平还存在以下四个方面欠缺：

　　1. 设备集成度、技术实用化水平有待提升

　　目前智能变电站的集成主要集中在二次设备和系统上，一次与二次设备之间没有实现真正意义上的集成。一体化集成设计理念实施难到位，出厂联调难到位，现场调试实施困难，工程施工效率低下。

　　尽管智能变电站实现了站端信息采集数字化，但二次网络结构复杂，信息共享度低，加上采样重复，交换机及光缆数量众多，现场施工以及运行维护的工作量并未减轻，反而增大。因此变电站的信息流及网络架构仍有改进优化需求。

　　设备在线监测功能不够成熟，一次设备内置传感器寿命短、更换难是困扰现场的难题；二次设备的状态监测和评估功能尚在起步阶段，应怎样优化和监测还需研究；监控高级应用功能实现尚不完善，对数据的处理和分析尚未达到实用化程度。

　　2. 产品质量有待提高

　　电子式互感器的应用成熟度及稳定性都不足，导致了在全面建设阶段暂停使用电子式互感器，而采用 "常规互感器＋合并单元"方式。户外安装的合并单元、智能终端等设备对运行环境要求较高，其长期运行情况有待考察。

　　厂家产品良莠不齐，智能变电站建设、运行过程中出现的各类问题中，产品质量问题

占比较大，也有厂家对智能变电站技术理解程度不同的原因。

3. 整体设计有待进一步提升和优化

各厂家二次设备间仍存在兼容性问题，通用性不足。虽然基于 IEC 61850 体系的设备间模型、通信规约等互操作、一致性的工作已大部分实现，但仍有小部分厂家设备信息未实现交互规范，尤其是合并单元、智能终端等过程层设备的 ICD 模型并未规范。各厂家对设备间信息交互的规范性考量不足，数字化、共享化带来的海量信息取舍问题，仍存在矛盾。

设计院设计深度不足。大多数设计院仅实现了虚端子设计，没有接收和处理二次装置厂家 ICD 文件和整合设计输出 SCD 文件的能力，对后期的文件修改和更新也很难做到及时跟进和把控。

4. 检修运维能力仍需加强

由于检修人员、运维人员对智能变电站中网络等技术了解程度不一，也缺乏必要的检测工具，二次设备维护比以往更依赖厂家。

变电站大多实现了无人值守，当设备故障告警时，远方监控中心无法及时辨别问题原因，现场运维人员赶到现场后对问题的处置也需规范化。

因此，智能变电站整体建设理念、技术创新、设计优化、标准制定、专业管理等方面仍有待进一步提高。

另一方面，智能电网建设如火如荼，大规模新能源接入、电动汽车等特殊负荷出现以及电网运行管理创新、科学技术进步，给智能变电站建设带来新的挑战，提出新的要求——需要进一步吸收先进的设计理念，加大功能集成和优化的力度；需要适应新管理模式的需要，完善支撑调控一体功能；需要加大设备研发力度，全面满足优化设计和集成功能的需要。

2012 年 1 月，国家电网公司"两会"工作报告中提出，要开展新一代智能变电站设计和建设，总结现有智能变电站设计、建设及运行的成功经验和存在的问题，结合大建设、大运行、大检修建设的目标和任务以及建设、运行、检修方式转变，破解当前智能变电站发展的"瓶颈"，支撑运行、检修核心业务集约化管理要求；开展新一代智能变电站建设研究，全面梳理、归并整合智能变电站的功能需求，进一步深化智能变电站基础理论研究、核心技术研发和关键设备研制，并将其作为国家电网公司的重大集成创新工作，从而实现变电站相关技术（设备）"从有到精"，努力在世界智能电网科技领域实现"中国创造"和"中国引领"。

2012 年 8 月，国家电网公司新一代智能变电站概念设计研讨会在京召开，讨论了新一代智能变电站建设目标、技术架构、控制保护等关键技术以及变压器等关键设备的研发，提出新一代智能变电站六方面的工作计划。

第一是推进变电站集成优化设计，提高结构布局合理性。开展设备模块化设计、标准化配送式设计、设备接口标准化等工作。

第二是提升变电站高级功能应用水平。合理规划数据信息类型，优化二次网络结构，构建变电站一体化监控系统，提升设备状态可视化、智能告警、辅助决策等高级功能应用水平，支撑大运行和大检修建设。

第三是开展新型保护控制技术研究。实现间隔保护就地化和功能集成，优化集成跨间隔保护，实现保护状态在线监测和智能诊断，深化站域、广域网络安全决策保护控制等新型保护控制技术研究。

第四是开展重大装备研制，推进智能设备优化升级。研究应用新型节能变压器、隔离断路器等；积极开展基于超导、碳化硅、大功率电子器件、系统级芯片等新材料、新原理、新工艺的变压器、开关和保护测控设备的研制。

第五是进一步修订完善智能变电站技术标准体系。加快编制和修订智能变电站领域的国家标准、行业和企业标准，推动重点技术标准的国际化，构建适应新一代智能变电站建设需求的标准体系。

第六是开展前沿技术的应用研究。努力完成大容量气体绝缘变压器、植物绝缘油变压器、投切电容器组用固态复合开关、智能环境友好型金属封闭开关设备、无源光网络扁平化通信平台等一次设备和二次装置的技术研发，尝试挂网试运行。

2013 年，220kV 北京未来城、220kV 重庆大石、110kV 北京海鹃路、110kV 上海叶塘、110kV 天津高新园、110kV 湖北未来城六座新一代智能变电站试点工程建成并投运。

9.1.2　新一代智能变电站目标

新一代智能变电站是理念、技术、设备、管理全方位突破性的重大集成创新工作，是一项复杂的系统工程，它涉及多学科理论和多领域技术，必须采用全新的设计思路与方法，通过顶层设计制定新一代智能变电站的发展战略与规划。

顶层设计是由建设目标、关键技术研究、关键设备研制、近远期概念设计方案共同组成的一项系统工程。其中建设目标是最高层，表示解决问题的最终目的，要求以功能需求为导向；关键技术研究、关键设备研制是中间层，是实现预定总体目标的中间环节与关键手段；近远期概念设计方案是最底层，它是实现总体目标的具体措施、策略、方案，是目标的实现层。

新一代智能变电站以"系统高度集成、结构布局合理、装备先进适用、经济节能环保、支撑调控一体"为总体目标，着力探索前沿技术，推动智能变电站创新发展，是对现有智能变电站的继承与发展，电网发展方式转变、管理模式创新发展、科学技术进步都对智能变电站的未来发展提出了新的要求。

1. 系统高度集成

设备上包括一次设备、二次设备，建（构）筑物及它们之间的集成；系统上包括对保护、测控、计量、功角测量等二次系统一体化集成和对故障录波、辅助控制等系统的融合；功能上包括变电站与调控、检修中心功能的无缝衔接。

2. 结构布局合理

对内包括一次设备、二次设备整体集成优化、通信网络优化以及建筑物平面设计优化；对外包括主接线优化，灵活配置运行方式适应变电站功能定位的转化及电源和用户接入。

3. 装备先进适用

智能高压设备和一体化二次设备的技术指标应先进，性能稳定可靠；系统功能配置、系统调试、运行控制工具灵活高效，调控有力；通信系统安全可靠，信息传输准确无误。

4. 经济节能环保

在全寿命周期内，最大限度地节约资源，节地、节能、节水、节材、保护环境和减少污染，实现效率最大化、资源节约化、环境友好化。

5. 支撑调控一体

优化信息资源，增加信息维度，精简信息总量。支持与多级调控中心的信息传输；支撑告警直传与远程浏览，为主站系统实现智能变电站监视控制、信息查询和远程浏览等功能提供数据、模型和图形的传输服务。

近期，新一代智能变电站以"占地少、造价省、可靠性高"为目标，构建以"集成化智能设备＋一体化业务系统"为特征的变电站。

远期，新一代智能变电站以"推动技术变革、展示理念创新"为重点，围绕"新型设备、新式材料、新兴技术"，构建基于电力电子技术和超导技术应用的变电站，推进变电站装备和技术的重大突破。

9.1.3 新一代智能变电站功能特点

新一代智能变电站研究重点是要攻克变电设备自诊断、一次设备智能化、站域及广域保护控制系统等关键技术，大幅减少占地面积，显著提升安全性、可靠性、经济性。远期的新一代智能变电站将以"推动技术变革、展示理念创新"为重点，围绕"新型设备、新式材料、新兴技术"，构建以电力电子技术为特征的"一次电、二次光"新一代智能变电站，可实现电能快速灵活控制，具备交直流混供功能；构建以超导技术为特征的"高容量、低损耗、抗短路"新一代智能变电站，增大传输容量、降低网损，降低电网故障短路电流。

新一代智能变电站近期以"安全可靠、运维便捷、节能环保、经济高效"为功能特点，远期以"全面感知、灵活互动、坚强可靠、和谐友好、高效便捷"为功能特点。

1. 近期功能特点

安全可靠：采用集成化智能设备与一体化业务系统，实现设备先进可靠、控制精确、运行灵活；有效提升保护控制系统整体性能，为电网提供"从上至下"的全面系统防护功能，提高站端与系统运行的可靠性。

运维便捷：一、二次设备集成设计和制造，实现一体化调试；土建、电气设备施工工艺标准化和接口标准化，实现设备模块化设计、工厂化定制和现场组合化拼装，实现"即装即用"；通信网络标准化设计和灵活组网，变电站系统功能模块化设计，实现功能应用的灵活定制；依托一体化业务平台，实现信息全景采集，灵活调整控制运行方式，适应清洁能源与新用户接入系统的需要。

节能环保：采用复合材料、节能环保材料，实现设备轻型化、小型化、低碳化、高效化，最大限度地节地、节能、节水、节材、保护环境和减少污染，实现效率最大化、资源

节约化、环境友好化。

经济高效：一、二次设备高密度集成，减少设备安装和场地占用；一体化设计、模块化封装，提高生产效率，降低成本；信息一体化，集中处理，减少冗余配置，避免重复建设；设备全寿命周期延长，减少改造更新费用。

2. 远期功能特点

全面感知：遍布变电站的传感器组成的"神经元感知网"，作为智能电网物联网在变电站的感知末梢，实现智能设备随时随地接入网络，方便控制系统对其进行识别、定位、跟踪、监视和控制。

灵活互动：采用电力电子器件，深化应用云计算、物联网技术，实现电网有功、无功、电压的平滑调控，实现变电站与电源、用户之间友好互动。

坚强可靠：采用电力电子器件、超导变压器、固态开关等设备，实现设备先进可靠、电网控制精确、运行管理灵活。

和谐友好：设备实现小型化、模块化、无油化，变电站结构布局更加合理，节约土地资源，实现节能环保。

高效便捷：基于自诊断与自愈、神经元感知网络、模块化安装、智能化运维技术，实现变电站设备之间、变电站与主站系统之间高效协作与控制，实现变电站插拔式、标准化施工。

9.2　新一代智能变电站一次系统

新一代智能变电站在一次设备方面，采用隔离断路器，大幅节省占地面积，远期可考虑集成电子式互感器；采用集成状态监测传感器和智能组件的智能电力变压器，进一步提升一次设备集成度和智能化水平；采用稳定可靠的电子式互感器，力争解决电子式互感器的长期运行稳定可靠性不足以及抗干扰能力较差等问题，制造技术达到国际领先水平。

9.2.1　隔离断路器

9.2.1.1　隔离断路器特点

高压断路器的结构形式主要为柱式断路器、罐式断路器、HGIS 和 GIS，近年来逐渐趋向于性能可靠、功能集成、占地面积少、工程成本低的方向发展。高压断路器的绝缘灭弧介质为 SF_6 气体，逐渐趋向于减少对环境影响的方向发展。高压断路器的操作机构为液压、弹簧、电机驱动操动机构，逐渐趋向于可靠性、机械寿命高的方向发展。

新一代智能变电站中隔离断路器通过一次和二次设备高度集成，实现功能组合，减少了变电站的占地面积和投资，提高了利用率。其主要在以下两方面实现了突破：

（1）功能集成。新一代智能变电站在一次断路器方面通过集成一次设备的功能，实现隔离开关、互感器、断路器的一体化制造，设计中无需传统的隔离开关，可以减少站内一次设备的数量，减少变电站空间与土地占用，优化变电站纵向尺寸，降低工程成本，节能环保，既解决了 GIS 设备造价太高的困扰，又解决了敞开式变电站中设备布置分散、占地面积大的不足，同时还可避免隔离开关长期裸露在空气中运行可靠性差的问题。图 9-1 为隔离断路器实物图，图 9-2 为隔离断路器现场应用图。图 9-3 给出了集成断路器、电流互感器、隔离开关及接地开关于一体的紧凑型断路器实物图。

（a） （b）

图 9-1 隔离断路器实物图

（a）合闸/分闸位置；（b）分闸和接地位置

图 9-2 隔离断路器现场应用图

隔离断路器结合了传统断路器与隔离开关等设备的功能。设备的动、静触头被保护在 SF_6 灭弧室内，兼具断路器和隔离开关的双重功能，可替代传统断路器与隔离开关的联合应用，体现了组合化思想。隔离断路器的工作位置除了有传统断路器所具有的合闸位置和分闸位置，还具有接地位置。隔离断路器除了集成接地开关，也采用与电流互感器紧凑式布局，电流互感器与隔离断路器拉近距离布置或者将电流互感器支架与隔离断路器的支架集

图 9-3　紧凑型断路器实物图

成，可进一步减少占地面积。随着近年电子式互感器尤其是全光互感器的发展，实现了将电流互感器集成至隔离断路器本体上，以获得更为紧凑、简单可靠的结构和更高的技术含量，这与电力系统智能化的发展趋势正相适应。图 9-4 给出了集成断路器、互感器功能于一体的隔离断路器结构图。

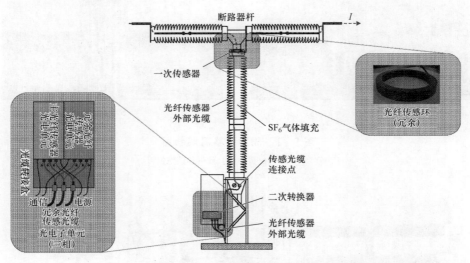

图 9-4　隔离断路器结构图

（2）采用电机驱动机构。电机驱动机构是通过数字电路控制电动机直接操作断路器开断/关合，具有非常高的准确性和可靠性，驱动装置内的运动部件减少到最少（如一个转动的电机轴承），取消了传统的机械系统和弹簧，实现断路器操动机构的数字化控制，提高响应速度和运行可靠性，其如图 9-5 所示。

电机驱动机构本质上是一个数字装置，将所需要的操作动作编程到控制单元中。得到命令时，控制单元根据所存储的触头行程程序来执行操作，电机驱动断路器的相应触头。

隔离断路器采用电机驱动机构，提高了设备的可靠性，减少对环境的影响：

（1）较少的运动部件，提高机械可靠性；

（2）数字化控制，降低操作力，实现准确控制；

（3）操作无噪声；

图 9-5 采用电机驱动机构的紧凑型断路器实物图

（4）随时监测断路器的状态；

（5）容易安装；

（6）维护量较少。

同时，控制单元通过选择最佳操作时间，控制预期动作时间，以限制暂态电流或电压，减少对电力系统绝缘设备的应力及相应受控断路器的电气磨损。

根据智能电网对于设备状态可视化的要求，在隔离断路器的设计和制造中，实现了与在线监测装置的深度融合，对设备状态进行在线监测，提升设备可靠性，实现设备功能智能化。其监测项目和状态量主要包括以下三个方面。

（1）气体状态。SF_6 气体压力与绝缘强度密切相关，同时也是密封状态的重要信息。隔离断路器采用集成式 SF_6 气体传感器，同时定量监测 SF_6 气体压力、温度和密度状态量。

（2）机械状态。隔离断路器的机械状态在线监测主要包括分合闸速度、时间、分合闸线圈电流波形和断路器动作次数。

分合闸速度是反应机械特性状态的关键参量，在操动机构传动拐臂上安装角位移传感器，安装位移旋转式光栅传感器，利用光栅传感器和断路器操动机构主轴间的相对运动，将速度行程信号转换为电信号，经数据处理得到断路器操作过程中行程和速度随时间的变化关系，计算出动触头行程、超行程、刚分后和刚分前的平均速度，得出分合闸速度和位移—时间曲线数据。

分合闸时间通过在分合闸线圈回路上安装穿心电流互感器，当电流互感器感应到回路上带电即为分合闸开始时刻，感应到分合闸辅助开关触点状态转换时为分合闸结束时刻，电流互感器信号和辅助开关信号上传给状态监测 IED 处理，得出分合闸时间。

分合闸线圈电流波形反应操动机构的特性，通过安装在分合闸线圈回路上的穿心电流互感器，可进行分合闸线圈电流的测量。分合闸线圈的电流中含有丰富的机械传动信息，经对电流信号分析处理，可得出分合闸线圈电流曲线数据，根据电流波形和事件相对时刻，判断故障征兆，诊断拒动或误动故障。

此外，对断路器的动作次数进行记录，依此确定断路器的机械寿命。

（3）储能机构状态。通过监测断路器储能状态、储能电机工作电流波形、储能电机的日启动次数和日累计工作时间，从而判断操动机构是否正常储能，储能系统是否出现问题。

9.2.1.2　隔离断路器应用影响

随着断路器技术的不断提高，断路器的故障率已经远远小于隔离开关的故障率。现今断路器可有 15 年以上的检修周期；隔离开关的技术却变化不大，检修周期一般在 5 年左右，因此隔离开关检修将导致一次设备停电时间大大增加。隔离断路器内部集成了断路器、接地开关、电流互感器等元件，断路器的触头兼具断路器和隔离开关的双重功能，且带线路侧接地开关，因此取消线路侧隔离开关，同样能满足间隔检修时的需要，也可以简化变电站接线、缩短电气设备的安装调试时间。一个间隔实际上只有 1 个隔离断路器元件，而隔离断路器设计检修周期为 20 年，变电站设计寿命 40 年，则在变电站运行期内，每台隔离断路器仅需检修 1 次，第 2 个周期就随变电站退役。

110kV 单母线接线方式下隔离断路器能与母线做到同时检修，因此可取消母线侧隔离开关。另一方面，当母线隔离开关故障或检修时，该段母线所接出线及主变压器回路也均停电。因此优化后取消了母线隔离开关，不存在故障或检修状态，运行可靠性远大于优化前。

当断路器或出线隔离开关故障或检修时，该间隔均停电，存在以下三种情况：

1）出线隔离开关检修。由于优化后取消了出线隔离开关，不存在故障或检修状态。

2）断路器检修。优化后采用了隔离断路器，其检修周期大于常规断路器。

3）电流互感器检修。该间隔需停电，由于优化后的电流互感器集成于隔离断路器内，其检修周期同样达 20 年，也远大于常规电流互感器的检修周期。

220kV 电压等级的间隔由于系统运行需要，采用双母线接线方式，虽然保留母线侧隔离开关和接地开关，但已有较大优化。

因此，随着制造工艺水平的提高，采用隔离断路器可使元件减少，同时增强可靠性，比采用传统断路器加隔离开关的变电站间隔设计更优化、更可靠。

新一代智能变电站中，隔离断路器的应用对日常检修、运维及现行规程带来的变化主要体现在以下五个方面：

（1）对停电范围的影响。隔离断路器检修时，需要母线陪停或拆解设备与母线之间的引线，相应的操作及停电范围会扩大：

1）当不拆解母线引线时，所在母线及与其相连的其他线路、主变压器以及对侧线路均需要停电。

2）当不带电拆解母线引线时，拆除与恢复母线引线时，所在母线及与其相连的其他线路、主变压器以及对侧线路均需要停电，操作量较大。

3）当带电拆解母线引线时，母线不需要陪停，但需采用专用工器具。

（2）对检修模式的影响。隔离断路器间隔内无明显断开点，解决方案主要包括以下两点：

1）通过分闸位置的电气及机械闭锁指示乃至就地手动加装挂锁，在分闸位置时给运维人员明显的指示。

2）严格执行"停电、验电、接地"及"五防"等有效安全措施，被检修设备两侧接地，是比明显断开点更直接、可靠的安全措施。

（3）设备冷备用重新定义。常规断路器的冷备用定义为断路器和隔离开关处于分闸位置。隔离断路器的冷备用定义应包括隔离断路器的主断口处于分闸位置，同时主断口的闭锁装置处于"锁定"位置。

（4）对倒闸操作影响。电网运行中，间隔内设备的检修导致母线陪停并不是应用隔离断路器后的特有现象，常规接线方式中的母线侧隔离开关故障或检修也一直存在该问题，且因隔离开关的故障率比断路器更高，维护周期更短，该问题更加突出。因此，应用隔离断路器时，间隔内倒闸操作顺序中无隔离开关操作，仅需要增加可靠闭锁、解锁步骤即可。

（5）与现有规范标准的差异。我国现有标准 GB 26860—2011《电力安全工作规程 发电厂和变电站电气部分》（以下简称"安规"）对隔离开关及断路器的运维的规定如下：

1）第 5.3.6.1 条对倒闸操作顺序是这样规定的：停电拉闸操作应按照断路器（开关）—负荷侧隔离开关（刀闸）—电源侧隔离开关（刀闸）的顺序依次进行，送电合闸操作应按与上述相反的顺序进行。禁止带负荷拉合隔离开关（刀闸）。

2）第 7.1.2 条对于停电检修是这样规定的：检修设备停电，应把各方面的电源完全断开。禁止在只经断路器断开电源的设备上工作。隔离开关应拉开，手车开关应拉至"试验"或"检修"位置，使各方面有一个明显的断开点，若无法观察到停电设备的断开点，应有能够反映设备运行状态的电气和机械等指示。

隔离断路器间隔由于不再配置常规型隔离开关，改变了以往的运行、操作和检修模式，隔离断路器物理上断口仍为断路器断口，外部不可见，与安规的要求存在一定差异。针对该情况，建议采取以下措施：

1）强化隔离闭锁装置功能，制定相应的倒闸操作顺序，增加了闭锁装置"闭锁"与"解锁"的步骤。

2）没有明显断开点，当线路检修时，仅在经隔离断路器断开电源的设备上工作，但是隔离断路器装设了能够反映设备运行状态的电气和机械的指示，充分通过分闸位置的电气及机械锁定指示甚至加装挂锁，在分闸位置时给运维人员明显的指示。

3）严格执行"停电、验电、接地"及"五防"等有效安全措施，并参照 GIS 及国外成熟的运行经验尽快修订相应的安全规程，实际从保障人员安全来说，两侧接地与明显断开点相比，更直接、安全可靠。

9.2.2 电子式互感器

电子式互感器具有数字化、绝缘结构简单、体积小、质量轻、线性度好、易于集成等优点，在智能变电站建设初期得到了一定的应用，但电子互感器的规模化应用时间还比较短，在准确性、稳定性、可靠性方面还存在不少问题。新一代智能变电站中，电子式互感器应用的主要目标是：

1）与隔离断路器和 GIS 等设备实现高度集成，优化一次系统结构，节约占地面积；

2）研究防护措施，大幅提升可靠性，解决目前可靠性低的问题；

3）研究温度补偿技术，进一步提升稳定性和准确性；

4）提高检测能力，满足日益增多的电子式互感器全面质量检验需求，并进一步完善技术标准，健全管理规范。

1. 电子式互感器集成技术

新一代智能变电站，电子式互感器与隔离断路器集成，电子式电流互感器置于隔离断路器套管和支柱套管之间，采集器置于光纤绝缘子顶部，光纤置于光纤绝缘子内部，采集数据通过光纤传输，光纤绝缘子固定于断路器支架上。电子式流互感器为外装式有源电流互感器，保护采用罗氏线圈（Rogowski），测量采用低功率线圈（LPCT），具有较高的测量准确度、较大的动态范围及较好的暂态特性。一次线圈为中间支撑壳体，即主回路导体，二次线圈固定绝缘板上，引出线通过光线绝缘子将信号传到就地控制柜。隔离断路器电子式电流互感器结构如图9-6所示。

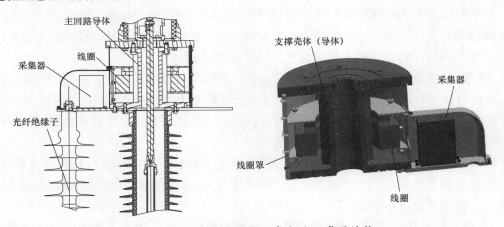

图9-6 隔离断路器电子式电流互感器结构

2. 电子式互感器防护措施

（1）一次部件的屏蔽技术。电子式电流互感器一次电流线圈加装屏蔽壳体，采用先进工艺保证线圈截面积的均匀度，减少因外部干扰电磁场及一次导体振动对电流传感器输出产生的影响。采取全屏蔽的电子式电压互感器阻容分压结构，保证电压传感器在强电磁环境下的正常运行。信号线采用屏蔽双绞线，通过带玻璃烧结的航空插头金属密封端子板引至采集器，极大增强了电子互感器的电磁屏蔽性能。

（2）多重抗干扰保护技术。在采集单元模拟信号输入端采用多重过电压保护和高频滤波等防护措施，提高采集单元的抗电磁干扰性能；在采集单元电源输入端串联过电压抑制器并对采集单元的接地方式进行专门设计，使快速暂态过电压得到抑制，从而有效防护因断路器设备操作产生的暂态过电压和地电位升高对采集单元的不良影响。

（3）采集单元的 A/D 采用双重化设计。对采集单元的 A/D 采用双重化设计，实时比较、校验两路采样值，实现采样回路硬件自检功能，避免采样异常引起保护误动等，提高可靠性。应用新设计、新材料与新工艺，对电子式电流互感器的罗氏线圈骨架，选用膨胀系数低的材料制作，采用先进的线圈绕制工艺保证线圈匝数和截面积的均匀度，提升输出信号的稳定性。对于低功率线圈（LPCT），选用温度特性优异的铁芯材料，改进线圈绕制工艺，减小线圈由温度变化导致的形变，选取具有高精密低温漂特性的电阻作为线圈取样电阻，提升输出信号的稳定性。对电子式电压互感器，采用由膨胀系数相同材料制作高低压电容，保持在温度变化时输出信号的稳定性，同时在低压臂电容输出端并联高精密、低温漂电阻，提高电压测量精度，减小温度变化对测量精度的不良影响，改善电子式电压互感器的暂态特性。

3. 电子式互感器温度响应控制

电子式互感器的测量稳定性和准确性受温度变化影响是由其工作原理所决定的，改善这一问题是研制电子互感器的一项瓶颈技术。新一代智能变电站中，电子式互感器应选择宽温度范围、高精度、一致性高（同一厂家、同一规格、同一批次）的元器件，确保温度变化引起的误差在信号传变中不被放大。在采集单元中加入温度测量模块，实时监测运行环境温度，对测量数据进行动态补偿，可大幅提升电子式互感器在高、低温环境下的测量准确度。

4. 电子式互感器检测技术

电子式互感器在应用前应经过严格的专业检测，才能现场投运。除对电子式互感器合并单元进行单一电磁干扰测试外，增加对一次部分采集单元的电磁干扰测试，同时通过网络报文分析与故障录波装置监视电子式互感器的输出。在单一电磁干扰条件下，电子式互感器输出数据对保护、计量等装置不产生影响，避免现场应用中导致保护误动、拒动等故障。在电子式互感器通过单一的电磁干扰测试后，增加模拟现场断路器操作产生强电磁干扰测试，建立试验平台，要求电子式互感器在断路器分合操作过程中不出现通信和数据异常。

9.2.3 智能变压器

目前，智能变压器多采用常规变压器和在线监测装置的简单组合，现场智能组件间互操作性差，智能组件和传感器与变压器本体集成度低，监测功能单一，未能充分实现智能变电站的高级应用。新一代智能变电站智能变压器可从以下三方面考虑：

1. 安全可靠、节能环保

智能变压器需运用新材料、新工艺、新设计，优化主纵绝缘结构，适度提高变压器绝缘裕度。

智能变压器需运用温度场分析技术，建立合理的冷却回路模型，精确计算出额定工况下的流量、流阻、压头降损失等关键参数，避免器身内部死油区，消除过热隐患，控制温升限值。考核绕组最热点温升限值，通过考核绕组最热点温升限值，以保证最大限度减少热绝缘寿命衰减。

智能变压器需运用新材料新节能技术，采用环保绝缘介质，利用混合气体、植物油等绝缘介质的安全性、微水特性，提高主变压器阻燃水平和过载能力；采用新型导线，优化磁体材料，改进制造工艺和布置结构，降低变压器损耗，实现能量的高效传输，如图 9-7所示为三相高温超导变压器，其使用环保材料（如水性漆）；通过优化结构和布局，降低电磁环境、噪声、大气污染，做到真正节能降耗、绿色环保，如图 9-8 所示为经过降噪设计的变压器。

图 9-7　三相高温超导变压器

图 9-8　经过降噪设计的变压器

2. 紧凑型变压器设计

根据产品实际使用需求及运行环境状况，合理匹配空载损耗、负载损耗、噪声等关键技术性能参数，基于紧凑型设计理念给出最佳性价比的设计方案。

改变传统的设计思路，比如对大于 150MVA 的变压器铁芯设计，可考虑由五柱铁芯更改为三柱铁芯的可能性，实践证明：满足运输界限的条件下，在 240MVA/220kV 甚至更高容量中可以使用三柱铁芯。

主纵绝缘优化配合；合理布置结构（如器身定位装置、套管出线方式、储油柜及气管路安排、冷却设备放置等）。

3. 智能在线综合监控系统

智能变压器使用先进的智能在线综合监控系统，通过运行、控制和通信互联，实现检修、维护的计划性以及数字化管理，协助设备资产的管理，有效提高变压器运行可靠性，减少设备运行风险，降低运行成本，变压器智能在线监控系统示意如图 9-9 所示。

变压器综合监控系统采用嵌入式模块化功能设计，易于设计、安装、使用。集中式变压器综合监控系统，可接入第三方传感器，具有信息分析功能并能自动传输监测和报警信息至服务中心。传感器数据采集使用实时总线通信方式，增加可靠性，减少维护量。智能组件采用集中式结构，具备本地分析功能，智能变压器在线监控系统结构示意如图 9-10 所示。

智能变压器在线综合监控系统除满足目前国网需求前提下，监控系统还应具有以下功能以保证变压器安全可靠性，延长变压器使用寿命。

（1）优化改进冷却智能控制，可同时控制更多组的冷却设备，可根据油温或热点温升远程启动冷却设备，均衡使用冷却设备，通过冷却智能控制手段，保持温度稳定，减少变压器的呼吸量，降低胶囊的工作负荷。

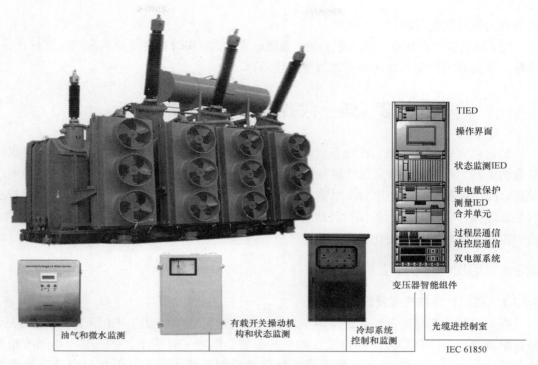

图 9-9 变压器智能在线监控系统示意图

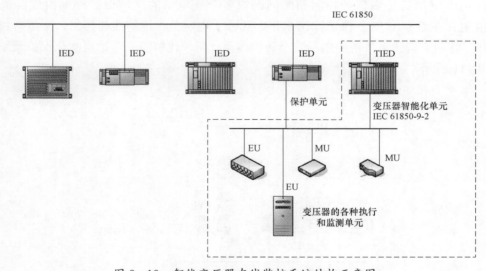

图 9-10 智能变压器在线监控系统结构示意图

（2）预测变压器热老化，针对不同类型变压器进行热老化分析和计算，进行绕组最热点温升预测，用于指导变压器过负荷判断或更换计划。

（3）分接开关触头温度和触头磨损计算，预测开关触头使用寿命、维修以及更换时间，根据分接开关挡位切换次数、滞留时间等相关参数，评估分接开关运行是否正常。

（4）提供变压器本体和分接开关的温度平衡计算，基于给定冷却条件或发热量变化的情况下，给出变压器实时温度，并与其理论模型计算结果相比较，通过该变化量限制其过负荷能力或过负荷时间。

（5）提供变压器在线专家诊断系统，根据运行参数，实时对变压器异常状况进行评估、诊断，给出原因分析以及问题处理方案及步骤。

9.3 新一代智能变电站二次系统

新一代智能变电站在二次设备方面，采用就地化装置，解决环境、电磁干扰等对保护装置的影响，提高就地装置运行可靠性；采用合并单元智能终端一体化装置、多功能测控装置，减少装置数量，简化二次电缆布线；应用层次化保护控制系统，突破间隔化保护控制的局限性，实现站域后备保护和站域智能控制策略；推进数字化计量与其他专业融合，进一步实现信息共享，简化计量系统。

9.3.1 层次化保护

9.3.1.1 层次化保护构成及配合

新一代智能变电站保护系统采用了层次化的构建思想，综合应用电网全景数据信息，通过多原理的故障判别方法和自适应的保护配置，构建了时间维、空间维和功能维相互协调配合的层次化保护控制系统。层次化保护控制系统由面向被保护对象的就地级保护、面向变电站的站域保护控制和面向区域多个变电站的广域保护控制组成，提升了现有继电保护性能和安全稳定控制水平，加强了电网第一道防线与第二、三道防线之间的协作，有利于构建更严密的电网安全防护体系。新一代智能变电站层次化保护系统示意如图 9−11 所示。

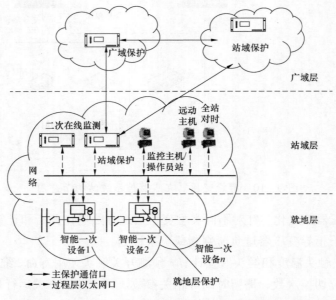

图 9−11 新一代智能变电站层次化保护系统示意图

就地级保护面向单个被保护对象，利用被保护对象自身信息独立决策，可靠、快速地切除故障。

站域保护控制面向变电站，利用站内多个对象的电压、电流、断路器和就地级保护的状态、信号等，集中决策，实现保护的冗余和优化，完成并提升变电站层面的安全自动控制功能，同时作为广域级保护控制系统的子站。

广域保护控制面向多个变电站，利用各站的综合信息，统一判别决策，实现后备保护及安稳控制等功能。

广域保护控制采集站域保护控制动作、告警等信息，并经站域保护控制系统下达指令；站域保护控制采集就地级保护动作、告警等信息，不经就地级保护，直接下达控制指令。就地级、站域级、广域级多级保护控制配合，实现电网全范围保护控制功能覆盖。

在时间维度上，就地级保护的各类主保护无延时动作（20～30ms），后备保护通过分段延时实现相互配合，为了满足选择性和可靠性，牺牲了保护的速动性（0.8～1.2s）。站域级和广域级保护可以用综合信息加速就地后备保护（0.3～0.5s）。各级保护、安稳控制协调配合，提升继电保护性能和安稳控制水平。层次化保护控制系统相关功能的时间范围如图 9－12 所示。

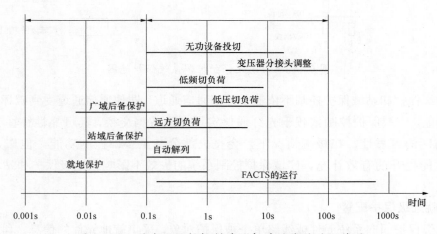

图 9－12　层次化保护控制系统相关功能的时间范围

在空间维度内，就地级保护实现对单个对象"贴身防卫"；站域保护控制综合利用站内信息实现"站内综合防御"；广域保护控制综合利用站间信息实现"全网综合防御"。层次化保护控制点面结合，实现对区域电网的全方位保护，层次化保护控制系统保护范围如图 9－13 所示。

在功能维度上，就地级保护以快速、可靠隔离故障元件为目的，利用单个元件的信息独立决策，实现快速、可靠的元件保护。站域保护控制以优化保护控制配置，提升保护控制性能为目的，利用全站信息集中决策，实现灵活、自适应的母线保护、失灵保护、元件后备保护，并具备备自投、低周低压减载等控制功能。广域保护控制以提高系统安稳控制自动化、智能化水平为目的，利用区域内各变电站全景数据信息实施广域后备保护、保护定值调整、优化安稳控制策略，实现区域内保护与控制的协调配合。

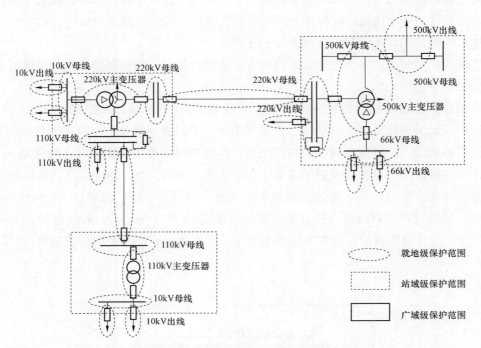

图 9-13　层次化保护控制系统保护范围

就地级保护和站域保护控制不依赖于外部通信通道，即使通信通道受到破坏，也能实现保护功能。广域保护控制依赖于光纤通信实现站间数据交换，其可靠性往往会受制于光纤通信网的可靠性，在极端情况下，会丧失部分甚至全部控制功能。但作为整个保护系统性能提升的有效补充，广域保护控制系统的失效不影响就地级保护和站域级保护控制功能。

9.3.1.2　就地级保护配置

就地级保护面向系统元件或线路单个被保护对象，采集就地元件的信息，利用被保护对象自身信息独立决策，实现可靠、快速地切除故障，满足第一时间快速切除故障的要求。就地级保护保留现有线路保护、母线保护、变压器保护等保护功能。110kV 可采用保护测控一体装置，集成非关口计量功能，保护测控功能由独立 CPU 完成。35kV 及以下电压等级采用多功能合一装置。

就地级保护基于本地信息，优化间隔功能，减少中间环节，提高可靠性，增强监测信息量，方便现场运维工作。面向对象的保护就地布置，现阶段可采用预制舱或智能组件柜等方式，逐步实现无防护安装降低成本，保护装置保留已有元件保护的功能特点，改进硬件结构设计，提高电子器件等级，降低功耗，提高抗电磁干扰及温湿度变化能力。当采用预制舱安装方式时，就地级保护的可靠性和安全性比较高，在出厂前完成安装调试，减少

现场工作量，而且运行维护方便。当采用智能组件柜安装方式时，二次系统结构紧凑，占地少，可以优化二次回路结构，在出厂前完成安装调试，减少现场工作量，但是这种方式对装置的环境适应性要求较高。

9.3.1.3 站域保护控制配置

站域保护控制面向变电站内所有元件及线路，利用全站信息（本站各元件及线路电压电流、断路器状态等直接信息和主保护中间逻辑、动作等间接信息）实现多信息冗余、多原理决策的站内元件近后备保护和单套保护的功能冗余，通过智能分析方法与算法，实现站内备自投、低周低压减负荷等控制功能。

站域保护控制的首要任务也是最大难题是故障的正确判别。传统后备保护利用本地信息判别故障，为实现保护动作的选择性，往往需要牺牲保护的速动性。站域保护控制能够充分利用信息冗余，快速、可靠判别故障区域，加速后备保护动作。站域保护控制系统可配置为站内所有单套配置的就地级保护的冗余保护，也可配置为部分公用保护（失灵保护）及相邻变电站元件后备保护。根据电压等级的不同及变电站承担任务的不同，站域保护控制还可配置备自投、低周低压减负荷等功能。同时，站域保护控制还作为广域保护控制子站，为广域保护上送本变电站信息，接收、转发广域保护主站发出的控制命令。以220kV变电站为例，站域保护控制功能配置见表9-1。

表9-1 站域保护控制功能配置

序号	分类	功能模块	功能描述
1	冗余保护	线路保护、主变压器保护、母线保护、分段保护	作为单套配置保护的冗余
2	后备保护	快速故障定位	基于多点信息快速故障定位，与就地保护配合加速故障切除
		110kV失灵保护	断路器失灵保护功能
		35（10）kV母线保护	基于GOOSE信息的简易母线保护
3	安全自动控制	低周低压减载	集成低周低压减载功能，优化减载策略
		站域备自投	站内各电压等级综合备自投
		主变压器过载联切	主变压器过载联切、负荷均分
4	广域保护控制	广域保护控制子站	站内信息采集、处理、上送，广域信息校核、执行

（1）冗余保护。站域保护控制作为单套配置就地保护元件的冗余保护，主要完成两类任务：第一类，就地级保护正常情况下，站域后备保护作为重要元件的最末级保护，以提高站内保护系统的可靠性；第二类，在就地级保护异常退出或检修时，起到保护功能迁移的作用，完成退出的就地级保护所承担的保护任务，其所有性能均应基本达到就地级保护水平。

（2）后备保护。站域保护控制结合变电站内多间隔的电流电压信息，利用可配置的区域信息，进行综合逻辑判断，提高保护装置的动作速度，并能够保证选择性，解决各种配合问题。在某一间隔保护回路元件（如互感器、合并单元、智能终端、断路器）故障时，站域保护通过其他间隔电流电压信息进行故障判别，并通过扩大范围的断路器切除故障，提高后备保护动作速度。

（3）安全自动控制。

1）站域备自投。获取变电站内多间隔电压、电流和断路器位置信息，通过分布协同利用或集中处理判断，实现站域备自投的协调工作，适应系统运行方式的要求，并可根据备自投后负荷变化，预先执行过负荷联切，减小备自投动作后对系统的冲击。

2）过载优化切负荷。当电力系统发生故障导致系统出现稳定问题或设备过载时，站域保护控制可根据事故前系统运行方式与负荷情况实施优化控制措施，切负荷时根据每条负荷线的重要程度不同，优先切除不重要的负荷，直至切负荷量满足要求为止。

3）低周低压减载。站域保护控制判断系统是否发生低频低压等异常情况，若频率或电压超出正常范围且需要采取控制措施，计算切负荷量，并根据实时的负荷容量与负荷优先级按照最小过切的原则切负荷，并执行切负荷命令。

（4）广域保护控制子站功能。站域保护控制作为广域保护控制系统的子站，组织、传送广域保护系统所需信息，接收、执行广域保护控制命令，依据优先级执行低周低压减载、变压器分接头调整、无功设备投切等。

9.3.1.4　广域保护控制配置

广域保护控制综合区域电网的全景数据信息，一方面，可以实现站间线路后备保护（如广域差动），增加后备保护的冗余配置；另一方面，应用智能算法和控制策略，实现区域电网安稳控制，可协调后备保护、稳定控制，提升后备保护及安全稳定控制的自适应和自动化水平。

广域保护控制系统包括继电保护和安全自动控制两方面，配置差动原理的后备保护，完成站间联络线路的后备保护；具备电网拓扑分析、潮流分析、后备保护定值调整、稳定预测、紧急控制等功能。广域保护控制典型功能配置见表9-2。

表9-2　　　　　　　　　　　　广域保护控制典型功能配置

序号	分类	功能模块	功能描述
1	后备保护	精确故障定位	基于多点信息快速故障定位，与站域保护配合加速故障切除
		广域后备保护	利用差动原理故障定位，优化就地级后备保护
		自适应定值	依据系统运行方式及拓扑变化自适应计算（调整）定值
2	安全自动控制	低周低压减载	优化切负荷策略
		保护、安控协调	减少保护动作对系统扰动，预防大停电事故
		安稳状态评估及预警	观测电网状态，自动评估、预警

1. 后备保护

基于广域信息的电网后备保护，在电力系统发生故障时，能够确定故障位置，迅速有选择地把故障元件从系统中断开，广域后备保护通过广域通信通道在区域内交换继电保护的保护启动、保护动作等继电保护闭锁或加速信号，或者利用通信网络获取电网多个节点的电气量、状态量等信息，通过广域保护之间的信息交互或者广域差动原理进行故障定位，实现基于广域信息优化的后备保护。

后备保护主要功能包括：

1）在保证选择性的前提下优化保护动作速度；

2）无断路器失灵保护配置时系统故障而断路器拒动时的后备保护；

3）原有保护拒动情况下的后备保护。为了满足选择性要求，只有在故障设备的保护或者断路器拒动后才能发出跳闸命令。

后备保护的配合关系与系统运行方式有关，为了减少定值管理工作量，广域保护控制主机应通过广域信息直接获取系统的运行方式，然后根据后备保护的配合需求，自动实时计算继电保护定值，并实时下发到继电保护装置，一方面实现了继电保护定值的免整定，另一方面实现了继电保护自动适应系统运行方式。

2. 安全自动控制

广域保护控制系统获知全网厂站、线路的运行潮流状况，利用这些采集量进行如实时负荷灵敏度分布、减负荷决策、广域电压稳定控制等计算内容，以及实时的振荡稳定裕度评估与动态稳定性预防控制等功能。

安全自动控制功能主要包括：

1）基于广域信息的快速供电恢复；

2）电力系统扰动或故障情况下设备过载后优化切负荷；

3）基于广域信息的电网低周低压减载控制。

9.3.2 智能电力云

调控一体的管理模式要求站内信息需要在站内进行统一的预处理，电网信息流要求实现"横向集成、纵向贯通"，实现大运行、大检修体系下电网信息的融合，因此，变电站端应进行配套的信息整合和功能提升。

云计算其本质特征是分布式计算、存储和高扩展性，是各种技术的融合。采用云计算可在现有电力设备基本不变的情况下，建立国家电网生产控制私有云，充分整合系统内部的计算处理和存储资源，提高电网数据处理和交互能力，从而成为智能电网有力的技术组成，电力系统仿真云计算中心应用场景如图9-14所示。

物联网特点是全面感知、可靠传递以及智能处理。对于智能电网来说，厂站端的一次设备是数据源头，所有传感设备采用不同原理实现电网运行数据的感知和传输，并通过电力系统通信网络组建电力系统特有的物联网体系架构，物联网传感网络架构如图9-15所示，智能电网就是为了实现全网运行状态感知、数据安全可靠传输和信息的智能处理。

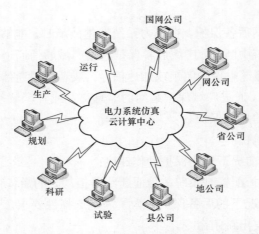

图 9-14　电力系统仿真云计算中心应用场景

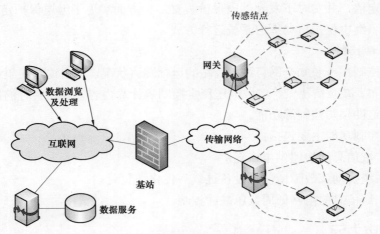

图 9-15　物联网传感网络架构

基于物联网和云计算，可以构建智能电力云。电力云具有感知层、网络层和应用层三层结构。

（1）感知层通过各类传感器提供电网实时监视和控制所需要的数据；

（2）网络层由内部电力通信专网实现生产控制区内数据传输，由物联网实现居民智能小区用电信息传输，这样，变电站、发电厂、智能用电等设备都成为智能电力云的基本单元；

（3）应用层则通过新一代智能变电站及智能调度技术支持系统的高级分析、诊断和预测算法，决策并采用正确的逻辑去排除电网故障，缓解或避免电力短缺的问题，保证供电质量。

智能变电站作为感知层，通过传感器，向调度中心提供全景设备信息，支撑调控一体。

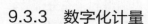

9.3.3 数字化计量

在常规变电站或已建成的智能变电站中，计量系统基于 RS-485 总线独立组成通信网络，计量表计包括结算计量表计和考核计量表计，均为独立装置，存在着网络交叉重复、设备多、占用屏柜多、建设成本高和运维复杂等弊端。为此，新一代智能变电站计量系统的首要目标就是实现与其他专业的融合，使计量与保护、测控等共享变电站网络资源，共享数据源，简化计量系统架构；其次，在共享数据源的基础上共享硬件资源，将原来需要由独立计量表计承担的考核计量功能并入测控装置及多合一装置，通过专业融合，压缩站内设备和屏柜数量，降低计量系统的建设成本，并为计量系统的智能化奠定基础。

1. 数字化计量要求

新一代智能变电站基于统一数据源、简化站内通信网络的设计理念，将计量系统的站内专用通信网络并入站内基于 IEC 61850 的公用通信网络，与其他专业融合，共享通信网络资源。根据计量业务需求，计量可细分为考核计量点、结算计量点和可能转化为结算点的考核计量点三类。不同类型计量点应采用不同的实施方案，提出不同的技术条件。

对于电能计量仅用于内部经济指标考核或电量平衡考核的计量点，归为考核计量点。考核计量点对电子式互感器、合并单元无特殊要求，与站内其他专业共享合并单元输出。间隔层不必配置独立的数字化电能表，计量功能集成于具有相同数据源的其他多功能装置。其中，110kV 及以上电压等级，集成于多功能测控装置，10/35kV 集成于多合一装置。对于集成计量功能的多功能装置，要求实现正/反向、有/无功电能计量、需量计量、冻结、清零、需量清零、事件记录等基本计量功能，增加电量脉冲输出端口，方便电能计量误差检测，优化电能计量算法，提高了测控装置的准确度，满足考核计量对电能计量准确度的需求。

对于电能计量用于结算的计量点，归为结算计量点。结算计量点对电子式电流互感器和合并单元有专门要求，其中电子式电流互感器要达到 0.2S 级，合并单元的采样频率要达到 12.8kHz，间隔层需要配置具备硬件防护功能的计量专用合并单元，合并单元采样数据点对点传输给数字化电能表。计量各环节要求应用主备配置技术。数字化电能表除了满足基本电能计量之外，还应具有谐波计量功能，同时配合计量数据定时冻结等软件功能措施和计量设备周期检测等管理措施，保证结算计量系统的绝对安全、可靠和公平。

对于通常为考核计量点，但在特殊情形下可能升级为结算功能的计量点，互感器、合并单元等按考核计量点设计，配置独立的数字化电能表。

2. 数字化计量特点

新一代智能变电站中的数字化计量系统建立了满足新一代智能变电站计量及计量管理的 IEC 61850 节点模型和服务模型，实现计量数据的标准化，并利用 IEC 61850 文件服务，实现了大批冻结数据的实时记录和事后的方便调用，同时利用 IEC 61850 报告服务，实现了异常事件的即时主动上报保证计量系统各设备的互操作性和互换性。

为了支持新能源的接入，新一代智能变电站的数字化计量系统需支持双向计量。随着新能源的广泛应用，许多分布式新能源，如风能、太阳能等已经在用户端得到了充分部署，某些地区实现了分布式电源的并网运行，作为电网与用户直接结算计量接口，数字化电能表一方面计量电网输送给用户的电量；另一方面，计量这些微型分布式能源反馈到电网的电量。此外，还需支持分时计量。分时计量是适应峰谷分时电价的需要而提供的一种计量手段。计量系统按预定的尖、峰、谷、平时段的划分，分别计量尖、峰、谷、平时段的用电量，从而对不同时段的用电量采用不同的电价。使用复费率发挥电价的调节作用，促进用电客户调整用电负荷，移峰填谷，合理使用电力资源，充分挖掘发、供、用电设备的潜力。为了满足分时计量的灵活设置，数字化电能表应具有双向通信的能力，以便在电量周期上送和故障事件实时上报的同时，响应主站关于分时计量时段等功能的设置，实现双向互动。

3. 数字化计量实施方案

新一代智能变电站的计量系统为数字化电能计量系统，由电子式电压互感器、电子式电流互感器、合并单元和数字化电能表或集成了数字化电能表功能的多功能装置和电能量采集终端组成。计量系统的工作流程为：电子式互感器采集电流和电压，并以数字信号方式发送至合并单元，经合并单元汇集和处理，以符合 IEC 61850-9-2 协议格式的网络报文，通过点对点或高速以太网发送至配置于间隔层的数字化电能表或集成了数字化电能表功能的多功能装置，经过一系列的数据处理与计算，将电能量数据通过 IEC 61850-8-1 协议格式的网络报文发送至配置于站控层的电能量采集终端，电能量采集终端以 IEC 60870-5-102 协议将电能量转发至计量主站。考核点、结算点、可能转化为结算点的考核点计量系统实施方案示意分别如图 9-16~图 9-18 所示。

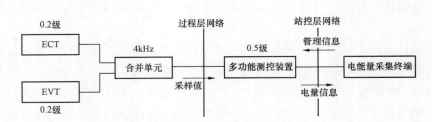

图 9-16 考核计量系统实施方案示意图

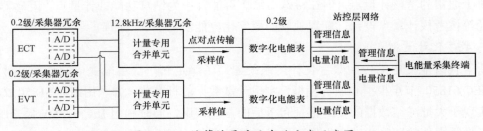

图 9-17 结算计量系统实施方案示意图

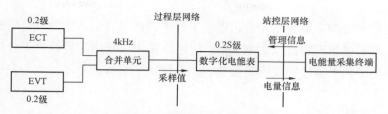

图 9-18 可能转化为结算的考核计量系统实施方案示意图

9.3.4 高集成度二次设备

现阶段智能变电站中，大量的合并单元、智能终端、保护装置、测控装置、计量表计独立配置，功能集成度低，成本增加。二次设备的整合是智能变电站技术发展的趋势，不同的整合方式也将带来不同的技术经济效益。

9.3.4.1 多功能测控装置

目前，断路器很多功能都由就地机构实现，测控装置的功能越来越简单。PMU 装置与测控装置的信息采集一致，且信息处理相对都较单一。因此，测控装置可以集成 PMU 的功能，也可集成故障录波功能和计量表计功能，形成多功能测控装置，实现测量、控制、计量、功角测量、故障录波等系统的功能整合与硬件集成，显著简化间隔层设备配置，进一步提高集成度。

多功能测控装置解决了现有装置功能分散、集成度不高的问题，其特点主要包括：

（1）设计新型硬件平台，减少二次设备数量，降低变电站建设成本；

（2）利用数据同源共享技术，降低网络负载，减少数据采集回路并简化全站系统设计；

（3）稳态、动态和计量数据时标统一标识，提升全站数据质量；

（4）跨专业数据和功能融合技术，提高设备的集成度和智能化水平，推动和促进跨专业技术的集成和整合。

多功能测控装置支持多源数据高速实时交换，采用模块化的多 CPU 硬件架构，通过高性能的采样平台，解决高速数据传输、大容量数据采集和同步等问题，实现模块间交流采样数据、开关状态量数据、运算处理的中间数据等多种高速实时数据交换。

多功能测控装置利用多元量测数据共享技术，对多种量测功能进行整合集成，实现单装置对多元量测数据的同步采集，对量测功能的数据采集、运算处理等环节进行融合优化，形成统一的数据接口和实时任务调度机制。在采样环节，通过理论分析与检测，在保证装置的各项精度指标情况下，实现测控、PMU、电能计量采样频率的统一；在数据的处理环节，测控和 PMU 均采用统一的快速频率跟踪算法，通过对多种量测功能的测量结果或中间运算数据进行共享使用，减少整个装置的冗余计算，提高装置的处理效率，并实现测量结果的优化。

按照 PMU 数据测量的精度要求，多功能测控装置实现系统频率跟踪的快速计算，采用基于等间隔采样的 PMU 高精度软件测频算法，通过连续 3 次相量计算值的迭代，消除频率偏移情况下的频谱泄漏误差，频率计算时不需要进行频率跟踪，在无法满足整周期采样的情况下仍能保证频率测量的精度，省去了频率跟踪采样的收敛时间，缩短了电网频率的刷新时间，频率更新间隔可以达到 5ms。同时也采用带补偿的离散傅里叶变换频率测量算法，有效避免了频率偏移和整次谐波的影响，解决了采样频率不同步的问题，提高了测量精度。

9.3.4.2　多合一装置

已建成的 35kV 及以下电压等级智能变电站测控、保护、计量等间隔层装置大多相互独立安装，智能终端、合并单元等过程层装置分别独立设置，现场各功能 IED 装置接线和维护比较复杂。

新一代 35kV 及以下电压等级智能变电站的实际需求是将测控、保护、计量、智能终端、合并单元等功能有效集成，简化二次设备接线数量，降低全站设计复杂度，减少建设成本、提高设备可靠性，满足生产运行和检修的要求，减少现场接线工作量，减少维护装置数量。

多合一装置将测控、保护、计量、智能终端、合并单元等共性资源如电源、人机接口、网络通信口进行集成，同时将对时功能、遥信采集功能进行整合，从系统的角度对各模块需要的 CPU 资源进行统筹规划，更好地实现设备内部资源的共享，提高装置的整体智能化水平。此种装置不仅有效减少现场光纤和硬接线使用成本，同时有效降低设备的硬件成本，降低全站设计的复杂程度，经济效益显著。

多合一装置集测控功能、保护功能、非关口计量功能、智能终端功能、合并单元功能于一身，具有体积小、装置集成度高、简化了二次接线、具备设备状态监测功能等特点。装置除具有传统的保护外，还具有简易母线保护，与其他间隔保护装置共同完成母线保护功能；具有有功电能计量，四象限无功电能计量，最大需量统计，冻结及历史数据存储，计量用电压电流异常告警功能。合并单元功能，可以将就地模拟量采样按 IEC 61850-9-2 标准转换成以太网数据，通过光纤发送到网络，给录波仪和站域保护提供电压电流数据。智能终端功能，将就地的开关信号转成 GOOSE 信号，发送到网络，给站域保护提供开关量信息或其他装置逻辑互锁用开关量信息，也可以接收稳控装置、减载装置及站域保护等装置的 GOOSE 跳闸信号，完成断路器跳闸功能，简化二次接线。多合一装置可以监视过程层光口光强，电源电压及 CPU 温度等，完善的监测功能让装置运行更可靠。链路信息监视，可以对 GOOSE 及 SV 信息详细解析，对异常原因清晰明了，更方便问题查找。装置有更强大的处理能力，更完善的功能配置，与装置间更多的信息交互，在智能化站中能发挥更大的作用。

9.4　新一代智能变电站网络技术及信息流

网络通信已成为智能变电站信息交互的主要途径。智能变电站信息网络基于 IEC 61850 标准，为变电站自动化系统提供高速以太网，满足保护、测控、计量等功能装置信息交互需求。

9.4.1 新一代智能变电站网络技术

新一代智能变电站站内网络应在保证安全可靠的前提下，进一步简化结构层次；优化数据规划，控制、减少站内网络数据流量，减少网络设备，提高网络可靠性；梳理信息需求，大量减少上传信息流量，提高主站信息处理效率，增加上传主站的信息维度，优化电网的运行控制；深度整合站控层功能，构建变电站一体化监控系统，实现全站信息的统一接入、统一存储、统一处理、统一展示、统一上送。

基于智能化高压设备，新一代智能变电站网络由现在的"三层两网"简化为"两层一网"结构：设备装置根据实现功能不同分为就地层、站控层两层，层与层、层内设备间信息交换通过"一层网络"实现，减少网络层级和交换机数量，实现信息流高度集成。

新一代智能变电站"一层网络"结构如图 9−19 所示，GOOSE、SV、MMS 和 IEEE 1588 网络对时等业务报文共网传输，设备装置根据自身功能需求通过网络订阅信息实现数据交互，信息高度共享。根据变电站电压等级及相对重要性，"一层网络"可按 A、B 双网组网，提高容灾性和可靠性。

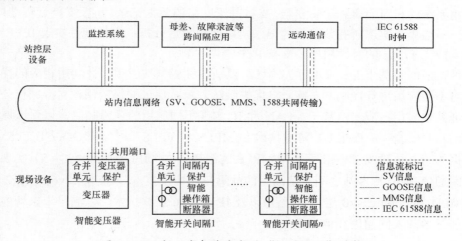

图 9−19 新一代智能变电站"一层网络"结构

考虑到变电站高、中、低压设备布局情况，为便于"一层网络"实际组网需要，将站内一层网络划分为接入层与核心层。接入层交换机实现各间隔合并单元、智能电子设备数据的接入，单间隔或多间隔配置；核心层交换机实现间隔间级联和站控层数据的接入，可根据变电站规模分高、中、低压配置，也可不同电压等级共用设备。新一代智能变电站交换机分层结构如图 9−20 所示。

新一代智能变电站的一层网络应采用网络冗余、流量控制、入侵检测等技术，提高链路可靠性和网络安全性，保障网络服务质量。流量控制包括流量识别和处理控制两部分。首先，由于 GOOSE 和 SV 数据包都是 L2（2 层）以太网帧，交换机必须能够基于 L2（2 层）以太网帧头字段（如 Ethertype、VLAN Tag 字段）识别数据包，以便区分 GOOSE、SV 和 IEEE 1588 对时等不同流量；其次，可以针对不同种类的数据包实现对流量的限速，采用不同的优先级调度算法、分层的 QoS 服务质量保护机制（H−QoS）来保证在一定的

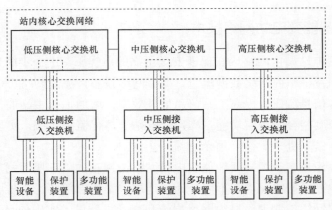

图 9-20 新一代智能变电站交换机分层结构

限制速率下实现不同应用数据的不同优先级处理。交换机的关键部件和模块（如电源和扩展模块）应支持冗余配置和热插拔，保证使用过程中故障部件的不间断更换；支持不同应用的隔离技术，可以在 L2 以太网和 L3 IP 层面对不同应用进行逻辑隔离，以保证不同变电站应用系统的相对隔离和逻辑安全；支持基于网络的数据记录功能，支持远程端口镜像，方便通过网络集中实现所有数据包的记录，以便故障后分析；支持硬件实现 IEEE 1588v2 对时，支持优于 1μs 的时钟精度，支持 PTP 透明时钟。

交换机应能够基于 L2～L4 包头信息，识别各种变电站应用，并利用相应的优先级保护机制对不同应用进行控制，支持严格优先级队列算法保证关键应用，支持加权公平队列算法保证其他应用；应支持基于 VLAN 和 IP 实现不同应用的逻辑隔离，以保证原不同层面网络的相对安全；应采用 L2 隧道技术 EoMPLS 和 VPLS，以保证 GOOSE 和 SV L2（2层）数据的跨站传输或者采用基于 IP/MPLS 的组播技术（IEC 61850-90-5）实现广域的多点之间通信；应支持多站之间复杂网络的故障快速切换技术；应支持 IPv6，包括 2 层 IPv6 组播（MLD Snooping）、3 层 IPv6 路由以及 IPv4/IPv6 互联技术，以满足未来智能电网下大量智能设备的入网通信和信息采集。

9.4.2 新一代智能变电站典型信息流

由于新一代智能变电站比第一代智能变电站新增了诸多智能化功能，尤其体现在跨专业、跨系统之间的信息交互、协调调度方面，以往传统智能变电站使用的全站信息流不能满足新一代智能变电站全站的信息流需求，尤其是新增的智能化功能及相应的信息流。新一代智能变电站全站信息流可以分为保护信息流、测量信息流、控制信息流、状态监测信息流、告警信息流、计量信息流。下面以 220kV 新一代智能变电站为例，介绍新一代智能变电站全站信息流。

9.4.2.1 保护信息流

图 9-21 和表 9-3 所示为 220kV 新一代智能变电站保护信息流示意图及信息流架构表，表示站内所有与保护动作相关的信息流向及信息内容描述。

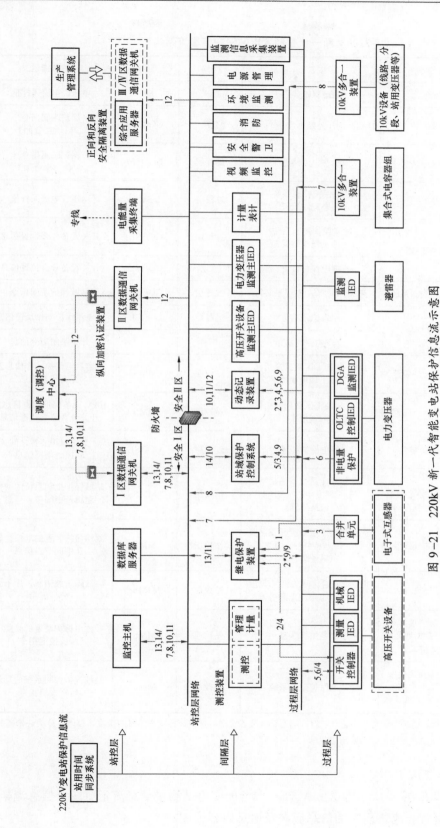

图 9-21　220kV 新一代智能变电站保护信息流示意图

注：图形中双向箭头表示有上下两个方向的信息流，其中 "/" 左面的数字表示下行的信息流向标号，"/" 右面的数字表示上行的信息流向标号。

表 9-3   220kV 新一代智能变电站保护信息流架构

信息流号	发送端	接收端	网络	服务	信息描述
1	合并单元	继电保护装置	直采	SV	电压、电流采样值
2	继电保护装置	开关控制器	直跳	GOOSE	保护跳闸指令（含自动重合闸）
2*	继电保护装置	动态记录装置	过程层	GOOSE	保护跳闸指令（含自动重合闸）
3	合并单元	站域保护控制系统/动态记录装置	过程层	SV	电压、电流采样值
4	开关控制器	站域保护控制系统/动态记录装置	过程层	GOOSE	开关设备分合位置信息
		继电保护装置	直采	GOOSE	开关设备分合位置信息
5	站域保护控制系统	开关控制器/动态记录装置	过程层	GOOSE	站域保护跳闸指令
6	非电量保护	动态记录装置	过程层	GOOSE	非电量保护动作反馈信息
		开关控制器	—	—	开关跳闸指令信息
7	10kV 多合一装置	监控主机/Ⅰ区数据通信网关机（/调度中心）	站控层	MMS	电容器组保护动作信息及开关状态信息
8	10kV 多合一装置	监控主机/Ⅰ区数据通信网关机（/调度中心）	站控层	MMS	10kV 设备保护动作信息及开关分合位置状态信息
9	继电保护装置	继电保护装置	过程层	GOOSE	继电保护装置之间联锁、闭锁信息
10	站域保护控制系统	监控主机/Ⅰ区数据通信网关机（/调度中心）/动态记录装置	站控层	MMS	站域保护控制系统的动作逻辑及中间节点信息
11	继电保护装置	监控主机/Ⅰ区数据通信网关机（/调度中心）/动态记录装置	站控层	MMS	就地保护装置的动作逻辑及中间节点信息
12	动态记录装置	Ⅱ区数据通信网关机（/调度中心）/综合应用服务器	站控层	MMS	故障录波信息，用于分析展示
13	监控主机/（调度中心）/Ⅰ区数据通信网关机	继电保护装置	站控层	MMS	继电保护装置的功能压板投退指令
14	监控主机/（调度中心）/Ⅰ区数据通信网关机	站域保护控制系统	站控层	MMS	站域保护控制系统的功能压板投退指令

* 保护装置的状态信息上送至动态记录装置；动态记录装置实现对保护装置状态信息的接收、存储、分类、诊断等功能，并将诊断结果报送至综合应用服务器。

9.4.2.2 测量信息流

图 9-22 和表 9-4 所示为 220kV 新一代智能变电站测量信息流示意图及信息流架构表，表示站内所有与测量相关的信息流向及信息内容描述。

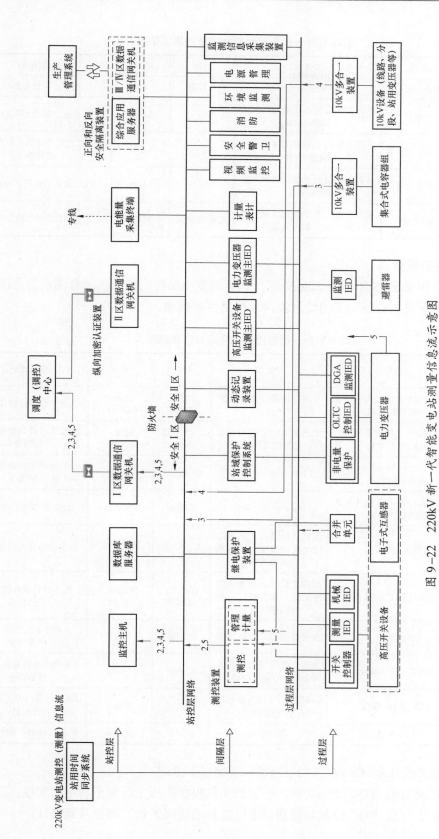

图 9-22 220kV 新一代智能变电站测量信息流示意图

注：图形中双向箭头表示有上下两个方向的信息流向，其中"/"左面的数字表示下行的信息流向标号，"/"右面的数字表示上行的信息流向标号。

表 9-4   **220kV 新一代智能变电站测量信息流架构**

信息流号	发送端	接收端	网络	服务	信息描述
1	合并单元	测控装置	过程层	SV	电压、电流采样值
2	测控装置	监控主机/Ⅰ区数据通信网关机（/调度中心）	站控层	MMS	电压、电流有效值
3	10kV 多合一装置	监控主机/Ⅰ区数据通信网关机（/调度中心）	站控层	MMS	集合式电容器组的电压、电流值
4	10kV 多合一装置	监控主机/Ⅰ区数据通信网关机（/调度中心）	站控层	MMS	10kV 设备的电压、电流值
5	电力变压器	监控主机/Ⅰ区数据通信网关机（/调度中心）（测控装置转发）	直采/站控层	MMS	变压器的油温、挡位信息

9.4.2.3　控制信息流

图 9-23 和表 9-5 所示为 220kV 新一代智能变电站控制信息流示意图及信息流架构表，表示站内所有与控制相关的信息流向及信息内容描述。

表 9-5   **220kV 新一代智能变电站控制信息流架构**

信息流号	发送端	接收端	网络	服务	信息描述
1	（调度中心/）Ⅰ区数据通信网关机/监控主机	开关控制器（测控装置转发）	站控层/过程层	MMS/GOOSE	开关设备控制指令
2	（调度中心/）Ⅰ区数据通信网关机/监控主机	变压器 OLTC 控制 IED（测控装置转发）	站控层/过程层	MMS/GOOSE	变压器有载分接开关控制指令
3	（调度中心/）监控主机/Ⅰ区数据通信网关机	10kV 多合一装置	站控层	MMS	集合式电容器组的控制指令
4	（调度中心/）监控主机/Ⅰ区数据通信网关机	10kV 多合一装置	站控层	MMS	10kV 设备的控制指令
5	开关控制器	监控主机/Ⅰ区数据通信网关机（/调度中心）（测控装置转发）	站控层/过程层	GOOSE/MMS	开关设备分合位置信息
6	变压器 OLTC 控制 IED	监控主机/Ⅰ区数据通信网关机（/调度中心）（测控装置转发）	站控层/过程层	GOOSE/MMS	变压器有载分接开关挡位信息
7	合并单元	变压器 OLTC 控制 IED	过程层	SV	用于智能闭锁的结果信息
8	10kV 多合一装置	监控主机/Ⅰ区数据通信网关机（/调度中心）	站控层	MMS	集合式电容器组投切状态信息
9	10kV 多合一装置	监控主机/Ⅰ区数据通信网关机（/调度中心）	站控层	MMS	10kV 设备的开关分合位置信息
10/11	测控装置	测控装置	站控层	GOOSE	跨间隔联锁、闭锁信息

其中，电力变压器 OLTC 控制信息流应遵循以下原则：

（1）站内应实现 VQC 控制功能，由监控主机根据电压定值和无功定值实现；

（2）调控中心的 VQC 控制功能通过Ⅰ区数据通信网关机、测控装置实现；

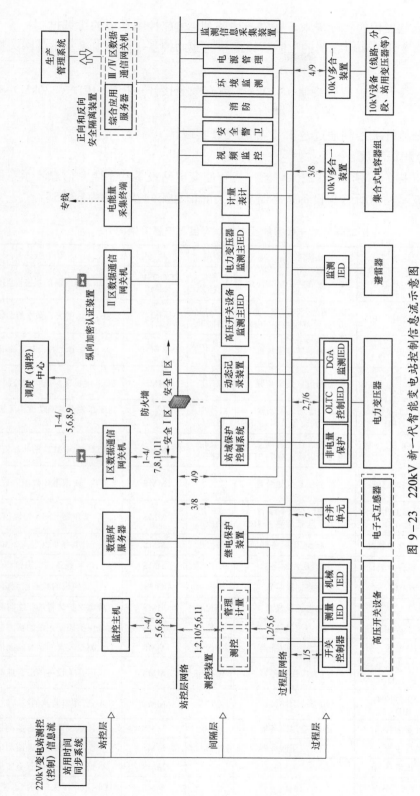

图 9-23　220kV 新一代智能变电站控制信息流示意图

注：图形中双向箭头表示有上下两个方向的信息流，其中 "/" 左面的数字表示下行的信息流向标号，"/" 右面的数字表示上行的信息流向标号。

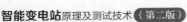

（3）根据示范工程的实际需求，建立上述两种 VQC 控制功能的协调机制；

（4）有载分接开关和电容器的控制反馈应报送到站控层（监控主机及Ⅰ区网关机至调控中心）；

（5）有载分接开关由智能终端（110kV）或有载分接开关控制 IED（220kV）实现控制功能；

（6）有载分接开关控制通过逻辑节点 ATCC 实现。

9.4.2.4 状态监测信息流

图 9-24 和表 9-6 所示为 220kV 新一代智能变电站设备状态监测信息流示意图及信息流架构表，表示站内所有与设备状态监测相关的信息流向及信息内容描述。

表 9-6　　　　　　　　　220kV 新一代智能变电站状态监测信息流架构

信息流号	发送端	接收端	网络	服务	信息描述
1	开关控制器	监测信息采集装置	过程层/站控层	GOOSE/MMS	开关控制器的状态监测信息
2	高压开关测量 IED	监测信息采集装置/高压开关设备监测主 IED	过程层/站控层	MMS	SF_6 气体密度、微水等监测信息
3	合并单元	监测信息采集装置	过程层/站控层	SV/MMS	合并单元的状态监测信息
4	变压器非电量保护	监测信息采集装置	过程层/站控层	MMS	非电量保护的状态监测信息
5	高压开关设备机械监测 IED	监测信息采集装置/高压开关设备监测主 IED	过程层/站控层	MMS	高压开关设备操动机构的机械特性信息
6	变压器 OLTC 控制 IED	监测信息采集装置/电力变压器监测主 IED	过程层/站控层	MMS	OLTC 控制 IED 的状态监测信息
7	避雷器监测 IED	监测信息采集装置	过程层/站控层	MMS	避雷器计数器读数
8	变压器 DGA 监测 IED	监测信息采集装置/电力变压器监测主 IED	过程层/站控层	MMS	变压器 DGA 监测信息
9	10kV 多合一装置	综合应用服务器	站控层	MMS	集合式电容器组的状态监测信息
10	10kV 多合一装置	综合应用服务器	站控层	MMS	10kV 设备的状态监测信息
11	交换机	动态记录装置	过程层	GOOSE	交换机的状态监测信息
12	继电保护装置	动态记录装置	站控层	MMS	继电保护装置的状态监测信息
13	站域保护控制系统	动态记录装置	站控层	MMS	站域保护控制系统的状态监测信息
14	测控装置	综合应用服务器	站控层	MMS	测控装置的状态监测信息
15	高压开关设备监测主 IED	综合应用服务器	站控层	MMS	高压开关设备的综合监测信息
16	电力变压器监测主 IED	综合应用服务器	站控层	MMS	电力变压器监测的综合监测信息
17	计量表计	综合应用服务器	站控层	MMS	计量表计的状态监测信息
18	监控主机	综合应用服务器	站控层	MMS	监控主机的状态监测信息
19	数据库服务器	综合应用服务器	站控层	MMS	数据库服务器的状态监测信息
20	Ⅰ区数据通信网关机	综合应用服务器	站控层	MMS	Ⅰ区数据网关机的状态监测信息

续表

信息流号	发送端	接收端	网络	服务	信息描述
21	Ⅱ区数据通信网关机	综合应用服务器	站控层	MMS	Ⅱ区数据通信网关机的状态监测信息
22	电能量采集终端	综合应用服务器	站控层	MMS	电能量采集终端的状态监测信息
23	站用时间同步装置	综合应用服务器	站控层	MMS	站用时间同步装置的状态监测信息
F1	视频监控	综合应用服务器	站控层	MMS	视频监控的状态监测信息
F2	安全警卫	综合应用服务器	站控层	MMS	安全警卫的状态监测信息
F3	消防	综合应用服务器	站控层	MMS	消防的状态监测信息
F4	环境监测	综合应用服务器	站控层	MMS	环境监测的状态监测信息
F5	电源管理	综合应用服务器	站控层	MMS	电源管理的状态监测信息
F6	监测信息采集装置	综合应用服务器	站控层	MMS	监测信息采集装置本身的状态信息；开关控制器、开关测量 IED、开关机械监测 IED、合并单元、变压器非电量保护、变压器 OLTC 控制 IED、变压器 DGA 监测 IED、避雷器监测 IED 的监测信息

其中，一次设备的状态监测信息流应遵循以下原则：

（1）根据示范工程需求，智能电力变压器中油中溶解气体、铁芯接地电流的监测结果通过站控层网络（基于 MMS 服务）报送至综合应用服务器；

（2）油中溶解气体监测采用 SIML 逻辑节点（有扩展项）、铁芯接地电流监测采用 SPTR 逻辑节点（有扩展项）；

（3）根据示范工程需求，智能高压开关设备中机械特性及气体的监测结果通过站控层网络（基于 MMS 服务）报送至综合应用服务器；

（4）机械特性监测采用 SOPM 和 SCBR 逻辑节点（有扩展项）、气体监测采用 SIMG 逻辑节点（有扩展项）；

另外，二次设备的状态监测信息流应遵循以下原则：

（1）保护装置和测控装置应实现基本状态监测功能，监测的状态量应包括光强、温度、电源电压；

（2）过程层设备，如具备状态监测功能，则监测的状态信息通过监测信息采集装置（公用测控）报送至综合应用服务器；过程层网络交换机的网络状态信息通过 SNMP 或 GOOSE 报送至动态记录装置；

（3）综合应用服务器接收、存储、管理全站所有二次设备状态监测信息，并对除保护装置以外设备的状态信息进行分析、诊断；

（4）全站二次设备推荐每 2h 报送 1 次状态信息，变化量超过 5%或分析状态有改变时主动报送 1 次。

9.4.2.5 告警信息流

图 9-25 和表 9-7 所示为 220kV 新一代智能变电站告警信息流示意图及信息流架构表，表示站内所有与告警相关的信息流向及信息内容描述。

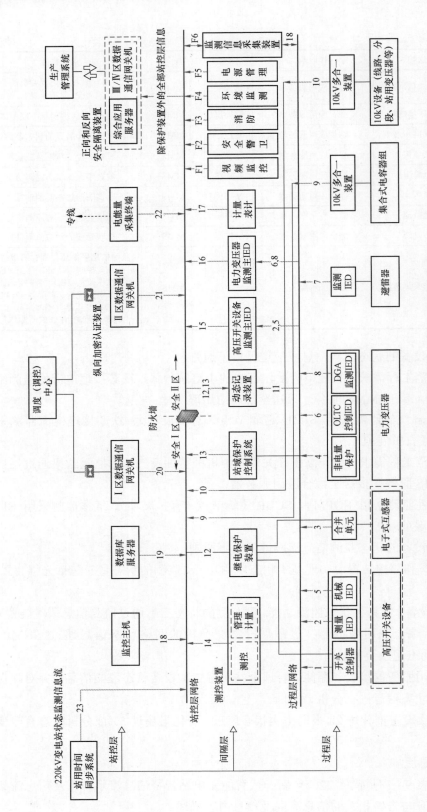

图 9-24 220kV 新一代智能变电站状态监测信息示意图

注：图形中双向箭头表示有上下两个方向的信息流向，其中 "/" 左面的数字表示下行的信息流向标号，"/" 右面的数字表示上行的信息流向标号。

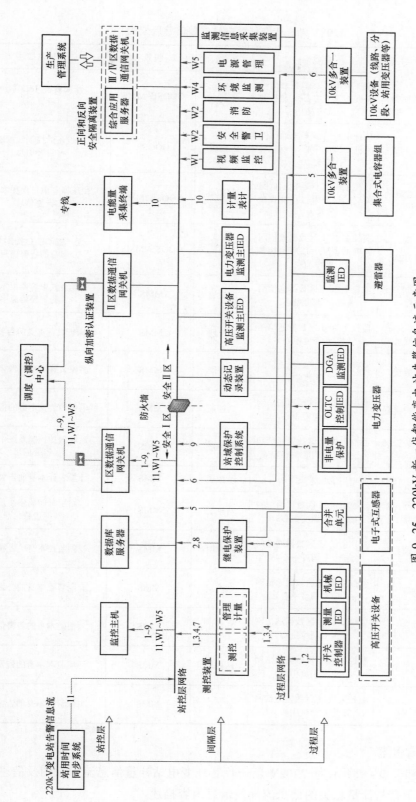

图 9-25　220kV 新一代智能变电站告警信息流示意图

注：图形中双向箭头表示有上下两个方向的信息流向，其中"/"左面的数字表示下行的信息流向标号，"/"右面的数字表示上行的信息流向标号。

表 9-7　　　　　　　　220kV 新一代智能变电站告警信息流架构

信息流号	发送端	接收端	网络	服务	信息描述
1	开关控制器	监控主机/Ⅰ区数据通信网关机（/调度中心）（测控装置转发）	过程层/站控层	GOOSE/ MMS	开关设备 IED 本身的告警信息
2	开关控制器	监控主机/Ⅰ区数据通信网关机（/调度中心）（保护装置转发）	过程层	GOOSE	开关设备的控制线圈断线等告警信息
3	变压器非电量保护	监控主机/Ⅰ区数据通信网关机（/调度中心）（测控装置转发）	过程层/站控层	GOOSE /MMS	变压器非电量保护本身的告警信息
4	变压器 OLTC 控制 IED	监控主机/Ⅰ区数据通信网关机（/调度中心）（测控装置转发）	过程层/站控层	GOOSE /MMS	变压器 OLTC 控制 IED 本身的告警信息
5	10kV 多合一装置	监控主机/Ⅰ区数据通信网关机（/调度中心）	站控层	MMS	集合式电容器组本身的告警信息
6	10kV 多合一装置	监控主机/Ⅰ区数据通信网关机（/调度中心）	站控层	MMS	10kV 设备本身的告警信息
7	测控装置	监控主机/Ⅰ区数据通信网关机（/调度中心）	站控层	MMS	测控装置本身的告警信息
8	继电保护装置	监控主机/Ⅰ区数据通信网关机（/调度中心）	站控层	MMS	继电保护装置本身的告警信息
9	站域保护控制系统	监控主机/Ⅰ区数据通信网关机（/调度中心）	站控层	MMS	站域保护控制系统本身的告警信息
10	计量表计	电能量采集终端	站控层	MMS	计量表计本身的告警信息
11	站用时间同步装置	监控主机/Ⅰ区数据通信网关机（/调度中心）	站控层	MMS	站用时间同步装置的智能告警信息
W1	视频监控	监控主机/Ⅰ区数据通信网关机（/调度中心）	站控层	MMS	视频监控本身的告警信息
W2	安全警卫	监控主机/Ⅰ区数据通信网关机（/调度中心）	站控层	MMS	安全警卫本身的告警信息
W3	消防	监控主机/Ⅰ区数据通信网关机（/调度中心）	站控层	MMS	消防本身的告警信息
W4	环境监测	监控主机/Ⅰ区数据通信网关机（/调度中心）	站控层	MMS	环境监测本身的告警信息
W5	电源管理	监控主机/Ⅰ区数据通信网关机（/调度中心）	站控层	MMS	电源管理本身的告警信息

9.4.2.6　计量信息流

图 9-26 和表 9-8 所示为 220kV 新一代智能变电站计量信息流示意图及信息流架构表，表示站内所有与计量相关的信息流向及信息内容描述。

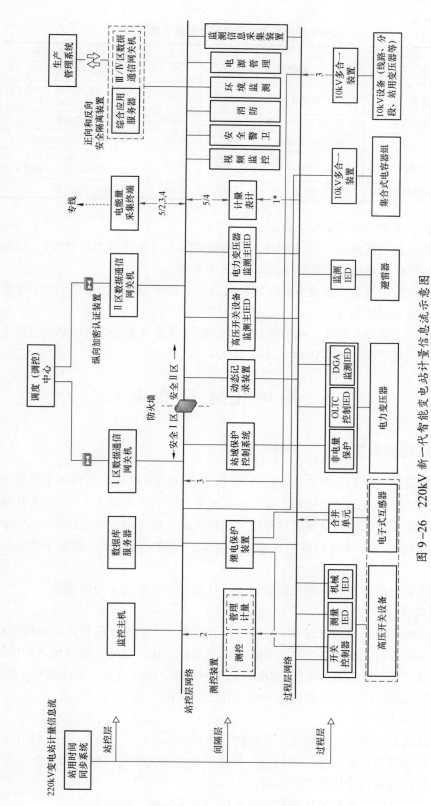

图 9-26 220kV 新一代智能变电站计量信息流示意图

注：图形中双向箭头表示有上下两个方向的信息流向，其中 "/" 左面的数字表示下行的信息流向标号，"/" 右面的数字表示上行的信息流向标号。

表 9-8   **220kV 新一代智能变电站计量信息流架构**

信息流号	发送端	接收端	网络	服务	信息描述
1	合并单元	测控装置	过程层	SV	电压、电流采样值
1*	合并单元	计量表计	过程层	SV	电压、电流采样值（来自于计量表计协同工作的合并单元）
2	测控装置	电能量采集终端	站控层	MMS	管理计量的电能量信息
3	10kV 多合一装置	电能量采集终端	站控层	MMS	10kV 设备的电能量信息
4	计量表计	电能量采集终端	站控层	MMS	（1）计量表计电能量信息；（2）在召唤时报送计量表计设置信息
5	电能量采集终端	计量表计	站控层	MMS	计量表计定值设置

其中，计量信息流应遵循以下原则：

（1）电能计量装置配置点分为结算点、考核点（有可能转化为结算点）、监测点，监测点只作监测用，可以整合到测控装置。

（2）监测点要求具备正反向有功、四象限无功、需量、冻结、事件记录、电量循环上报站控层电能量采集终端功能。

（3）考核点如果存在转化为结算点的可能，配置及管理要求等同结算点，要求采用独立表计，若采用数字表，采样频率可以是 4kHz。

9.5　模块化建设变电站

9.5.1　模块化建设特点

模块化建设是一种先进的变电站建设模式，其突出特点是变电站整体全绝缘、全封闭，各种功能单元组成一定的功能模块，在工厂完成生产、安装和调试，生产过程实现工厂预制化。与同等电压等级的传统变电站相比，模块化建设变电站占地面积可减少 30% 以上，充分体现了资源节约和环境友好的理念；土建施工周期大幅缩短，提升了变电站的建设效率。

模块化建设变电站具有标准化设计、工厂化加工、装配式建设的特点。

1. 标准化设计

（1）应用通用设计、通用设备，全面实现设备型式、回路接线标准化和通用化；

（2）一次设备与二次设备、二次设备之间连接标准化，实现二次设备"即插即用"；

（3）支撑"大运行、大检修"，实现信息统一采集、综合分析、智能报警、按需传送，实现顺序控制等高级应用功能模块化、标准化、定制化。

2. 工厂化加工

（1）构筑物主要构件，采用工厂预制结构型式；

（2）保护、通信、监控等二次设备，按电气功能单元采用"预制式组合二次设备"，舱内接线及单体设备调试均在工厂完成；

（3）一、二次集成设备最大程度实现工厂内规模生产、集成测试。

3. 装配式建设

（1）构筑物采用装配式结构，减少现场"湿作业"，实现环保施工，提高施工效率。

（2）采用通用设备基础、统一尺寸，提高工艺水平。

（3）减少现场劳动力投入，降低现场安全风险，提高工程质量。

二次系统方面，模块化建设变电站采用二次设备预制舱实现整套二次设备由厂家集成，由工厂整体生产、安装、整体运输，实现二次组合设备安装、二次接线、照明、暖通、火灾报警、安防、图像监控等工厂集成、工厂化调试，最大化实现工厂化加工，减少现场二次接线，减少设计、施工、调试工作量，简化检修维护工作，缩短建设周期。二次设备预制舱也成为模块化建设变电站的主要特征之一。

9.5.2 预制舱结构

二次设备预制舱主体结构如图 9−27 所示，主要有 ISO 标准集装箱（包含采用集装箱结构的特种集装箱）、钢结构房箱及预制混凝土箱三种。

图 9−27 二次设备预制舱主体结构

1. 标准集装箱

（1）钢质集装箱：钢质集装箱的框架和箱壁板皆用钢材制成。钢质集装箱的最大优点是强度高、结构牢、焊接性和水密性好、价格低、不易损坏，易修理；主要缺点是自重大、防腐蚀性比较差。

（2）铝合金集装箱：铝合金集装箱是由铝合金型材和板材构成的集装箱，主要优点是自重轻，不易生锈且外表美观、弹性好、不易变化；主要缺点是造价高，受碰撞时容易坏。它在航空集装箱领域中使用较多。

（3）不锈钢集装箱：不锈钢集装箱与钢质集装箱相比，防腐蚀性能高。不锈钢制箱体一次性投资大，但维修费用低，使用年限长；同时，由于不锈钢的强度大，可以采用较薄的板材，有利于减轻箱体质量。

2. 钢结构房箱

钢结构房箱尺寸、结构可按要求定制。箱体主要由底座、侧板、隔板门和顶盖等部分组成。底座以上的围板、隔板、门及顶盖通过焊接或紧固件连接在一起。底座和顶盖骨架一般由角钢或槽钢焊接而成。它的优点在于：内外墙材料可根据需要自行选择，内部空间布置灵活；通过梁柱结构体系，箱体的尺寸可以做到比较大。缺点是对于厂家的生产制造水平要求高。

3. 预制混凝土箱

预制混凝土箱采用模块化结构，尺寸、结构可按要求定制。预制混凝土结构的防火性能和耐久性优于钢结构，在使用过程中的维护保养费用低，模块化建设程度高（箱体模块、进线模块、主变压器模块、自动化模块、出线模块、无功补偿模块等），组合方式灵活多样，通用性和互换性强。这种方式在箱式变电站领域已得到广泛的应用，箱体外壳分金属外壳和非金属外壳两种，或者采用混合方式。其缺点在于与集装箱及钢结构房箱相比自重大、抗裂性较差、隔热隔声性能一般，有部分现场湿作业。

标准集装箱和钢结构箱房较适合作为变电站预制舱式二次组合设备预制舱。考虑二次屏柜标高为2200mm，接入电缆分布在机柜顶部或柜底，柜顶（底）上（下）方需要桥架及走线的空间，标准的集装箱内部净高度为2394mm，不能满足要求，因此需选取增加高度的集装箱，以下简称高箱，高箱的内部高度空间扩展为3133mm。同时，依据国家交通运输部《超限运输车辆行驶公路管理规定》，运输车辆车货总宽度不宜超过2.8m，车货总长不宜超过18m，车货总高度不宜超过4.2m。因此，现有的二次设备预制舱舱体按外部尺寸可分为三类，见表9-9。

表9-9   二次设备预制舱结构尺寸

序号	类型	外部尺寸（长×宽×高，mm×mm×mm）
1	Ⅰ型舱	6200×2800×3133
2	Ⅱ型舱	9200×2800×3133
3	Ⅲ型舱	12 200×2800×3133

综合考虑实际工程中不同工况下各种荷载及荷载效应的组合，二次设备预制舱主体结构及围护结构需满足强度、稳定、变形、抗震及防腐蚀等要求。

标准集装箱的围护结构应具有耐水防腐、阻燃隔热等功能。钢质集装箱耐腐蚀性较差，涂刷防腐涂料后防腐能力有所加强，但后期保养工作量大。铝合金集装箱耐腐性能好，但铝合金较软，受碰时容易损坏。不锈钢集装箱耐腐性能好，且强度高不易变形。

钢结构房箱的外墙材料应采用轻质高强、耐水防腐、阻燃隔热的材料。目前可作为外墙材料的有金邦板、复合压型钢板和复合纤维水泥板（FC板）。金邦板是一种集功能性、装饰性为一体的新型墙体材料，以水泥、木质纤维等为原料，它具有轻质、优良的保温隔声性，及良好的抗震性能和耐候性，已被广泛应用在公用建筑领域，较适宜作为舱体的外墙材料。复合压型钢板是双层钢板中间夹着芯材，芯材可采用岩棉板。岩棉板具有阻燃性，因此它具有质轻、保温隔热、阻燃、施工方便等优点，目前广泛用于工业建筑领域，也适宜作为舱体的外墙材料，并且造价较低。复合纤维水泥板是以纤维和水泥为主要原材料生产的建筑用水泥平板，它阻燃性好，但自重较大，4～6mm厚度属于较薄的板材，薄板较容易碎，不适合作为舱体外墙材料。

9.5.3 舱内屏柜布置

常规变电站二次屏（柜）外形尺寸一般采用2260（含60mm眉头）×800×600mm

（高×宽×深）；通信设备屏（柜）的外形尺寸也一般采用 2260（含 60mm 眉头）×600×600mm（高×宽×深）。考虑智能变电站二次柜内端子排数量与常规变电站相比大大减少，仅剩少量电源及告警端子排。因此可取消柜内装置两侧竖端子排，相应的柜体（除站控层服务器及网关机等少量屏柜外）尺寸可改为 2260×600×600mm。

由于二次设备预制舱内部空间有限，屏柜在舱内可采用单列布置或双列布置。单列布置时，屏柜在舱内沿舱体长度方向单列布置于舱体中央，预制舱屏柜单列布置示意如图 9-28 所示，前后开门，屏内装置板前安装，板后接线。以Ⅲ型舱为例，外形尺寸为 12 200mm×2500mm×3133mm，舱内可用空间长×宽为 11 950mm×2250mm，可布置 2260mm×600mm×600mm 屏柜 16 面，屏柜两端维护通道共 2.35m，柜前维护通道 1.05m，柜后维护通道 0.6m。

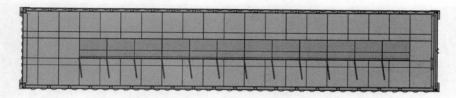

图 9-28　预制舱屏柜单列布置示意图

双列布置时，屏柜在舱内沿舱体长度方向双列布置于舱体两侧，预制舱屏柜双列布置示意如图 9-29 所示，屏柜前面朝向舱内，取消后门，屏柜后部紧贴舱壁，屏内装置板前安装，板前接线。

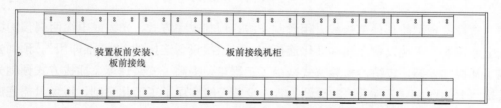

装置板前安装、板前接线　　板前接线机柜

图 9-29　预制舱屏柜双列布置示意图

图 9-30　前接线装置示意图

以Ⅲ型舱为例，舱内可用空间长×宽为 11 950×2550mm，可布置 2260×600×600mm 屏柜 34 面，柜间维护通道 1.35m。

当二次设备屏柜采用双列布置时，二次设备需要采用前接线方式。前接线装置在保持现有装置硬件结构基本不变的情况下，将装置人机界面移至装置背后，如需接线或拔出插件，可将装置面板翻起，实现板前安装，板前接线，前接线装置示意如图 9-30 所示。

前接线二次装置采用统一的装置安装固定点及装置前面板（液晶面板）位置。装置安装固定点与装置前面板距离为 130mm，安装固定点至装置后部应不大于 350mm，装置前面板必须为一个平面，装置前面板宽度统一为 447mm。装置前面板与柜门面距离为 85mm。

9.5.4 预制舱接线形式

二次设备预制舱具有"高可靠、高集成、长寿命"等特点，同时在物理构造上要求"系统高度集成、结构布局合理、技术装备先进、经济节能环保"，因此对设备光电接口的选用提出了更高的要求。常规的"端子排和光纤配线箱"连接布线模式已经不再适合，而航空光电连接器如图 9-31 所示，具备体积小、密度高、高可靠、长寿命、快速插拔等优势，能更好地满足模块化建设变电站设备接口的要求。

(a)   (b)

图 9-31 航空连接器结构

(a) 光连接器；(b) 电连接器

二次设备预制舱与外部接线采用预制光缆、预制电缆方式，光缆或电缆两端预制标准的航空连接器，实现设备之间标准化连接和一、二次设备连接的"即插即用"。预制光缆实现了插拔式安装，较熔接安装方式减少了工程量，提高了安装速度。插拔方式预制光缆及其接线盒如图 9-32 所示，二次设备舱内设备接线实现了工厂化预制，现场只需完成舱体对外接线，大幅缩短了二次设备舱及屏柜的建设安装周期。

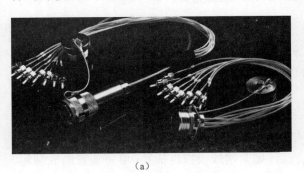
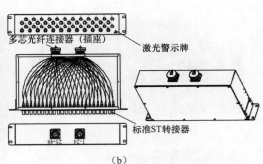

(a)   (b)

图 9-32 预制光缆及其接线盒

(a) 预制光缆；(b) 光缆接线盒

预制舱内采用多芯双端预制尾缆，以预制仓为单位，配置 1～2 面免熔接光纤配线屏，取消二次设备柜内的光纤配线架，每个二次设备预制仓内减少 36 口光纤配线架约 20 台。

外部光缆接入二次设备预制舱都通过预制光缆接入光纤配线屏，然后再由光纤配线屏将光纤信号分配到舱内的其他设备，光纤配线屏与舱内其他设备之间通过光纤连接，且这些光纤在预制舱出厂前已经连接完成。由此，二次设备预制舱在现场安装后，只需通过少量预制光缆或预制电缆与一次设备或其他预制舱连接，实现设备间的即插即用。

参 考 文 献

[1] 袁宇波，高磊，卜强生，等. 智能变电站集成测试技术与应用. 北京：中国电力出版社，2013.

[2] 陈庆. 智能变电站二次设备运维检修知识. 北京：中国电力出版社，2018.

[3] 陈庆. 智能变电站二次设备运维检修实务. 北京：中国电力出版社，2018.

[4] 张道农，于跃海，等. 电力系统时间同步技术. 北京：中国电力出版社，2017.

[5] 刘振亚. 智能电网技术. 北京：中国电力出版社，2010.

[6] 刘振亚. 智能电网知识读本. 北京：中国电力出版社，2010.

[7] 高翔. 智能变电站技术. 北京：中国电力出版社，2012.

[8] 陈安伟. IEC 61850 在变电站中的工程应用. 北京：中国电力出版社，2012.

[9] 何建军. 智能变电站系统测试技术. 北京：中国电力出版社，2013.

[10] 曹团结，黄国方. 智能变电站继电保护技术与应用. 北京：中国电力出版社，2013.

[11] 耿建风. 智能变电站设计与应用. 北京：中国电力出版社，2012.

[12] 黄益庄. 智能变电站自动化系统原理与应用技术. 北京：中国电力出版社，2012.

[13] 王天锷，潘丽丽. 智能变电站二次系统调试技术. 北京：中国电力出版社，2013

[14] 覃剑. 智能变电站技术与实践. 北京：中国电力出版社，2012.

[15] 胡刚. 智能变电站实用知识问答. 北京：电子工业出版社，2012.

[16] 黄新波. 智能变电站原理与应用. 北京：中国电力出版社，2013.

[17] 宋庭会. 智能变电站运行与维护. 北京：中国电力出版社，2013.

[18] 罗承沐，张贵新，等. 电子式互感器与数字化变电站. 北京：中国电力出版社，2012.

[19] 高翔. 数字化变电站应用技术. 北京：中国电力出版社，2008.

[20] 刘延冰，刘红斌，余春雨，等. 电子式互感器原理、技术及应用. 北京：科学出版社，2009.

[21] 高新华. 数字化变电站技术丛书测试分册. 北京：中国电力出版社，2010.

[22] 张曾科，阳宪惠. 计算机网络. 北京：清华大学出版社，2006.

[23] 黎连业，王安，向东明. 交换机及其应用技术. 北京：清华出版社，2004.

[24] 杨奇逊，黄少锋. 微型机继电保护基础（第二版）[M]. 北京：中国电力出版社，2005.

[25] 朱德恒，谈克雄. 电绝缘诊断技术. 北京：中国电力出版社，1998.

[26] 肖登明. 电力设备状态监测与故障诊断. 上海：上海交通大学出版社，2005.

[27] 孙才新，陈伟根，李俭. 电气设备油中气体状态监测与故障诊断技术. 北京：科学技术出版社，2003.

[28] L. 科恩. 时频分析：理论及应用. 西安：西安交通大学出版社，1998.

[29] 任雁铭，秦立军，杨奇逊. IEC 61850 通信协议体系介绍和分析，电力系统自动化，2002，26（8）：62-64.

[30] 高翔，张沛超. 数字化变电站的主要特征和关键技术，电网技术，2006，30（23）：67-71.

[31] 张沛超，高翔，等. 数字化变电站系统结构. 电网技术，2006，30（24）：73-77.

[32] 鲁国刚，刘骥，等. 变电站的数字化技术发展. 电网技术，2006，30（Z）：499-504.

[33] 张斌，倪益民，马晓军. 变电站综合智能组件探讨. 电力系统自动化，2010，34（21）：91－94.

[34] 赵丽君，席向东. 数字化变电站应用技术. 电力自动化设备，2008，28（5）：118－121.

[35] 王勇，梅生伟，何光宇. 变电站一次设备数字化特征和实现. 电力系统自动化，2010，34（13）：93－98.

[36] 邹晓玉，王浩，吴晓博. IEC 61850 标准中 SCL 语言的几个实践应用问题探讨. 电力系统自动化，2006，30（15）：77－80.

[37] 吴在军，胡敏强. 基于 IEC 61850 标准的变电站自动化系统研究. 电网技术，2003，27（1）：71－75.

[38] 窦晓波，陶洪平，胡敏强，等. 基于 C#. NET 的 IEC－61850 配置工具的设计和实现. 电力自动化设备，2007，27（11）：67－70.

[39] 王丽华，张青山，张马龙，等. IEC 61850 建模工具的设计与实现. 电力系统自动化，2008，32（4）：73－76.

[40] 何磊，田霞. IEC 61850 SCL 配置文件测试工具的设计与实现. 电力自动化设备，2012，32（4）：134－137.

[41] 高磊，杨毅，刘玙，等. 基于举证表的智能变电站过程层通道故障定位方法［J］，电力系统自动化，2015，39（4）：147－151.

[42] 刘大伟，宋爽，马泉. 基于云策略和 MMS 协议的智能变电站继电保护设备自动测试系统. 电力系统保护与控制，2019，47（12）：159－164.

[43] 杨毅，高翔，朱海兵，等. 智能变电站 SCD 应用模型实例化研究. 电力系统保护与控制，2015，43（22）：107－113.

[44] 曹海欧，高翔，杨毅，等. 基于全模型 SCD 二次系统在线监测及智能诊断应用分析. 电力系统保护与控制，2016，44（14）：136－141.

[45] 辛耀中，王永福，任雁铭. 中国 IEC 61850 研发及互操作试验情况综述. 电力系统自动化，2007，31（12）：1－6.

[46] 庞福滨，杨毅，袁宇波，等. 智能变电站保护动作时间延时特性研究，电力系统保护与控制，2016，44（15）：86－92.

[47] 庞福滨，刘玙，袁宇波，等. 采样值报文抖动对基于线性插值理论的电子式互感器数据同步算法的影响研究，电测与仪表，2016，53（7）：66－73.

[48] 庞福滨，刘玙，嵇建飞，等. 基于频域辨识的合并单元额定延时测量技术，电测与仪表，2017，54（22）：65－71.

[49] 庞福滨，刘 玙，嵇建飞，等. 直流输电工程直流电流互感器现场暂态校验技术，电力系统保护与控制，2019，47（14）：179－187.

[50] 殷志良，刘万顺，杨奇逊，等. 基于 IEC51850 的通用变电所事件模型. 电力系统自动化，2005，29（19）：45－50.

[51] 徐永晋，张乐，叶申锐. IEC 61850 报告控制块和日志控制块的研究. 电力系统保护与控制，2009，37（18）：138－141.

[52] 殷志良，刘万顺，杨奇逊，等. 基于 IEC 61850 标准的过程总线通信研究与实现. 电机工程学报，2005，25（8）：84－89.

[53] 徐天齐，尹项根，游大海，等. 兼容 IEC 61850 的间隔层 IED 模型设计与实现. 电力系统自动化，

2007，31（24）：42－46.

[54] 李久虎，郑玉平，古世东，等. 电子式互感器在数字化变电站的应用. 电力系统自动化，2007，31（7）：94－98.

[55] 李澄，袁宇波，罗强. 基于电子式互感器的数字保护接口技术研究. 电网技术，2007，31（9）：84－87.

[56] 吴在军，窦晓波，胡敏强. 基于 IEC 61850 标准的数字保护装置建模. 电网技术，2005，29（21）：81－84.

[57] 常弘，茹锋，薛钧义. IEC 61850 语义信息模型的实现. 电网技术，2005，29（12）：39－42.

[58] 王丽华，江涛，盛晓红，等. 基于 IEC 61850 标准的保护功能建模分析. 电力系统自动化，2007，31（2）：55－59.

[59] 樊陈，陈小川，马彦宇，等. 基于 IEC 61850 的变电站配置研究. 继电器，2007，35（8）：46－49.

[60] 窦晓波，陶洪平，胡敏强，等. 基于 C#. NET 的 IEC 61850 配置工具的设计和实现. 电力自动化设备，2007，27（11）：67－70.

[61] 王丽华，张青山，张马龙，等. IEC 61850 建模工具的设计与实现. 电力系统自动化，2008，32（4）：73－76.

[62] 高湛军，潘贞存，卞鹏，等. 基于 IEC 61850 标准的微机保护数据通信模型. 电力系统自动化，2003，27（18）：43－46.

[63] 范建忠，马千里. GOOSE 通信与应用. 电力系统自动化，2007，31（19）：85－90.

[64] 段吉泉，段斌. 变电站 GOOSE 报文在 IED 中的实时处理. 电力系统自动化，2007，31（11）：65－69.

[65] 徐成斌，孙一民. 数字化变电过程层 GOOSE 通信方案. 电力系统自动化，2007，31（19）：91－94.

[66] 张弛，康小宁，郑永康，等. 罗氏线圈电流互感器的暂态传变特性. 高电压技术，2018，44（12）：4105－4112.

[67] 张弛，庞福滨，罗强，等. 苏南 500kV UPFC 工程电子式互感器现场试验. 电力工程技术，2018，37（02）：33－37.

[68] 王红星，张国庆，郭志忠，等. 电子式互感器及其在数字化变电站中应用. 电力自动化设备，2009，29（9）：115－120.

[69] 何瑞文，蔡泽祥，王奕，等. 空心线圈电流互感器传变特性及其对继电保护的适应性分析. 电网技术，2013，37（5）：1471－1476.

[70] 袁宇波，卜强生，包玉树，等. 电子式互感器数据分析系统的设计与应用. 电力系统自动化，2009，33（20）：78－82.

[71] 戚栋. 一种适应母线电流动态范围宽的光电式电流互感器供电电源. 中国电机工程学报，2006，26（19）：160－164.

[72] 邱红辉，李立伟，段雄英，等. 用于激光供能电流互感器的低功耗光电传输系统. 电力系统自动化，2006，30（20）：72－76.

[73] 钱政. 有源电子式电流互感器中高压侧电路的功能方法. 高压电器，2004，40（2）：135－138.

[74] 王夏宵，张春熹，张朝阳，等. 全光纤电流互感器的偏振误差研究. 光子学报，2007，36（2）：320－323.

[75] 赵晶晶，冯丽爽，张春熹. 全光纤波片对光纤电流互感器性能的影响. 光学技术，2005，31（6）：918－920.

[76] 王化冰，赵志敏. 基于电容分压器的电子式电压互感器的研究. 继电器，2007，35（18）：46－49.

[77] 阎永志. 多通道型 Pockels 光纤传感器及其监测系统的研究. 压电与声光，1990，12（4）：46－51.

[78] 余春雨，叶国雄，王晓琪，等. 电子式互感器的校准方法与技术. 高电压技术，2004，30（4）：20－24.

[79] 尚秋峰，杨以涵，于文斌，等. 光电电流互感器测试与校验方法. 电力系统自动化，2005，29（9）：77－81.

[80] 沈晓峰，杨欢红，周永宝，等. 远动数据实时在线检测技术的实现. 华东电力，2009，37（8）：1361－1363.

[81] 郑明忠，张道农，张小易，等. 基于节点集合的 PMU 优化配置方法. 电力系统保护与控制，2017，45（13）：138－142.

[82] 贺春，陈光华，张道农. IEEE Std 1588－2008 精确时间同步协议行业规范在电力系统的应用研究. 电力系统保护与控制，2015，43（17）：133－138.

[83] 张巧霞，贾华伟，叶海明，等. 智能变电站虚拟二次回路监视方案设计及应用. 电力系统保护与控制，2015，43（10）：123－128.

[84] 高吉普，徐长宝，张道农，等. 智能变电站通信网络时间性能的探讨. 电力系统保护与控制，2014，42（16）：144－148.

[85] 董贝，薛钟，张尧，等. 基于 IEC 61850 逻辑设备管理层次结构的就地化保护装置建模研究与应用. 电力系统保护与控制，2018，46（14）：165－170.

[86] 韩国政，张俊涛，徐丙垠. IEC 61850 映射到 XMPP 的实现和应用. 电力自动化设备，2018，38（04）：178－182.

[87] 彭志强，张琦兵. 电网调度自动化系统信息品质分析新方法及其应用. 电力系统保护与控制，2018，46（04）：150－157.

[88] 高志远，黄海峰，徐昊亮，等. IEC 61850 应用剖析及其发展探讨. 电力系统保护与控制，2018，46（01）：162－169.

[89] 周成，吴海，胡国，等. 基于 IEC 61850 第二版非侵入式自动测试系统的研制. 电力系统保护与控制，2017，45（14）：143－147.

[90] 梅德冬，周斌，黄树帮，等. 基于 IEC 61850 第二版变电站配置描述的集成配置解耦 [J]. 电力系统自动化，2016，40（11）：32－136.

[91] 孙一民，李延新，黎强. 分阶段实现数字化变电站系统的工程方案. 电力系统自动化，2007，31（5）：90－93.

[92] 叶罕罕，许平，宗洪良，等. 数字化变电站的电压互感器配置和电压切换. 电力系统自动化，2008，32（24）：93－95.

[93] 黄灿，郑建勇，苏麟. 电子式互感器配置问题探讨. 电力自动化设备，2010，30（3）：137－140.

[94] 童晓阳，李岗，陈德明，等. 采用 IEC 61850 的变电站间隔层 IED 软件设计方案. 电力系统自动化，2006，30（14）：54－58.

[95] 孙一民，陈远生. 母线保护装置的 IEC 61850 信息模型. 电力系统自动化，2007，31（2）：51－54.

[96] 操丰梅，宋小舟，秦应力. 基于数字化变电站过程层的分布式母线保护的研制. 电力系统自动化，2008，32（4）：69－72.

[97] 何卫，唐成虹，张祥文，等. 基于 IEC 61850 的 IED 数据结构设计. 电力系统自动化，2007，31（1）：57－60.

[98] 樊陈，倪益民，窦仁辉，等. 智能变电站过程层组网方案分析. 电力系统自动化，2011，35（18）：67－71.

[99] 李文正，李宝伟，倪传坤，等. 智能变电站光纤差动保护同步方案研究. 电力系统保护与控制，2012，40（16）：136－140.

[100] 张小易，彭志强. 智能变电站站控层测试技术研究与应用. 电力系统保护与控制，2016，44（5）：88－94.

[101] 彭志强，张琦兵，张小易，等. 特高压变电站监控系统测试技术应用分析 [J]. 江苏电机工程，2016，35（6）：56－60.

[102] 彭志强，张琦兵，苏大威，等. 基于 GSP 的变电站监控系统远程运维技术 [J]. 电力自动化设备，2019，39（4）：210－216.

[103] 彭志强，张琦兵. 电网调度自动化系统信息品质分析新方法及其应用 [J]. 电力系统保护与控制，2018，46（4）：150－157.

[104] 李钢，冯辰虎，孙集伟，等. 纵联电流差动保护数据同步技术及通道切换时数据交换的研究. 电力系统保护与控制，2010，38（22）：141－145.

[105] 李慧，赵萌，杨卫星，等. 应用 IEC 61850 规约的 220kV 变电所继电保护设计. 电力系统保护与控制，2009，37（6）：60－63.

[106] 胡道徐，李广华. IEC 61850 通信冗余实施方案. 电力系统自动化，2007，31（8）：100－103.

[107] 王峥，胡敏强，郑建勇. 基于 GPS 的变电站内部时间同步方法. 电力系统自动化，2002，26（4）：36－39.

[108] 雷霆，李斌，黄太贵. 220kV 变电站 GPS 时间同步系统实现技术. 电力自动化设备，2007，27（11）：71－74

[109] 殷志良，刘万顺，杨奇逊，等. 基于 IEEE1588 实现变电站过程总线采样值同步新技术，电力系统自动化，2005，29（13），92－27.

[110] 胡永春，张雪松，许伟国，等. IEEE 1588 时钟同步系统误差分析及其检测方法. 电力系统自动化，2010，34（21）：107－111.

[111] 杨丽，赵建国，陈大超. IEEE 1588 V2 在全数字化保护系统中的应用. 电力自动化设备，2010，30（10）：98－102.

[112] 赵上林，胡敏强，窦晓波，等. 基于 IEEE 1588 的数字化变电站时钟同步技术研究. 电网技术，2008，32（21）：97－102.

[113] 于鹏飞，喻强，邓辉，等. IEEE 1588 精确时间同步协议的应用方案. 电力系统自动化，2009，33（13）：99－103.

[114] 袁振华，董秀军，刘朝英. 基于 IEEE1588 的时钟同步技术及其应用. 计算机测量与控制，2006，14（12）：1726－1728.

[115] 殷志良，刘万顺，杨奇逊，等. 一种遵循 IEC 61850 标准的合并单元同步的实现新方法. 电力系统自动化，2004，28（11）：57－61.

[116] 陈卫，翟正军，王季. 以太网分布式测试系统中实时传输技术研究. 计算机测量与控制，2008，16（2）：259-261.

[117] 高厚磊，江世芳，贺家李. 数字电流差动保护中几种采样同步方案. 电力系统自动化，1996，20（9）：46-49.

[118] 闫志辉，胡彦民，周丽娟. 重采样移相技术在过程层 IED 中的应用. 电力系统保护与控制，2010，38（6）：64-66.

[119] 刘宏君，孙一民，李延新. 数字化变电站光纤纵差保护性能分析. 电力系统自动化，2008，32（17）：72-74.

[120] 曹团结，陈建玉，黄国方. 基于 IEC 61850-9 的光纤差动保护数据同步方法. 电力系统自动化，2009，33（24）：58-60.

[121] 蒋雷海，陈建玉，俞拙非，等. 数字化保护采样数据处理方案. 电力系统自动化，2010，34（17）：42-44.

[122] 黄灿，肖驰夫，方毅，等. 智能变电站中采样值传输延时的处理. 电网技术，2011，35（1）：5-10.

[123] 胡浩亮，李前，卢树峰，等. 电子式互感器误差的两种校验方法对比. 高电压技术，2011，37（12）：3022-3027.

[124] 吴俊兴，胡敏强，吴在军. 基于 IEC 61850 标准的智能电子设备及变电站自动化系统的测试. 电网技术，2007，31（2）：70-74.

[125] 凌平，沈冰，周健. 全数字化变电站系统的检测手段研究. 华东电力，2007，37（6）：952-955.

[126] 郑博明，吴奕，杨洪，等. 变电程序化操作的设计与实现. 电力系统自动化，2006，30（9）：105-107.

[127] 孙一民，侯林，揭萍，等. 间隔层保护测控装置防误操作实现方法. 电力系统自动化，2006，30（11）：81-85.

[128] 唐成虹，宋斌，胡国，等. 基于 IEC 61850 标准的新型变电站防误系统. 电力系统自动化，2009，33（5）：96-99.

[129] 罗钦，段斌，肖红光，等. 基于 IEC 61850 控制模型的变电站防误操作分析与设计. 电力系统自动化，2006，30（22）：61-65.

[130] 赵杰，潘勇斌，曹玉文，等. 500kV 变电站自动化系统改造经验. 电力系统自动化，2000，24（22）：59-60.

[131] 张少华，陈卫中. 金华 500kV 变电站综合自动化系统运行分析. 电力系统自动化，2000，24（6）：57-60.

[132] 王冬青，李刚，何飞跃. 智能变电站一体化信息平台的设计. 电网技术，2010，34（10）：20-25.

[133] 王德文，朱永利，王艳. 基于 IEC 61850 的输变电设备状态监测集成平台. 电力系统自动化，2010，34（13）：43-47.

[134] 杜凌艳，王振浩，王刚，等. 高压断路器运行状态实时监测系统设计. 电力自动化设备，2006，26（1）：58-61.

[135] 陈庆国，王永红，高文胜. 局部放电在线监测的数据分析及现场干扰抑制. 高电压技术，2005，31（11）：10-12.

[136] 李福祺，姜磊，林渡. JFY-3 型变压器局部放电状态监测系统. 电工电能新技术，2000（3）：69-72.

［137］胡文平，尹项根，张哲. 电气设备状态监测技术的研究与发展. 华中科技大学，2003，14：23－29.

［138］王保云. 物联网技术研究综述. 电子测量与仪器学报，2009，23（12）：1－7.

［139］陈蕾. 物联网技术及其在电力系统通信中的应用. 企业技术开发，2010，29（17）：31－33.

［140］张劲松，俞建育. 网络分析仪在智能化变电站中的应用. 华东电力，2011，39（4）：665－668.

［141］陈文升，唐宏德. 数字化变电站关键技术研究与工程实现. 华东电力，2009，37（1）：124－128.

［142］S. Q. Li，J. X. Zhang，F. Guo. Study on synchronization optimization of process layer network in smart substation. Electric Power Information & Communication Technology. 2017：46－51.

［143］D. M. E. Ingram，P. Schaub，D. A. Campbell. Use of precision time protocol to synchronize sampled－value process buses. IEEE Transactions on Instrumentation and Measurement. 2012：1173－1180.

［144］R. Moore，R. Midence，M. Goraj. Practical experience with IEEE 1588 high Precision Time Synchronization in electrical substation based on IEC 61850 Process Bus. IEEE PES General Meeting，2010：1－4.

［145］C. Y. Gu，Z. D. Zheng，L. Xu. Modeling and control of a multiport power electronic transformer（PET）for electric traction applications，IEEE Transactions on Power Electronics，2016，31（2）：915－927.

［146］Hoga. C，Share. P. IEC 61850 Projects in Germany and Switzerland. Transmission and Distribution Conference and Exhibition，2006：390－393.

［147］Yuan Yubo，Zhang Chi，Wang Yiyu. Linear interpolation process and its influence on the secondary equipment in substations. Proceedings of 2017 China International Electrical and Energy Conference，Beijing，2017：205－209.

［148］Tor Skeie，Svein Johannessen，Christoph Brunner. Ethernet in Substation Automation，IEEE Control Systems Magazine，2002：43－51.

［149］PAWAR，JOSHI，Kishor. Application of Computational Fluid Dynamics to Reduce the New Product Development Cycle Time of the SF_6 Gas Circuit Breaker. IEEE Transactions on Power Delivery，2012，27（1）：156－163.

［150］H. Junho，L. Chen－Ching，M. Govindarasu. Integrated Anomaly Detection for Cyber Security of the Substations. IEEE Trans. Smart Grid，2014，5（1）：1643－1653.

［151］A. Apostolov，D. Tholomier. Impact of IEC 61850 on Power System Protection. Power Systems Conference and Exposition，2006：1053－1058.

［152］SAHA T K. Review of modern diagnostic techniques for assessing insulation condition in aged transformers. IEEE Transon Dielectrics & Electrical Insulation，2003，10（5）：903－917.

［153］INOUE N，TSUNEKAGE T，SAKAI S. Fault section detection system for 275 kV XLPE－insulated cables with optical sensing technique. IEEE Trans on Power Deilvery，1995，10（3）：1148－1155.

［154］OZANSOY C R，ZA YEGH A，KALAM A. The real－time publisher/subscriber communication model for dist ributed substation systems. IEEE Trans on Power Delivery，2007，22（3）：1411－1423.

［155］BRUNNE C H，SCHIMMEL G，SCHUBERT H. Standardization of Serial Links Replacing Parallel Wiring to Transfer Process Data. Proceedings of 2002 International Conference，Study Commiette 34，

Protecton & Local Control. Paris（France）: CIGRE，2002: 34－209.

［156］H. Ma，T. K. Saha，C. D. Ekanayake. Smart transformer for smart grid—intelligent framework and techniques for power transformer asset management. IEEE Transactions on smart grid，2015，6（2）: 1026－1034.

［157］PYLVÄ NÄINEN J K，NOUSIAINEN K，VERHO P. Studies to utilize loading guides and ANN for oil－immersed dist ribution t ransformer condition monitoring. IEEE Trans on Power Delivery，2007，22（1）: 201－207.

［158］SKEIE T，JOHNANNESSEN S，HOLMEIDE O. Highly Accurate Time Synchronization over Switched Ethernet. Proceeding of 8th IEEE International Conference on Emerging Technologies and Factory Automation，Vol 1. Antibes－Juan les Pins（France），2001. Piscataway（NJ，USA）: IEEE，2001: 195－204.

［159］C. Yang，J. Xu and V. Vyatkin. Towards implementation of IEC 61850 GOOSE messaging in event－driven IEC 61499 environment. Proceedings of the 2014 IEEE Emerging Technology and Factory Automation（ETFA），Barcelona，2014: 1－4.

［160］J. Ciechanowicz，W. Rebizant. Distance protection testing in an IEC 61850 environment. 2016 Electric Power Networks（EPNet），Szklarska Poreba，2016: 1－5.